高职土建类
精品教材

地基基础工程技术

DIJI JICHU
GONGCHENG JISHU

第2版

主　编　朱永祥
副主编　胡　敏　余　龙
参　编（以姓氏笔画为序）
　　　　王先恕　陈　燕　梁成燕

中国科学技术大学出版社

内 容 简 介

本书是参照新规范《建筑地基基础设计规范》(GB 50007—2011)、《建筑地基处理技术规范》(JGJ 79—2012)等编写而成的。全书共 11 章,主要内容包括:土的物理性质及工程分类,土中应力计算,地基的变形,土的抗剪强度与地基承载力,土压力和挡土墙,天然地基上浅基础设计,筏板基础与箱形基础,桩基础,地基处理,特殊土地基,土工试验。每章前附有能力目标和学习目标,每章后附有本章小结和思考题。

本书可作为建筑工程技术专业、工程监理专业及相关专业的教学用书,也可供建筑结构设计、施工技术人员参考。

图书在版编目(CIP)数据

地基基础工程技术/朱永祥主编. —2 版. —合肥:中国科学技术大学出版社,2015.8
ISBN 978-7-312-03803-7

Ⅰ.地… Ⅱ.朱… Ⅲ.地基—基础(工程)—工程施工—高等职业教育—教材 Ⅳ.TU753

中国版本图书馆 CIP 数据核字(2015)第 193175 号

出版	中国科学技术大学出版社
	安徽省合肥市金寨路 96 号,230026
	网址:http://press.ustc.edu.cn
印刷	合肥万银印刷有限公司
发行	中国科学技术大学出版社
经销	全国新华书店
开本	787 mm×1092 mm 1/16
印张	15
字数	374 千
版次	2008 年 7 月第 1 版 2015 年 8 月第 2 版
印次	2015 年 8 月第 4 次印刷
定价	32.00 元

前 言

本书是安徽省高职高专土建类专业"十一五"规划教材。随着时间的推移,与本书内容相关的新规范、新标准不断推出。为了使本书内容能跟上新规范、新标准的节奏,在原版的基础上对本书内容进行了修订。全书依据全国高等院校土建类专业教学目标、人才培养方案和本课程教学大纲的要求编写,所编内容以理论够用为度,重在实践能力、动手能力的培养,面向施工生产第一线的技能型应用人才,可作为建筑工程技术专业、工程监理专业及相关专业的教学用书,也可供建筑结构设计、施工技术人员参考。

本学科具有较强的理论性和实践性,涉及范围很广,发展速度较快,地区性强。因此,本书在编写时注重理论联系实际,力求简明扼要,重点突出,结合工程实例进行深入浅出的说明,同时编入较多的新技术和新方法,并适当地吸收了国内外科技新成就。

本书内容包括土的物理性质及工程分类、土中应力计算、地基的变形、土的抗剪强度和地基承载力、土压力和挡土墙、天然地基上浅基础设计、筏板基础与箱形基础、桩基础、地基处理、特殊土地基、土工试验。

全书采用国家最新颁布的规范、规程和技术标准。为了便于读者掌握本书所叙述的基本理论和基本技能,每章提供了能力目标、学习目标和本章小结,并附有一定数量的典型实例、思考题供读者参考。

本书由滁州职业技术学院朱永祥担任主编,六安职业技术学院胡敏、滁州职业技术学院余龙担任副主编。本书的绪论、第1章、第6章由朱永祥编写;第2章、第3章、第4章由滁州职业技术学院陈燕编写;第5章由胡敏编写;第7章、第8章由余龙编写;第9章、第10章由滁州职业技术学院王先恕编写;第11章由滁州职业技术学院梁成燕编写;滁州职业技术学院张国富参加了部分插图绘制工作。本书由朱永祥对全书进行统稿。滁州市建委王芝亭教授级高级工程师担任主审,在此致以深切谢意。

本书在编写和修订过程中,参考了《土力学与地基基础》《地基与基础工程》《桩基础的设计方法与施工技术》《建筑工程质量事故处理分析》等书,在此对各位作者表示衷心的感谢!

由于编者水平有限,加之时间仓促,书中不妥之处在所难免,恳请广大读者批评指正。

编 者

主 要 符 号

1. 作用和作用效应

E_a——主动土压力;
F_k——相应于作用的标准组合时,上部结构传至基础顶面的竖向力;
G_k——基础自重和基础上的土重;
M_k——相应于作用的标准组合时,作用于基础底面的力矩;
p_k——相应于作用的标准组合时,基础底面处的平均压力;
p_0——基础底面处平均附加压力;
Q_k——相应于作用的标准组合时,轴心竖向力作用下桩基中单桩所受竖向力。

2. 抗力和材料性能

a ——压缩系数;
c ——黏聚力;
E_s——土的压缩模量;
e ——孔隙比;
f_a——修正后的地基承载力特征值;
f_{ak}——地基承载力特征值;
f_{rk}——岩石饱和单轴抗压强度标准值;
q_{pa}——桩端土的承载力特征值;
q_{sa}——桩周土的摩擦力特征值;
R_a——单桩竖向承载力特征值;
ω ——土的含水量;
ω_L——液限;
ω_P——塑限;
γ ——土的重力密度,简称土的重度;
δ ——填土与挡土墙墙背的摩擦角;
δ_r——填土与稳定岩石坡面间的摩擦角;
θ ——地基的压力扩散角;
μ ——土与挡土墙基底间的摩擦系数;
ν ——泊松比;
φ ——内摩擦角。

3. 几何参数

A ——基础底面面积;

b —— 基础底面宽度(最小边长)或力矩作用方向的基础底面边长;
d —— 基础埋置深度,桩身直径;
h_0 —— 基础高度;
H_f —— 自基础底面算起的建筑物高度;
H_g —— 自室外地面算起的建筑物高度;
L —— 房屋长度或沉降缝分隔的单元长度;
l —— 基础底面长度;
s —— 沉降量;
u —— 周边长度;
z_0 —— 标准冻深;
z_n —— 地基沉降计算深度;
β —— 边坡对水平面的坡角。

4. 计算系数

$\bar{\alpha}$ —— 平均附加应力系数;
η_b —— 基础宽度的承载力修正系数;
η_d —— 基础埋深的承载力修正系数;
Ψ_s —— 沉降计算经验系数。

目 录

前言 ……………………………………………………………………………………（Ⅰ）

主要符号 ………………………………………………………………………………（Ⅲ）

绪论 ……………………………………………………………………………………（1）
    本章小结 …………………………………………………………………………（4）
    思考题 ……………………………………………………………………………（4）

第1章　土的物理性质及工程分类 ……………………………………………（5）
    1.1　土的成因 ……………………………………………………………………（5）
    1.2　土的组成 ……………………………………………………………………（6）
    1.3　土的物理性质指标 …………………………………………………………（10）
    1.4　无黏性土的密实度 …………………………………………………………（15）
    1.5　黏性土的物理特征 …………………………………………………………（16）
    1.6　地基土的工程分类 …………………………………………………………（17）
    本章小结 …………………………………………………………………………（20）
    思考题 ……………………………………………………………………………（21）

第2章　土中应力计算 ……………………………………………………………（22）
    2.1　土中自重应力 ………………………………………………………………（22）
    2.2　基底压力 ……………………………………………………………………（25）
    2.3　土中附加应力 ………………………………………………………………（28）
    本章小结 …………………………………………………………………………（36）
    思考题 ……………………………………………………………………………（36）

第3章　地基的变形 ………………………………………………………………（39）
    3.1　土的室内压缩试验 …………………………………………………………（39）
    3.2　地基变形的计算 ……………………………………………………………（42）
    3.3　饱和软土地基的沉降与时间关系 …………………………………………（48）
    3.4　建筑物的沉降观测 …………………………………………………………（52）
    本章小结 …………………………………………………………………………（53）
    思考题 ……………………………………………………………………………（54）

第4章　土的抗剪强度和地基承载力 ……………………………………………（56）
    4.1　土的抗剪强度 ………………………………………………………………（56）

4.2 土的极限平衡理论 …………………………………………………………（62）
4.3 地基的临塑荷载与临界荷载 …………………………………………………（65）
4.4 地基的极限承载力 ……………………………………………………………（69）
4.5 地基承载力的确定方法 ………………………………………………………（75）
4.6 地基勘察 ………………………………………………………………………（79）
本章小结 ……………………………………………………………………………（85）
思考题 ………………………………………………………………………………（86）

第5章 土压力和挡土墙 …………………………………………………………（87）
5.1 土压力类型 ……………………………………………………………………（87）
5.2 静止土压力的计算 ……………………………………………………………（89）
5.3 朗肯土压力理论 ………………………………………………………………（89）
5.4 库仑土压力理论 ………………………………………………………………（93）
5.5 土压力计算的规范法 …………………………………………………………（98）
5.6 土压力计算举例 ………………………………………………………………（100）
5.7 特殊情况下的土压力计算方法 ………………………………………………（101）
5.8 挡土墙设计 ……………………………………………………………………（104）
5.9 边坡稳定性分析 ………………………………………………………………（108）
本章小结 ……………………………………………………………………………（112）
思考题 ………………………………………………………………………………（112）

第6章 天然地基上浅基础设计 …………………………………………………（113）
6.1 概述 ……………………………………………………………………………（113）
6.2 浅基础类型 ……………………………………………………………………（114）
6.3 基础埋置深度的选择 …………………………………………………………（119）
6.4 地基与基础的设计原则 ………………………………………………………（123）
6.5 基础底面积的确定 ……………………………………………………………（125）
6.6 刚性基础设计 …………………………………………………………………（130）
6.7 墙下钢筋混凝土条形基础设计 ………………………………………………（133）
6.8 柱下钢筋混凝土独立基础设计 ………………………………………………（137）
6.9 柱下钢筋混凝土条形基础设计 ………………………………………………（147）
6.10 减少不均匀沉降的措施和基础施工的验槽 …………………………………（152）
本章小结 ……………………………………………………………………………（158）
思考题 ………………………………………………………………………………（158）

第7章 筏板基础与箱形基础 ……………………………………………………（160）
7.1 筏板基础 ………………………………………………………………………（160）
7.2 箱形基础 ………………………………………………………………………（166）
7.3 施工与检测 ……………………………………………………………………（169）

本章小结 ··· (171)
　　思考题 ··· (171)

第 8 章　桩基础 ··· (172)
　8.1　桩基础的分类 ·· (172)
　8.2　单桩竖向承载力的确定 ·· (177)
　8.3　群桩 ··· (179)
　8.4　承台 ··· (182)
　8.5　桩侧负摩擦力和桩的抗拔力 ·· (190)
　8.6　水平荷载作用下桩基的设计 ·· (191)
　8.7　其他深基础简介 ·· (192)
　　本章小结 ··· (194)
　　思考题 ··· (194)

第 9 章　地基处理 ·· (195)
　9.1　换土垫层法 ·· (195)
　9.2　深层密实法 ·· (198)
　9.3　化学固结法 ·· (201)
　9.4　托换法 ··· (202)
　　本章小结 ··· (204)
　　思考题 ··· (205)

第 10 章　特殊土地基 ··· (206)
　10.1　湿陷性黄土地基 ·· (207)
　10.2　膨胀土地基 ·· (209)
　　本章小结 ··· (214)
　　思考题 ··· (214)

第 11 章　土工试验 ·· (215)
　11.1　密度试验 ·· (215)
　11.2　含水率试验 ·· (218)
　11.3　土粒相对密度试验 ·· (219)
　11.4　黏性土的液限、塑限试验 ·· (220)
　11.5　压缩试验 ·· (223)
　11.6　直接剪切试验 ··· (226)
　　思考题 ··· (229)

参考文献 ·· (230)

绪 论

学习目标

掌握地基与基础的概念,了解地基与基础设计的基本要求及其在建筑工程中的重要性。同时要对本课程的特点、任务及学习方法有所认识。

1. 地基与基础的概念

通常的建筑物都是建造在土层上面,以大地为依托。因此,建筑物的全部荷载都由其下面的土层来承受,受建筑物影响的那部分土层称为地基;建筑物下部向地基传递荷载的扩大部分承重结构称为基础。通常将直接与基础底面接触的土层称为持力层;在地基范围内持力层以下的土层称为下卧层(强度低于持力层的下卧层称为软弱下卧层),如图 0.1 所示。

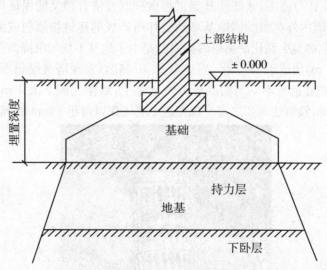

图 0.1 地基基础示意图

地基可分为天然地基和人工地基。不需要进行加固处理就可以直接设置基础的天然土层称为天然地基;而那些不能满足要求,需要进行人工加固处理的地基称为人工地基。基础工程的造价一般占建筑总造价的 10%～30%,在实际工程中,建筑物应尽量采用天然地基,以减少基础工程造价。

基础都会埋入地下一定深度,称为埋置深度,是指从室外设计地面到基础底面的垂直距离(图 0.1)。根据埋置深度的不同,基础分为浅基础和深基础。通常把埋置深度不大(小于或相当于基础底面宽带,一般认为≤5 m)的基础称为浅基础,如独立基础、条形基础、筏板基础等;基础埋置深度较大(>5 m)并需要用专门的施工方法和机械设备施工的基础称为深基础,如桩基础、沉井基础及地下连续墙基础等。

2. 地基与基础设计的基本要求

为了保证建筑物的安全和正常使用,地基应满足下列三个方面的基本要求:

(1)地基承载力要求:通过基础作用于地基上的荷载不能超过地基的承载力,需保证在上部荷载作用下地基不发生剪切破坏和失稳破坏,并且应有足够的安全储备。

(2)地基变形要求:应保证基础沉降或其他特征变形不超过规范要求的允许值,保证上部结构不因沉降或变形过大而受损或影响安全与正常使用。

(3)基础结构本身应有足够的强度、刚度和耐久性:在地基反力作用下不会发生强度破坏,并具有改善沉降与不均匀沉降的能力,同时由于土层地下水的存在,基础结构材料应具有良好的稳定性。

3. 地基与基础在建筑工程中的重要性

地基与基础是整个建筑工程中的一个重要组成部分,它的质量关系到建筑物的安全、经济和正常使用,轻则上部结构开裂、倾斜,重则建筑物倒塌,危及人们生命与财产安全。实践证明,建筑物的事故很多是与地基基础有关的。地基与基础属于地下隐蔽工程,一旦发生质量事故,其补强修复、加固处理相较于上部结构会非常困难,有时甚至是不可补救的。因此,基础工程实属百年大计,作为工程技术人员必须慎重对待。只有深入了解地基情况,掌握勘察资料,经过精心设计与施工,才能使基础工程做到既经济合理又能保证质量。

下面介绍几个国内外典型的因地基基础破坏所造成的建筑物倾斜或倒塌的案例。

【案例1】 著名的意大利比萨斜塔的倾斜就是由于地基不均匀沉降而造成的,如图0.2所示。该塔高度约55 m,始建于1173年,当建至24 m高时,发现塔身倾斜而被迫停工,至1273年才续建完工。该塔建造在不均匀的高压缩性地基上,致使北侧下沉1 m有余,南侧下沉近3 m,沉降差达1.8 m,倾角达5.8°之多。现在这个塔还在以每年1 mm的沉降速率下沉。

图0.2 意大利比萨斜塔

【案例2】 加拿大特朗斯康谷仓,如图0.3所示,由于设计时不了解地基埋藏有厚达16 m的软黏土层,建成后谷仓的荷载超过了地基的承载能力,造成地基丧失稳定性,使谷仓西侧陷入土中8.8 m,东侧抬高1.5 m,仓身倾斜27°。我国上海工业展览馆建于1954年,总质量达10 000 t,地基为厚14 m的淤泥质软黏土。建成后,当年基础下沉0.6 m,目前大厅平均沉降量达1.6 m。

图0.3 加拿大特朗斯康谷仓

【案例3】 苏州虎丘塔,建于五代周显德六年至北宋建隆二年(公元959～961),7级八角形砖塔,塔底直径13.66 m,高47.5 m,重63 000 kN,如图0.4所示。其地基土层由上至下依次为杂填土、块石填土、亚黏土夹块石、风化岩石、基岩等,由于地基土压缩层厚度不均及砖砌体偏心受压等,该塔向东北方向倾斜。1956～1957年间对上部结构进行修缮,但使塔重增加了2 000 kN,加速了塔体的不均匀沉降。1957年塔顶位移为1.7 m,1978年发展到2.3 m,重心偏离基础轴线0.924 m,砌体多处出现纵向裂缝,部分砖墩应力已接近极限状态。后在塔周建造一圈桩排式地下连续墙,并采用注浆法和树根桩加固塔基,才基本遏制了塔的继续沉降和倾斜。

图0.4 苏州虎丘塔

4. 本课程的特点、任务及学习方法

地基与基础是一门知识面广而综合性强的课程,它涉及土力学、工程地质学、建筑结构

与施工技术等几个学科领域。学习本课程应具有建筑结构与施工技术的专业结识基础。

通过本课程的学习,应掌握地基土的物质性质与土力学的基本知识,掌握地基基础工程的基本概念;能阅读与正确理解地质勘察报告;了解地基处理的各种方法;能进行一般房屋的地基基础设计;学会基本的土工实验操作技能。

每一项地基基础工程的设计,几乎找不到完全相同的实例,故需要运用本课程的基本原理,深入调查研究,针对不同情况进行具体分析。因此,在学习本课程时要注意理论联系实际,提高分析问题和解决问题的能力。

本 章 小 结

(1) 掌握地基的概念及分类。地基可分为持力层和下卧层(软弱下卧层),可分为天然地基和人工地基。

(2) 掌握基础的概念及分类。根据基础埋置深度,基础可分为浅基础和深基础。

(3) 地基与基础应满足三个基本要求:① 地基承载力;② 地基变形;③ 基础结构的强度、刚度和耐久性。

(4) 实践证明,建筑物的事故很多与地基基础有关,地基基础的质量关系到建筑物的安全经济和正常使用。

(5) 地基与基础是理论性和实践性很强的一门学科,它涉及土力学、工程地质学、建筑结构和施工技术等方面的内容,知识面广而综合性强。在学习本课程时要注意理论联系实际,提高分析问题和解决问题的能力。

思 考 题

1. 何为建筑物的地基?按设计和施工情况可分为哪几类?
2. 什么是建筑物的基础?有何功能?与地基有什么区别?
3. 什么是浅基础?什么是深基础?
4. 为保证建筑物的安全和正常使用,地基基础设计必须满足哪些要求?
5. 本课程具有哪些特点?如何理论联系实际?

第1章 土的物理性质及工程分类

能力目标

通过理论学习,使学生能准确评价土的工程性质,也为土力学计算及地基基础设计等内容储备必备的知识。同时通过实验室技能操作,让学生能正确地对土进行分类和定名,激发学生的土工试验动手能力。

学习目标

了解土的成因和组成;掌握土的物理性质指标并能应用其指标进行计算,重点掌握无黏性土的密实度和黏性土的物理特征;掌握地基土的工程分类。

1.1 土的成因

地表岩石在大气中经过漫长的历史年代,受到风、霜、雨、雪的侵蚀和生物活动的破坏作用,即分化作用,以致崩解破碎而形成大小不同的松散堆积物,在建筑工程中称为土。

分化后残留在原地的土称为残积土,它主要分布在岩石暴露地面受到强烈分化的山区和丘陵地带。由于残积土未经分选作用,所以无层理,厚度很不均匀,因此在残积土地基上进行工程建设时,应注意其不均匀性,防止建筑物的不均匀沉降。

如果分化的土受到各种自然力(如重力、雨雪水流、山洪急流、河流、风力和冰川等)的作用,则搬运到大陆低洼地区或海底沉积下来。在漫长的地质年代里,沉积的土层逐渐加厚,它在自重的作用下逐渐压密,这样形成的土称为沉积土。陆地上大部分平原地区的土都属于沉积土。因为沉积土在沉积过程中地质环境不同、生成年代不一样,所以它的物理力学有很大差异。如洪水沉积的洪积土,有一定的分选作用,距山区较近地段颗粒较粗,远离山区颗粒较细,由于每次洪水搬运能力不同,形成了土层粗细颗粒交错的地质剖面。

通常,粗颗粒的土层压缩性较低,承载力较高;细颗粒的土层压缩性较高,承载力较低。在沉积土地基上进行工程建设,应尽量选择粗颗粒土层作为基础的持力层。

土的沉积年代不同,其工程性质将有很大变化,所以了解土的沉积年代的知识,对正确判断土的工程性质是有实际意义的。土的沉积年代通常采用地质学中的相对地质年代来划分。所谓相对地质年代,是指根据主要地壳运动和古生物演化顺序,对地壳历史进行划分的时间段落。最大的时间单位为代,每个代分为若干纪,纪又分为若干世。

大多数的土是在第四纪地质年代沉积形成的,这一地质历史时期是距今较近的时间段落(大约100万年)。在第四纪中包括四个世,即早更新世(用符号Q_1表示)、中更新世(Q_2)、晚更新世(Q_3)和全新世(Q_4)。由于沉积年份不同、地质作用不同以及岩石成分不同,各种沉积土的性质相差很大。

1.2 土的组成

土是一种松散物质,这种松散物质主要是矿物颗粒,在矿物颗粒之间有许多孔隙,通常孔隙之间有液体(一般是水),也有气体(一般是空气)。所以,土一般由矿物颗粒(固相)、水(液相)和空气(气相)组成,为三相体系。

土体的三相比例不是固定不变的,会随着环境的变化而发生相应的改变。当孔隙中填充有水和空气时,为湿土;当孔隙全部被水充满时,为饱和土;当孔隙中只有空气时,为干土。饱和土和干土为二相体系。

1.2.1 土的矿物颗粒

土的固相(固体矿物颗粒)构成土的骨架。土的固体矿物颗粒大小和形状、矿物成分及组成情况对土的物理力学性质有很大影响。

1. 土的颗粒级配

土粒的大小及其组成情况,通常以土中各个粒组质量的相对含量(各粒组质量占土总质量的百分比)来表示,称为土的颗粒级配。

自然界中的土都是由大小不同的土粒组成的。根据粒径大小可将土粒划分为块石(漂石)、碎石(卵石)、角砾(圆砾)、砂砾、粉粒及黏粒六大粒组。各组的界限粒径分别是200 mm、60 mm、2 mm、0.075 mm、0.005 mm,如表1.1所示。

表1.1 土的粒径分组

粒组名称		粒径范围/mm	一般特征
漂石或块石颗粒		≥200	透水性很大;无黏性;无毛细水
卵石或碎石颗粒		60~200	
圆砾或角砾颗粒	粗	20~60	透水性大;无黏性;毛细水上升高度不超过粒径大小
	中	5~20	
	细	2~5	
砂砾	粗	0.5~2	易透水,当混入云母等杂质时透水性减小,而压缩性增加;无黏性,通水不膨胀,干燥时松散;毛细水上升高度不大,随粒径变小而增大
	中	0.25~0.5	
	细	0.1~0.25	
	极细	0.075~0.1	
粉粒	粗	0.01~0.075	透水性小,湿时稍有黏性,遇水膨胀小,干时稍有收缩;毛细水上升高度较大,较快,极易出现冻胀现象
	细	0.005~0.01	
黏粒		<0.005	透水性很小,湿时有黏性、可塑性,遇水膨胀大,干时收缩显著;毛细水上升高度大,但速度较慢

颗粒分析结果常用图1.1所示颗粒级配曲线表示。图中纵坐标表示小于(或大于)某粒径的土质量含量,横坐标表示粒径,由于粒径相差较大,故采用对数横坐标表示。

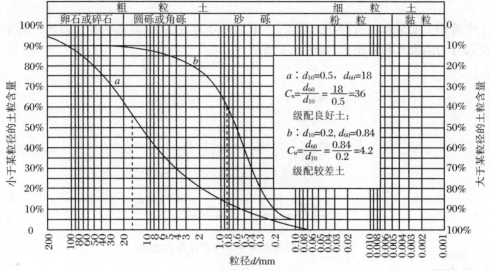

图1.1 颗粒级配曲线示意图

通过颗粒级配曲线可以得到各粒组的粒径范围和粒组的含量,可以大致判断土粒均匀程度或级配是否良好。若级配曲线平缓,则表示土中各种粒径的土粒都有,颗粒不均匀,级配良好;若曲线陡峻,则表示土粒均匀,级配不好。级配良好的土较密实,级配不好的密实性差。图1.1所示曲线a比较平缓,故土样a的级配比土样b好。

工程上用不均匀系数C_u表示颗粒组成的不均匀程度,则

$$C_u = \frac{d_{60}}{d_{10}} \tag{1.1}$$

式中:d_{60}——小于某粒径的土重百分比为60%时相应的粒径,又称限定粒径;

d_{10}——小于某粒径的土重百分比为10%时相应的粒径,又称有效粒径。

当$C_u<5$时,表示粒径较均匀,级配不好(图1.1中b线);当$C_u>10$时,表示粒径不均匀,级配良好(图1.1中a线)。

2. 土的矿物成分

土的固相是由矿物颗粒或是由矿物集合体构成的。土粒的矿物成分可分为原生矿物和次生矿物两大类。

原生矿物是由岩石经物理分化产生的矿物成分,其成分与母岩一致,如石英、长石、云母等。原生矿物的性质比较稳定,在粗的土粒中常含有这些矿物成分。

次生矿物是由岩石经化学分化后产生的新的矿物,如蒙脱石、伊利石、高岭石等。极细的黏粒中常含有这些次生矿物。

土粒中所含矿物成分不同,其性质就不同,如黏粒中蒙脱石含量较多,这种土遇水就会强烈膨胀,失水后又会产生收缩,给工程带来不利影响。

1.2.2 土中水

土中液相主要是水。按存在的状态,土中水可分为液态水、固态水和气态水。其中的液态水又可分为结合水和自由水,如图1.2所示。

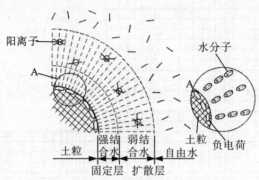

图 1.2 土粒与水分子的相互作用示意图

1. 结合水

根据水与土颗粒表面结合的紧密程度又可分为吸着水(强结合水)和薄膜水(弱结合水)。

1) 吸着水

电渗电泳试验证明,极细的黏粒表面带有负电荷,由于水分子为极性分子,即一端显示正电荷,一端显示负电荷,水分子就被颗粒表面电荷引力牢固地吸附,在其周围形成很薄的一层水。这种水就称为吸着水。其性质接近于固态,不冻结,相对密度(比重)大于1,具有很大的黏滞性,受外力不转移,在100~105 ℃温度下被蒸发。这种水不传递静水压力。

2) 薄膜水

这种水是位于吸着水以外,但仍受土颗粒表面电荷吸引的一层水膜。显然,距土粒表面越远,水分子引力就越小。薄膜水也不能流动。含薄膜水的土具有塑性。它不传递水压力,冻结温度低,已冻结的薄膜水在不太大的负温下就能融化。

2. 自由水

存在于土孔隙中颗粒表面电场影响范围以外的水称为自由水。它的性质与普通水一样,能传递静水压力和溶解盐类,冰点为0 ℃。按其所受作用力的不同分为重力水和毛细水。

重力水是在土孔隙中受重力作用自由流动的水,存在于地下水位以下的透水层中,流动时产生动水压力,带走土中细颗粒和溶解土中盐类,使土的孔隙增大,压缩性提高,抗剪强度降低,对开挖基坑、排水等方面均有较大影响。

毛细水是受到水与空气界面处表面张力作用的自由水,位于地下水位以上的透水层中。

工程中应特别注意毛细水上升的高度和速度,因为毛细水的上升对建筑物地下部分的防潮措施和地基土的浸湿与冻胀有重要影响。

1.2.3 土中气体

土中气体主要是空气、水蒸气,有时还会有沼气等。土中气体可分自由气体和封闭气体为两类。

1. 自由气体

自由气体与大气是相连通的,土层受外部压力作用时土中气体能够从孔隙中逸出,对土的性质影响不是很大。工程建设中可不予考虑。

2. 封闭气体

封闭气体与大气隔绝,不易逸出,常存在于黏土中。当这类土受外力作用时封闭的气泡会被压缩,卸载时又能有所恢复,增加了土的弹性,不易压实,俗称"橡皮土"。如果土中封闭的气体太多,将减少土的透水性。

1.2.4 土的结构与构造

1. 土的结构

土的结构是指土颗粒的大小、形状、表面特征、相互排列及其联结关系的综合特征。一般可分为单粒结构、蜂窝结构和绒絮结构三种基本类型,如图1.3所示。

具有单粒结构的土由砂粒等较粗土粒组成,土粒排列有疏松状态和密实状态。土粒排列密实时,土的强度较大。具有蜂窝结构的土由粉粒串联而成。具有绒絮结构的土由黏粒集合体串联而成。后两种结构存在着大量的孔隙,结构不稳定,当其天然结构被破坏后,土的压缩性增大而强度降低,故具有海绵结构的土也被称有结构性土。结构性的强弱可用灵敏度指标衡量。灵敏度 S 即天然结构破坏前后的抗压强度的比值。$1<S\leqslant 2$ 为低灵敏度,$2<S\leqslant 4$ 为中灵敏度,$S>4$ 为高灵敏度。土的灵敏度越高,则土的结构性越强,扰动后土的强度降低越多,故对高灵敏度的土在施工时需特别注意使其结构不受扰动。

 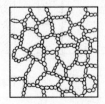 

(a) 单粒结构　　　　　(b) 蜂窝结构　　　　　(c) 绒絮结构

图 1.3　土的结构

2. 土的构造

在同一土层中,物质成分和颗粒大小等都相近的各部分之间相互关系的特征称为土的构造。一般土的构造有层状构造、分散构造和裂隙构造。

1) 层状构造

层状构造主要的特征为土呈层状。土颗粒在沉积过程中,由于不同阶段沉积的物质成分、颗粒直径大小或颜色不同,沿着竖向呈层状分布。

2) 分散构造

分散构造是指土层颗粒间没有大的差别,分布较均匀,性质相近,通常见于厚度较大的粗颗粒土。

3) 裂隙构造

裂隙构造是指土体被许多不连续的小裂隙所分隔,有些硬塑或坚硬状态的黏土会表现为此种构造。裂隙的存在会大大降低土体的强度和稳定性,增大土体的透水性,因此对工程地基基础不利。

1.3 土的物理性质指标

土由固体颗粒、水和气体所组成,并且各种组成成分是交错分布的(图1.4)。土的各组成部分的质量和体积之间的比例关系,可用土的三相比例指标表示(图1.5)。设土的总体积为 V,颗粒体积为 V_s,水体积为 V_w,气体体积为 V_a,孔隙体积为 V_v;总重力为 W,颗粒重力为 W_s,水重力为 W_w,气体重力忽略不计;总质量为 m,颗粒质量为 m_s,水质量为 m_w。则土的总体积、总重力和总质量分别为

$$V = V_s + V_w + V_a$$
$$W = W_s + W_w$$
$$m = m_s + m_w$$

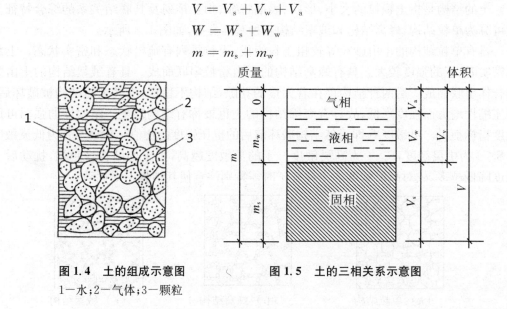

图1.4 土的组成示意图
1—水;2—气体;3—颗粒

图1.5 土的三相关系示意图

1.3.1 土的质量密度和重力密度

1. 土的质量密度

在天然状态下,单位体积土的质量称为土的质量密度,简称土的密度(ρ,kg/m³)。

$$\rho = \frac{m}{V} \tag{1.2}$$

式中：m——土的总质量（kg）；

V——土的总体积（m³）。

土的密度随着土的矿物成分、孔隙大小和水的含量不同而不同，天然状态下土的密度一般为 $1.6 \sim 2.0$ t/m³（1 000 kg/m³＝1 t/m³）。

2. 土的重力密度

在天然状态下，单位体积土所受的重力称为土的重力密度，简称土的重度（γ，kN/m³）。

$$\gamma = \frac{G}{V} \tag{1.3}$$

式中：G——土的重力（kN）。

由于 $G = mg$，把它代入式（1.3）中，则

$$\gamma = \frac{G}{V} = \frac{mg}{V} = \rho g \tag{1.4}$$

式中：ρ——质量密度（kg/m³）；

g——重力加速度（$g = 9.8$ m/s²），工程计算常取 10 m/s²。

土的重度常用"环刀法"测定。用容积为 100 cm³ 或 200 cm³ 的环刀放在削平的原状土样上，慢慢削去刀外围的土，边削边压，使保持天然状态的土样压满环刀，称得环刀内土样重量，该重量与环刀容积的比值即为土的重度。

1.3.2 土的含水量

在天然状态下，土中水的质量与颗粒质量之比的百分率，称为土的含水量（ω）。

$$\omega = \frac{m_w}{m_s} \times 100\% \tag{1.5}$$

含水量是标志土的湿度的一个重要指标。一般砂土的含水量接近 0，而饱和砂土可高达 40%；黏性土处于坚硬状态时含水量小于 30%，而处于流塑状态时大于 60%。

土的含水量通常采用"烘干法"测定。先称取小块原状土样的湿土重量，然后放置于烘箱中维持 $100 \sim 105$ ℃ 至恒重，再称取干土的重量，湿土与干土重量之差与干土重量的比值，即为土的含水量。

1.3.3 土粒相对密度

土粒质量 m_s 与同体积 4 ℃ 纯水的质量之比称为土粒相对密度（d_s），也称土粒比重。

$$d_s = \frac{m_s}{V_s \rho_w} \tag{1.6}$$

式中：ρ_w——4 ℃ 时纯水的密度。

土粒相对密度是没有单位的，一般为 $2.65 \sim 2.75$。

土粒相对密度采用"比重瓶法"测定。将置于比重瓶中的土样在 $105 \sim 110$ ℃ 烘干后冷却至室温，并用精密天平测量其重量，用排水法测得土粒体积，并得到同体积 4 ℃ 纯水的密

度,土粒重量与其的比值即为土粒相对密度。

上面三个物理指标 ρ、ω、d_s 是直接用实验方法测定的,通常又称室内土工实验指标。根据这三个基本指标又可导出如下几个计算指标。

1.3.4 土的干密度和干重度

1. 土的干密度

土的单位体积颗粒质量称为土的干密度(ρ_d,kg/m³)。

$$\rho_d = \frac{m_s}{V} \tag{1.7}$$

土的干密度越大,表示土越密实。

如果已知土的密度和含水量,就可以按下式算出土的干密度:

$$\rho_d = \frac{\rho}{1+\omega}$$

2. 土的干重度

土的单位体积颗粒所受的重力称为土的干重度(γ_d,kN/m³)。

$$\gamma_d = \rho_d g \tag{1.8}$$

1.3.5 土的饱和密度和饱和重度

1. 饱和密度

土中孔隙完全被水充满时土的密度称为土的饱和密度(ρ_{sat},kg/m³)。

$$\rho_{sat} = \frac{m_s + V_v \rho_w}{V} \tag{1.9}$$

2. 饱和重度

土中孔隙完全被水充满时土的重度称为土的饱和重度(γ_{sat},kN/m³)。

$$\gamma_{sat} = \frac{W_s + V_v \gamma_w}{V} = \rho_{sat} g \tag{1.10}$$

式中:γ_w——4 ℃时纯水的重度,$\gamma_w = 9.8$ kN/m³,通常取 10 kN/m³。

1.3.6 土的有效重度

在地下水位以下,土体受到水的浮力作用,使土的重力减轻,土受到的浮力即等于同体积的水重力 $V\gamma_w$;水下土单位体积的重力称为土在水下的重力密度,简称有效重度(γ',kN/m³)。

$$\gamma' = \frac{W_s + V_v \gamma_w - V\gamma_w}{V} = \gamma_{sat} - \gamma_w \tag{1.11}$$

1.3.7 土的孔隙比

土中孔隙体积与土粒体积之比称为孔隙比(e)。

$$e = \frac{V_v}{V_s} \tag{1.12}$$

孔隙比也是反映土的密实程度的物理指标。一般 $e<0.6$ 的土是密实的低压缩性土，$e>1.0$ 的土是疏松的高压缩性土。

孔隙比也可用下式计算：

$$e = \frac{d_s \rho_w (1+\omega)}{\rho} - 1 \tag{1.13}$$

1.3.8 孔隙率

土中孔隙体积与土的体积之比的百分率称为孔隙率(n)。

$$n = \frac{V_v}{V} \times 100\% \tag{1.14}$$

孔隙率与孔隙比的关系如下：

$$n = \frac{e}{1+e} \times 100\% \tag{1.15}$$

1.3.9 饱和度

土中水的体积与孔隙体积之比称为饱和度(S_r)。

$$S_r = \frac{V_w}{V_v} \times 100\% \tag{1.16}$$

饱和度可按下式计算：

$$S_r = \frac{\omega d_s}{e} \times 100\% \tag{1.17}$$

饱和度是衡量土潮湿度的物理指标。如 $S_r=100\%$ 时，土孔隙全部充水，土为完全饱和状态；$S_r=0$ 时，土为完全干燥状态；$S_r<50\%$ 时，土为稍湿；$S_r>80\%$ 时，土为饱和；S_r 为 $50\%\sim80\%$ 时，土为很湿。

为便于查阅，现将各物理指标间的关系归纳如表 1.2 所示。

表 1.2 土的三相比例指标换算公式

名称	符号	表达式	常用换算公式	单位	常见的数值范围
密度	ρ	$\rho=\dfrac{m}{V}$	$\rho=\dfrac{d_s+S_r e}{1+e}\rho_w$	t/m³	1.6～2.0
重度	γ	$\gamma=\rho g$	$\gamma=\dfrac{d_s+S_r e}{1+e}\gamma_w$	kN/m³	16～20
干土密度	ρ_d	$\rho_d=\dfrac{m_s}{V}$	$\rho_d=\dfrac{\rho}{1+\omega}$	t/m³	1.3～1.8

(续表)

名称	符号	表达式	常用换算公式	单位	常见的数值范围
干土重度	γ_d	$\gamma_d = \rho_d g$	$\gamma_d = \dfrac{\rho}{1+\omega}g = \dfrac{\gamma}{1+\omega}$	kN/m³	13～18
饱和土密度	ρ_{sat}	$\rho_{sat} = \dfrac{m_s + V_v \rho_w}{V}$	$\rho_{sat} = \dfrac{d_s + e}{1+e}\rho_w$	t/m³	1.8～2.3
饱和土重度	γ_{sat}	$\gamma_{sat} = \rho_{sat} g$	$\gamma_{sat} = \dfrac{d_s + e}{1+e}\gamma_w$	kN/m³	18～23
有效重度	γ'	$\gamma' = \dfrac{m_s - V_s \rho_w}{V}g$	$\gamma' = \gamma_{sat} - \gamma_w$	kN/m³	8～13
孔隙比	e	$e = \dfrac{V_v}{V_s}$	$e = \dfrac{d_s \rho_w}{\rho_d} - 1$		一般黏性土:$e = 0.40 \sim 1.20$ 砂土:$e = 0.30 \sim 0.90$
孔隙率	n	$n = \dfrac{V_v}{V} \times 100\%$	$n = \dfrac{e}{1+e} \times 100\%$		一般黏性土:30%～60% 砂土:25%～45%
饱和度	S_r	$S_r = \dfrac{V_w}{V_v} \times 100\%$	$S_r = \dfrac{\omega d_s}{e}$		0～1.0
含水量	ω	$\omega = \dfrac{m_w}{m_s} \times 100\%$	$\omega = \dfrac{S_r e}{d_s}$;$\omega = \dfrac{\gamma}{\gamma_d} - 1$		20%～60%
相对密度	d_s	$d_s = \dfrac{m_s}{V_s \rho_w}$	$d_s = \dfrac{S_r e}{\omega}$		一般黏性土:2.70～2.75 砂土:2.65～2.69

【例1.1】 某原状土样由室内实验测得土的体积为 1.0×10^{-4} m³,湿土的质量为 0.186 kg,烘干后的质量为 0.147 kg,土粒的相对密度为 2.70。试求该土样的含水量 ω、密度 ρ、干重度 γ_d、孔隙比 e、饱和重度 γ_{sat}、有效重度 γ' 及饱和度 S_r。

【解】 土的含水量

$$\omega = \frac{0.186 - 0.147}{0.147} \times 100\% = 26.53\%$$

土的密度

$$\rho = \frac{0.186 \text{ kg}}{1 \times 10^{-4} \text{ m}^3} = \frac{0.186 \times 10^{-3} \text{ t}}{1 \times 10^{-4} \text{ m}^3} = 1.86 \text{ t/m}^3$$

土的干重度

$$\gamma_d = \frac{\rho}{1+\omega}g = \frac{1.86 \times 10}{1+0.2653} = 14.7 \text{ (kN/m}^3)$$

土的孔隙比

$$e = \frac{d_s \rho_w}{\rho_d} - 1 = \frac{d_s \rho_w (1+\omega)}{\rho} - 1$$

$$= \frac{2.70 \times 1 \times (1+0.2653)}{1.86} - 1 = 0.84$$

土的饱和重度

$$\gamma_{sat} = \rho_{sat} g = \frac{d_s + e}{1+e} \times \gamma_w = \frac{2.7 + 0.84}{1+0.84} = 19.2 \text{ (kN/m}^3)$$

有效重度

$$\gamma' = \gamma_{sat} - \gamma_w = 19.24 - 10 = 9.24 \text{ (kN/m}^3)$$

土的饱和度

$$S_r = \frac{\omega d_s}{e} \times 100\% = \frac{0.2653 \times 2.70}{0.84} \times 100\% = 85\%$$

1.4 无黏性土的密实度

无黏性土颗粒较粗,土粒之间无黏结力,呈散粒状态。砂土、碎石土统称无黏性土。它的密实度对其工程性质有重要的影响。当其处于密实状态时,结构较稳定,压缩性较小,强度较大,可作为建筑物的良好地基。砂土的密实度可用天然孔隙比评定。一般地当 $e<0.6$ 时,属密实的砂土;当 $e>0.95$ 时为松散状态,不宜作为天然地基。由于砂土较难采取原状土样,天然孔隙比不易测准,故《建筑地基基础设计规范》(GB 50007—2011)用标准贯入试验锤击数 N(表 1.3)和土的孔隙比 e(表 1.4)来判定砂土的密实度。

表 1.3　砂土的标准贯入试验锤击数

密实度	密实	中密	稍密	松散
标准锤击数 N	$N>30$	$15<N\leqslant30$	$10<N\leqslant15$	$N\leqslant10$

表 1.3 中用标准贯入锤击数 N 来划分砂土密实度,N 为用质量 63.5 kg 的重锤,落距 76 cm,自由落下,将贯入器竖直击入土中 30 cm 所需的锤击数。

表 1.4　砂土的孔隙比

土的名称 \ 密实度	密实	中密	稍密	松散
砾砂、粗砂、中砂	$e<0.60$	$0.60\leqslant e\leqslant0.75$	$0.75<e\leqslant0.85$	$e>0.85$
细砂、粉砂	$e<0.70$	$0.70\leqslant e\leqslant0.85$	$0.85<e\leqslant0.95$	$e>0.95$

对于碎石土的密实度,可根据野外鉴别方法划分为密实、中密、稍密和松散。其划分标准见表 1.5。

表 1.5　碎石土的密实度野外鉴别方法

密实度	骨架颗粒含量和排列	可挖性	可钻性
密实	骨架颗粒含量大于总重的 70%,呈交错排列,连续接触	用锹镐挖掘困难,用撬棍方能松动,井壁一般较稳定	钻进极困难;冲击钻探时,钻杆、吊锤跳动剧烈;孔壁较稳定
中密	骨架颗粒含量等于总重的 60%~70%,呈交错排列,大部分接触	用锹镐可挖掘,井壁有掉块现象,从井壁取出大颗粒处,能保持颗粒凹面形状	钻进极困难;冲击钻探时,钻杆、吊锤跳动不剧烈;孔壁有坍塌现象
稍密	骨架颗粒含量等于总重的 55%~60%,排列混乱,大部分不接触	用锹可以挖掘,井壁易坍塌,从井壁取出大颗粒后,砂土立即坍落	钻进较容易;冲击钻探时,钻杆稍有跳动;孔壁易坍塌
松散	骨架颗粒含量小于总重的 55%,排列十分混乱,绝大部分不接触	用锹易挖掘,井壁极易坍塌	钻进很容易;冲击钻探时,钻杆无跳动;孔壁极易坍塌

注:①骨架颗粒指与表 1.10 相对应粒径的颗粒;②碎石土的密实度应按表列各项要求综合确定。

1.5 黏性土的物理特征

1.5.1 黏性土的塑限和液限

黏性土颗粒很细,所含黏土矿物成分较多,故含水量对黏性土所处的状态影响很大。随着含水量的增加,黏性土分别处于固态、半固态、可塑及流动状态(图1.6)。当黏性土在某含水量范围内,可用外力塑成任何形状而不发生裂纹,外力移去后仍能保持已得的形状,土的这种性能叫做可塑性。黏性土由一种状态转到另一种状态的分界含水量称为界限含水量。

图1.6 土的物理状态与含水量的关系

土由可塑状态转为流动状态的界限含水量称为液限 ω_L,也称塑性上限含水量。由半固态转为可塑状态的界限含水量称为塑限 ω_P。由固态转为半固态的界限含水量称为缩限 ω_s。上述这些指标都用百分数表示。

塑限的测定,一般常用搓条法。在干土内加适量的水,拌和均匀后,在毛玻璃上用手掌内侧搓成土条,当土条搓到直径为 3 mm 时恰好开始断裂(图1.7),这时土的含水量称为塑限。

液限的测定,一般常用图1.8所示的锥式液限仪。测定时先在杯内装满调成糊状的土样,并刮平表面,然后将圆锥体放在土样表面中心,让它在自重作用下徐徐沉入土中,如圆锥体经 5 s 恰好沉入土样 10 mm(也就是圆锥体上刻线刚好与土样表面齐平),这时土的含水量就是液限(图1.8)。

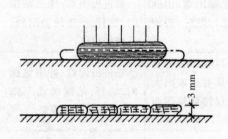

图1.7 塑限试验图

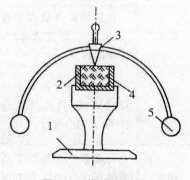

图1.8 锥式液限仪
1—底座;2—试杯;
3—刻线;4—土样;5—平衡球

1.5.2 塑性指数

液限与塑限之差称为塑性指数 I_P。

$$I_P = \omega_L - \omega_P \tag{1.18}$$

塑性指数也应以百分数表示,但习惯上计算时不带百分号。塑性指数的大小主要与土内所含黏土粒组多少有关。土中含黏土粒组越大,其塑性指数就越大,表示土处于塑性状态的含水量范围就越大。

由于 I_P 能反映土的塑性大小,是黏性土分类的重要标志,《建筑地基基础设计规范》用 I_P 作为黏性土的分类标准(表 1.6)。

表 1.6 黏性土按塑性指数分类

土的名称	塑性指数
黏 土	$I_P>17$
粉质黏土	$10<I_P\leqslant17$

1.5.3 液性指数

天然含水量与塑限之差除以塑性指数称为黏性土的液性指数 I_L,即

$$I_L = \frac{\omega - \omega_P}{I_P} = \frac{\omega - \omega_P}{\omega_L - \omega_P} \tag{1.19}$$

液性指数是表示黏性土软硬程度的一个物理指标。如 $\omega\leqslant\omega_P$,即 $I_L\leqslant0$,表示土处于坚硬状态;若 $\omega>\omega_L$,即 $I_L>1$,则表示土处于流动状态;若 ω 位于 ω_P 与 ω_L 之间,即 I_L 为 0~1,则表示土处于可塑状态。《建筑地基基础设计规范》将黏性的软硬状态按 I_L 划分,如表 1.7 所示。

表 1.7 黏性土的软硬状态按 I_L 划分表

液性指数	$I_L\leqslant0$	$0<I_L\leqslant0.25$	$0.25<I_L\leqslant0.75$	$0.75<I_L\leqslant1$	$I_L>1$
状 态	坚硬	硬塑	可塑	软塑	流塑

1.6 地基土的工程分类

土的颗粒直径大小是很不相同的,有的颗粒直径大于 200 mm,有的小于 0.005 mm。实践证明,土的颗粒直径不同,它的物理力学性质也就不同,如粗颗粒的砂土的承载力几乎与土的含水量无关,而细颗粒的黏性土的承载力却随含水量的增加而急剧下降。因此,要正确评定土的物理力学性质,合理地选择地基基础或方案,就必须对地基土进行工程分类。

作为建筑物地基的土可分为岩石、碎石土、砂土、粉土、黏性土和人工填土。

1.6.1 岩石

在自然状态下颗粒间牢固连接,呈整体或具有节理裂隙的岩体称为岩石。根据岩石的坚固性分为硬质岩石和软质岩石,如表 1.8 所示;岩石风化程度的分类如表 1.9 所示。

表 1.8 岩石坚固性的分类

岩石类别	代表性岩石
硬质岩石	花岗岩、花岗片麻岩、闪长岩、玄武岩、石灰岩、石英砂岩、石英岩、硅质砾岩等
软质岩石	页岩、黏土岩、绿泥石片岩、云母片岩等

注：除表列代表性岩石外，凡新鲜岩石的饱和单轴极限抗压强度大于或等于 30 MPa 的，可按硬质岩石考虑；小于 30 MPa 的，可按软质岩石考虑。

表 1.9 岩石风化程度的分类

风化程度	特 征
微风化	岩质新鲜，表面稍有风化迹象
中等风化	(1) 结构和构造层理清晰 (2) 岩体被节理、裂隙分割成块状(200～500 mm)，裂隙中填充少量风化物，锤击声脆，且不易击碎
强风化	(1) 结构和构造层理不甚清晰，矿物成分已显著变化 (2) 岩体被节理、裂隙分割成碎石状(20～200 mm)，碎石用手可以拆断 (3) 用镐可以挖掘，手摇钻不易钻进

1.6.2 碎石土

粒径大于 2 mm 的颗粒含量小于或等于总质量的 50% 的土称为碎石土。碎石土根据粒组含量及颗粒形状的不同，可分为漂石、块石、卵石、碎石、圆砾、角砾，如表 1.10 所示。

表 1.10 碎石土的分类

土的名称	颗粒形状	粒组含量
漂石 块石	圆形及亚圆形为主 棱角形为主	粒径大于 200 mm 的颗粒含量超过总质量的 50%
卵石 碎石	圆形及亚圆形为主 棱角形为主	粒径大于 20 mm 的颗粒含量超过总质量的 50%
圆砾 角砾	圆形及亚圆形为主 棱角形为主	粒径大于 2 mm 的颗粒含量超过总质量的 50%

注：定名时应根据粒组含量由大到小以最先符合者确定。

1.6.3 砂土

粒径大于 0.075 mm 的颗粒含量超过总质量 50% 的土称为砂土。根据粒组含量可分为砾砂、粗砂、细砂、粉砂，如表 1.11 所示。

表1.11 砂土的分类

土的名称	粒组含量
砾砂	粒径大于2 mm的颗粒含量超过总质量的25%～50%
粗砂	粒径大于0.5 mm的颗粒含量超过总质量的50%
中砂	粒径大于0.25 mm的颗粒含量超过总质量的50%
细砂	粒径大于0.075 mm的颗粒含量超过总质量的85%
粉砂	粒径大于0.075 mm的颗粒含量超过总质量的50%

注:定名时应根据粒组含量由大到小以最先符合者确定。

砂土的密实度按标准贯入锤击数$N(N_{63.5})$分为密实、中密、稍密和松散4种,如表1.3所示。

砂土的湿度按饱和度可划分为饱和、很湿和稍湿3种,如表1.12所示。

表1.12 砂土的湿度按饱和度划分

饱和度S_r	$S_r \leqslant 0.5$	$0.5 < S_r \leqslant 0.8$	$S_r > 0.8$
湿度	稍湿	很湿	饱和

1.6.4 粉土

粉土是指塑性指数小于或等于10且粒径大于0.075 mm的颗粒含量不超过总质量50%的土,它的性质介于黏性土和砂土之间。

粉土的密实度与天然孔隙比e有关,一般当$e<0.6$时为密实状态,强度高,是良好的天然地基;当$e>1.0$时为松散状态,属软弱地基。此外,粉土的强度还与天然含水量有关,当含水量较小时,强度较高,随着含水量增加,其强度降低。

1.6.5 黏性土

黏性土是指塑性指数I_P大于10的土。按塑性指数分为黏土和粉质黏土(表1.6);黏性土按液性指数I_L分为坚硬、硬塑、可塑、软塑和流塑状态(表1.7)。

1.6.6 人工填土

人工填土是由人类活动堆积而成的土,其物质成分杂乱、均匀性差,按其成因及堆积物成分不同可分为素填土、杂填土和冲填土。

素填土是由碎石、砂土、黏性土等组成的填土。经分层压实者统称为压实填土。

杂填土是含建筑垃圾、工业废料、生活垃圾等杂物的填土。

冲填土是由水力冲填泥砂形成的沉积土。

除上述6种土类外,还有一些分布在一定地理区域,有工程意义上的特殊成分、状态和结构特征的土称为特殊性土。例如:淤泥质土、红黏土和次生红黏土、湿陷性黄土和膨胀土等,它们都具有各自特殊的性质。淤泥是在静水或缓慢流水环境中沉积并经生物化学作用后形成,天然含水量大于液限,天然孔隙比e大于或等于1.5的黏性土;天然含水量大于液

限而天然孔隙比 e 小于 1.5 但大于或等于 1.0 的黏性土或粉土为淤泥质土。

红黏土和次生红黏土一般分布于我国北纬 33°以南的地区。红黏土是由碳酸盐岩系出露区的岩石，经红土化作用形成的棕红、褐黄等色的高塑性黏土。其液限一般大于 50%，上硬下软，具有明显的收缩性，裂隙发育。土层经再搬运后仍保留红黏土的基本特性，液限大于 45%者称为次生红黏土。

【例 1.2】 某地基土为砂土，设取烘干后的土样 500 g，筛分试验结果如表 1.13 所示。经物理指标实验测得土的天然密度 $\rho=1.72$ t/m³，土粒相对密度 $d_s=2.67$，天然含水量 $\omega=14.2\%$。试确定此砂土的名称及物理状态。

表 1.13 例 1.2 表

筛孔直径/mm	200	60	2	0.25	0.005	<0.005(底盘)	总计
留在每层筛上的土质量/g	0	40	70	150	190	50	500
大于某粒径的颗粒占全部土质量的比例	0	8%	22%	52%	90%	100%	—

【解】 (1) 确定土的名称。

从表 1.13 可以看出，粒径大于 0.25 的颗粒占全部土质量的 52%，即大于 50%，所以此砂土为中砂。

(2) 确定土的物理状态。

确定土的天然孔隙比 e。按式(1.13)得

$$e = \frac{d_s \rho_w (1+\omega)}{\rho} - 1 = \frac{2.67 \times 1 \times (1+0.142)}{1.72} - 1 = 0.773$$

由表 1.4 内"中砂"一项可知，因为 $e=0.773$ 是在孔隙比 0.75~0.85 范围内，故此中砂为稍密的。

确定土的饱和度，按式(1.17)得

$$S_r = \frac{\omega d_s}{e} \times 100\% = \frac{0.142 \times 2.67}{0.773} \times 100\% = 49\%$$

由表 1.12 可知，此中砂为稍湿的。

本 章 小 结

(1) 地表岩石经过漫长的历史年代，经受物理和生物化学活动，形成大小不同的松散物质，在建筑工程中称为土。大多数的土是在第四纪地质年代沉积形成的。沉积年代不同、地质作用不同及岩石成分不同，使各种土的工程性质相差较大。

(2) 土一般由矿物颗粒(固相)、水(液相)和空气(气相)组成。土为三相体系。

(3) 土的质量密度、土的含水量、土粒相对密度是土的三个基本指标，由其得出其他几个计算指标。砂土的密实度是用标准贯入试验锤击数和土的孔隙比来判定。

(4) 塑限一般用搓条法测定，液限的测定常用锤式液限仪。塑性指标是黏性土分类的重要标志之一，液性指标是表示黏性土软硬程度的一个物理指标。

(5) 地基土可分为岩石、碎石土、砂土、粉土、黏性土和人工填土六大类。它是合理选择

地基方案的重要依据之一。

思 考 题

1. 什么是土的塑限、液限和塑性指数？它们与天然含水量是否有关？什么是土的液性指数？

2. 地基土分为哪几类？它们是怎么划分的？

3. 土的组成有哪几部分？土中三相比例的变化对土的性质有何影响？

4. 何谓土的物理性质指标？哪三个指标是直接测定的？哪些是计算指标？

5. 说明土的天然重度 γ、饱和重度 γ_{sat}、有效重度 γ' 和干重度 γ_d 的物理概念和相互关系，比较同一种土 γ、γ_{sat}、γ' 和 γ_d 数值的大小。

6. 某原状土样，经试验测得土的基本指标如下：土的密度 $\rho=1.85\ \text{t/m}^3$，土的相对密度 $d_s=2.70$，含水量 $\omega=21.3\%$。试求干土密度 ρ_d、孔隙比 e、孔隙率 n、饱和度 S_r、饱和密度 ρ_{sat}。

7. 某完全饱和的土样经测得其含水量 $\omega=30\%$，土粒的相对密度 $d_s=2.72$，试求该土的孔隙比 e、密度 ρ 和干密度 ρ_d。

8. 从 A、B 两地土层中各取黏性土土样进行试验，恰好其液限、塑限相同，液限 $\omega_L=45\%$，塑限 $\omega_P=30\%$，但 A 地的天然含水量 $\omega=45\%$，B 地的天然含水量 $\omega=25\%$。试求 A、B 两地土的液性指数，并通过判断土的状态比较土的好坏。

9. 某无黏性土样，标准贯入实验锤击数 $N=20$，饱和度 $S_r=0.85$，土样颗粒分析结果如表 1.14 所示。试确定该土的名称和状态。

表 1.14

粒径/mm	0.5～2	0.25～0.5	0.075～0.25	0.05～0.075	0.01～0.05	<0.01
粒组含量	5.6%	17.5%	27.4%	24.0%	15.5%	10.0%

第 2 章　土中应力计算

能 力 目 标

通过本章学习能准确计算土的自重应力、基底压力及土中的附加压力,能够灵活运用角点法计算出地基工程中任意点的附加应力,为计算地基变形及地基承载力提供可靠数据。

学 习 目 标

能理解自重应力、基底压力及附加应力的基本概念,并掌握其计算方法,同时要注意地下水对其的影响。重点掌握在矩形、条形均布荷载作用角点下土中附加应力的计算及在实际工程的运用。

2.1　土中自重应力

2.1.1　自重应力计算公式

在计算土中自重应力时,假定天然地基是均质、连续、各向同性的半无限空间体,则在土体自重作用下,在 z 处水平方向上各点的自重应力均相等且无限分布。所以,在自重应力作用下地基只产生竖向变形,而无侧向位移及剪切变形。故认为土体中任意垂直面和水平面上只有正应力,而无剪切应力。如图 2.1 所示的土柱微体,设天然地面以下深度为 z(m),土柱微体的底面积为 $A(\mathrm{m}^2)$,土的天然重度为 $\gamma(\mathrm{kN/m}^3)$,则产生在 z 处单位面积上的自重应力为

$$\sigma_{cz} = \gamma z \tag{2.1}$$

由上式可见,均质土的自重应力与 z 成正比,随深度按直线分布,如图 2.1(a)所示。

当深度 z 范围内由多层土组成时,则 z 处的自重应力为各土层自重应力之和,则

$$\begin{aligned}\sigma_{cz} &= \gamma_1 z_1 + \gamma_2 z_2 + \gamma_3 z_3 + \cdots + \gamma_n z_n \\ &= \sum_{i=1}^{n} \gamma_i z_i\end{aligned} \tag{2.2}$$

式中:n——从天然地面起到 z 的土层数;

γ_i——第 i 层土的重度;

h_i——第 i 层土的厚度。

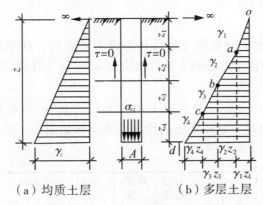

（a）均质土层　　　（b）多层土层

图 2.1　土中自重应力

由式(2.2)计算出各土层分界处的自重应力,然后在所计算竖直线的左边用水平线段按一定比例表示各点的自重应力值,再用线加以连接(见图 2.1(b)中 a、b、c、d),所得折线称为土的自重应力曲线。

2.1.2　地下水对自重应力的影响

地下水以下的土,一般呈饱和状态,由于受到水的浮力作用,其重度会减小。计算自重应力时,应采用水下土的浮重度 $\gamma'=\gamma_{sat}-\gamma_w$ (γ_{sat} 为土的饱和重度, γ_w 为水重度)。图 2.2 中 A 点的自重应力为

$$\sigma_{cA} = \gamma_1 z_1 + \gamma_2 z_2 + \gamma'_3 z_3 \tag{2.3}$$

当地下水位有可能下降时,在水位变化部分,无黏性土采用天然重度计算;黏性土因其透水性能不好,可采用饱和重度 γ_{sat} 计算,计算结果偏于安全。

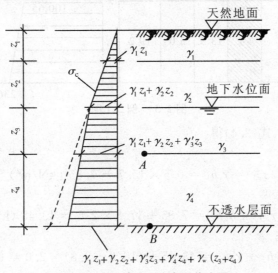

图 2.2　常见情况土中自重应力图

2.1.3 不透水层的影响

岩石或只含强结合水的坚硬黏土层可认为是不透水层。在不透水层中不存在浮力作用,所以对不透水层层面以下部分的土的自重应力 σ_{cz} 进行计算时,应取上覆土和水的总重。图 2.2 中 B 点的自重应力为

$$\sigma_{cB} = \gamma_1 h_1 + \gamma_2 h_2 + \gamma'_3 h_3 + \gamma'_4 h_4 + \gamma_w (h_3 + h_4) \tag{2.4}$$

【例 2.1】 某工程地质柱状图及土的物理性质指标如图 2.3 所示。试求各土层界面处自重应力,并画出自重应力分布图。

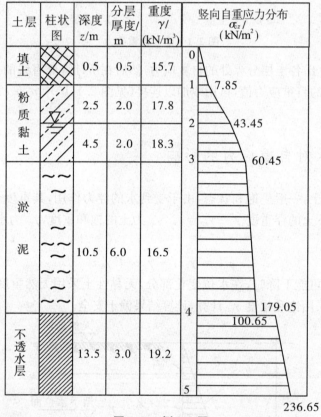

图 2.3 例 2.1 图

【解】 由式(2.3)、式(2.4)得

(1) 填土层底

$$\sigma_{cz1} = \gamma_1 h_1 = 0.5 \times 15.7 = 7.85 \; (kN/m^2)$$

(2) 地下水位处

$$\sigma_{cz2} = \gamma_1 h_1 + \gamma_2 h_2 = 7.85 + 17.8 \times 2.0 = 43.45 \; (kN/m^2)$$

(3) 粉质黏土层底

$$\sigma_{cz3} = \gamma_1 h_1 + \gamma_2 h_2 + \gamma'_3 h_3 = 43.45 + (18.3 - 9.8) \times 2.0 = 60.45 \; (kN/m^2)$$

(4) 淤泥层底

$$\sigma_{cz4} = \gamma_1 h_1 + \gamma_2 h_2 + \gamma'_3 h_3 + \gamma'_4 h_4 = 60.45 + (16.5 - 9.8) \times 6.0$$
$$= 100.65 \; (kN/m^2)$$

(5) 不透水层层面

$$\sigma'_{cz4} = \gamma_1 h_1 + \gamma_2 h_2 + \gamma'_3 h_3 + \gamma'_4 h_4 + \gamma_w(h_3 + h_4) = 100.65 + (2.0 + 6.0) \times 9.8$$
$$= 179.05 \text{ (kN/m}^2\text{)}$$

(6) 不透水层层底

$$\sigma_{cz5} = \sigma'_{cz4} + \gamma_5 h_5 = 179.05 + 19.2 \times 3.0 = 236.65 \text{ (kN/m}^2\text{)}$$

需要补充说明的是,在重力作用下,地基除受到竖向应力作用外,还受到水平应力作用。由于地基变形与水平应力无关,故不予介绍。

2.2 基底压力

2.2.1 基底压力的分布

自重应力一般不会引起地基变形,正常固结的土在自重作用下的压缩变形早已完成。但有些堆积年代不久的土层(如新填土、冲填土等),可能有自重作用下的变形问题。附加应力则是建筑物沉降的主要原因,必须重点进行研究。

计算土中的附加应力,首先要知道基底压力分布。基底压力也称接触压力,是建筑物荷载通过基础传递给地基的压力,也是地基反作用于基础底面的反力。

基底压力分布很复杂,它与基础的刚度、地基土的性质、基础埋深及荷载大小等有关。基础为绝对柔性时,抗弯刚度为0,基础随地基一起变形,其压力分布与荷载分布相同,变形为中间大、两边小,如图2.4所示。基础为绝对刚性时,抗弯刚度为无限大,基础受荷后仍保持平面,各点沉降相同,基底压力分布为两边大、中间小,如图2.5所示。由于地基土的塑性性质,当基础两边压力较大,土产生塑性变形后,基底压力发生重新分布,使边缘压力减小而边缘与基础中心之间压力相应增加,实际压力呈马鞍形分布。随着荷载进一步增加,基础两端地基土塑性变形不断发展,绝对刚性基础的基底压力分布将由马鞍形逐步发展为抛物线形和钟形,如图2.6所示。

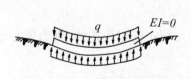

图2.4 绝对柔性基础压力分布

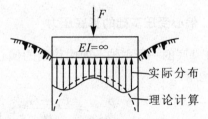

图2.5 绝对刚性基础压力分布

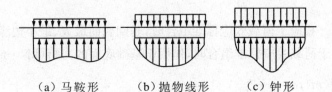

(a)马鞍形　　(b)抛物线形　　(c)钟形

图2.6 刚性基础基底压力的分布形态

实际工程中,基础的刚度介于绝对柔性和绝对刚性之间,一般具有较大的刚度。由于受地基承载力的限制,作用在基础上的荷载一般较小,基底压力大多属马鞍形分布,比较接近直线。故工程上大多假定基底压力按直线分布,可按材料力学公式计算基底压力,由此在地基变形计算中引起的误差,一般工程是允许的。

2.2.2 基底压力的简化计算

1. 轴心受压基础的基底压力

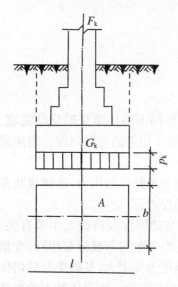

图 2.7 轴心受压基底压力

作用在基础上的荷载合力通过基础底面形心时为轴心受压基础,基底压力为均匀分布,如图 2.7 所示。

$$p_k = \frac{F_k + G_k}{A} \tag{2.5}$$

式中:p_k——基础底面处平均压力(kN/m²);

F_k——相应于荷载效应标准组合时,上部结构传至基础顶面竖向力值(kN);

G_k——基础自重设计值及其上填土的重力标准值(kN);$G_k = \gamma_G A d$,其中 γ_G 为基础及回填土的平均重度,一般为 20 kN/m³,但地下水位以下应取浮重度;

d——基础埋深(m),当室内外标高不同时取平均高度;

A——基础底面积(m²),矩形基础 $A = bl$,b 和 l 分别为基础的短边和长边,对荷载沿长度方向均匀分布的条形基础,取长度方向 $l = 1$ m,$A = b$(m²),而对于 F_k 和 G_k 则为每延米的相应值(kN/m)。

2. 偏心受压基础的基底压力

在基底的一个主轴平面内作用的偏心力或轴心力与弯矩同时作用时,则为偏心受压基础(图 2.8)。

$$\begin{matrix} p_{kmax} \\ p_{kmin} \end{matrix} = \frac{F_k + G_k}{bl} \pm \frac{M_k}{W} = \frac{F_k + G_k}{bl} \pm \frac{(F_k + G_k)e}{l^2 b/6}$$

$$= \frac{F_k + G_k}{bl}\left(1 \pm \frac{6e}{l}\right) \tag{2.6}$$

式中:p_{kmax}、p_{kmin}——相应于荷载效应标准组合时,基础底面最大、最小边缘压力(kN/m²);

M_k——相应于荷载效应标准组合时,作用于基础底面的力矩(kN·m);

e——偏心距(m),$e = \dfrac{M_k}{F_k + G_k}$;

W——基础底面的抵抗矩(m³),$W = bl^2/6$。

由式(2.6)可见：

当$(1-6e/l)>0$，即$e<l/6$时，$p_{kmin}>0$，基底压力为梯形分布(图2.8(a))；当$(1-6e/l)=0$，即$e=l/6$时，$p_{kmin}=0$，基底压力为三角形分布(图2.8(b))；当$(1-6e/l)<0$，即$e>l/6$时，$p_{kmin}<0$，基底出现拉应力(图2.8(c))。

由于基底与地基之间不能承受拉力，故部分基底脱离于地基，使基底面积减小，基底压力重新分布。根据偏心荷载与基底反力平衡条件，荷载合力(F_k+G_k)应通过三角形反力分布图的形心，得

$$\frac{3a}{2}p_{kmax}b = F_k + G_k$$

则

$$p_{kmax} = \frac{2(F_k+G_k)}{3ab} \tag{2.7}$$

式中：a——偏心距合力作用点到p_{kmax}处的距离(m)，$a=\frac{l}{2}-e$；

b——垂直于力矩作用方向的基础底面边长(m)。

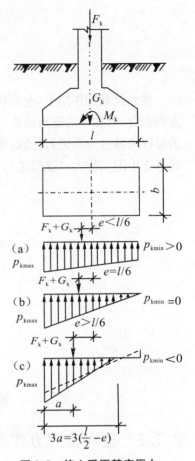

图2.8 偏心受压基底压力

2.2.3 基底附加压力

在地基上的土开挖前，可认为地基土在自重应力作用下变形已稳定，地基上的土开挖后则可以认为自重应力消失。建筑物建造后，作用于基底上的平均压力减去基底处原先存在于土中的自重应力，便得基底处的附加压力p_0，见图2.9。

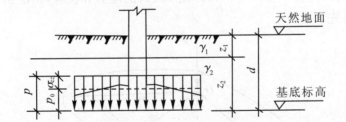

图2.9 基底压力与基底附加压力

$$p_0 = p_k - \sigma_{cz} = p_k - \gamma_0 d \tag{2.8}$$

式中：p_0——相应于荷载效应准永久组合时，基底平均附加压力(kN/m^2)；

σ_{cz}——基底处的自重应力(kN)；

γ_0——基底标高以上土的加权平均重度(kN/m^3)，其中地下水位以下取浮重度，$\gamma_0 = \frac{\gamma_1 h_1 + \gamma_2 h_2 + \cdots}{h_1 + h_2 + \cdots}$；

d——基础埋深(m)，一般从天然地面算起，$d = z_1 + z_2 + \cdots$；

p_k——相应于荷载效应准永久组合时，上部结构传至基础底面处的压力。

2.3 土中附加应力

在外荷载的作用下,土中各点均产生附加应力,且通过土料之间的传递,向水平与深度方向扩散,附加应力逐渐减小,如图2.10所示。一般认为,在建筑中,应力增量不大,附加应力可以按弹性力系进行计算,即假定地基土是均匀、连续、各向同性的半无限线性变形体来计算土中附加应力。该假定与实测的地基应力值相差不大,所以工程上普遍应用这种理论。

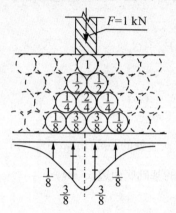

图2.10　地基中附加应力扩散示意图

2.3.1 竖向集中力作用下土中附加应力

当在匀质的各向同性的半无限线性变形体表面上作用着一个竖向集中力 p 时,其内部与作用点一定距离的任意一点 $M(x,y,z)$(图2.11)的应力和位移,由法国学者布辛奈斯克(J. Boussinesq)首先求解。

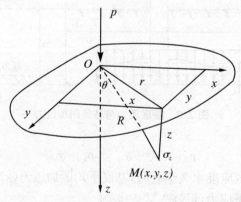

图2.11　集中力作用下土中 M 点应力计算

现略去推导过程,列出深度方向的压应力公式

$$\sigma_z = \frac{3p}{2\pi} \cdot \frac{z^3}{R^5} = K \frac{p}{z^2} \tag{2.9}$$

式中:K——集中应力作用下土中附加应力系数,由式(2.10)求得或由表2.1查得

$$K = \frac{3}{2\pi} \frac{1}{\left[1+\left(\frac{r}{z}\right)^2\right]^{5/2}} \tag{2.10}$$

R——M 点与坐标原点的距离，$R=\sqrt{x^2+y^2+z^2}=\sqrt{r^2+z^2}$。

利用式(2.9)可求出地基中任意点的附加应力值。

表 2.1 集中荷载下竖向附加应力系数 K

r/z	K	r/z	K	r/z	K	r/z	K
0.00	0.477 5	0.50	0.273 3	1.00	0.084 4	1.50	0.025 1
0.02	0.477 0	0.52	0.262 5	1.02	0.080 3	1.54	0.022 9
0.04	0.475 6	0.54	0.251 8	1.04	0.076 4	1.58	0.020 9
0.06	0.473 2	0.56	0.241 4	1.06	0.072 7	1.60	0.020 0
0.08	0.469 9	0.58	0.231 3	1.08	0.069 1	1.64	0.018 3
0.10	0.465 7	0.60	0.221 4	1.10	0.065 8	1.68	0.016 7
0.12	0.460 7	0.62	0.211 7	1.12	0.062 6	1.70	0.016 0
0.14	0.454 8	0.64	0.202 4	1.14	0.059 5	1.74	0.014 7
0.16	0.448 2	0.66	0.193 4	1.16	0.056 7	1.78	0.013 5
0.18	0.440 9	0.68	0.184 6	1.18	0.053 9	1.80	0.012 9
0.20	0.432 9	0.70	0.176 2	1.20	0.051 3	1.84	0.011 9
0.22	0.424 2	0.72	0.168 1	1.22	0.048 9	1.88	0.010 9
0.24	0.415 1	0.74	0.160 3	1.24	0.046 6	1.90	0.010 5
0.26	0.405 4	0.76	0.152 7	1.26	0.044 3	1.94	0.009 7
0.28	0.395 4	0.78	0.145 5	1.28	0.042 2	1.98	0.008 9
0.30	0.384 9	0.80	0.138 6	1.30	0.040 2	2.00	0.008 5
0.32	0.374 2	0.82	0.132 0	1.32	0.038 4	2.10	0.007 0
0.34	0.363 2	0.84	0.125 7	1.34	0.036 5	2.20	0.005 8
0.36	0.352 1	0.86	0.119 6	1.36	0.034 8	2.40	0.004 0
0.38	0.340 8	0.88	0.113 8	1.38	0.033 2	2.60	0.002 9
0.40	0.329 4	0.90	0.108 3	1.40	0.031 7	2.80	0.002 1
0.42	0.318 1	0.92	0.103 1	1.42	0.030 2	3.00	0.001 5
0.44	0.306 8	0.94	0.098 1	1.44	0.028 8	3.50	0.000 7
0.46	0.295 5	0.96	0.093 3	1.46	0.027 5	4.00	0.000 4
0.48	0.284 3	0.98	0.088 7	1.48	0.026 3	4.50	0.000 2
						5.00	0.000 1

1. 集中力作用线上 σ_z 的分布

在集中力作用线上，$r=0$，由式(2.9)可知 $\sigma_z = \dfrac{3}{2\pi} \cdot \dfrac{p}{z^2}$。当 $z \to 0$ 时，$\sigma_z \to \infty$，表明集中力作用点附近 σ_z 很大。同时，也表明上式不适用于集中力作用处及其附近。因此，在选择计算点时，不能过于接近集中力作用点。当 $z \to \infty$ 时，$\sigma_z \to 0$，表示在 p 的作用线上 σ_z 随深度增加而减小，如图 2.12 所示。

2. 在任一水平线上 σ_z 分布

此时 z 为定值。当 $r=0$ 时，σ_z 取最大值 $\dfrac{3}{2\pi} \cdot \dfrac{p}{z^2}$。随着 z 的增大，σ_z 逐渐减小。若 z 增加，集中力作用线上 σ_z 减小，如图 2.12 所示。

3. 在 $r>0$ 的竖直线上 σ_z 的分布

当 $z=0$ 时，$\sigma_z=0$；随着 z 的增加，σ_z 从 0 逐渐增大，至一定深度时，达到最大值，以后又逐渐减小，如图 2.12 所示。

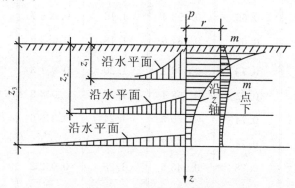

图 2.12 集中力作用下土中附加应力分布

将地基中 σ_z 相同的点连接起来，可得如图 2.13 所示的 σ_z 等值线，其空间形状如泡状，称为应力泡。图中离集中力作用点越远，附加应力越小，这种现象称为应力扩散。

若地基表面有若干集中力，可分别算出各集中力在地基中引起的附加应力，再根据应力叠加原理将它们相加，就得到了若干集中力共同作用产生的附加应力。如图 2.14 所示，两实线分别表示集中力 p_1 和 p_2 在水平线 AB 上的附加应力分布，叠加后得到的虚线 $abcd$ 即为两集中力在 AB 上总的附加应力分布。

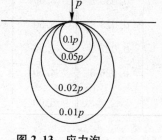

图 2.13 应力泡

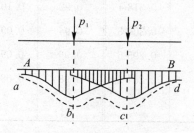

图 2.14 附加应力叠加

当基础表面形状不规则或局部荷载分布较复杂时,可将基底或荷载作用面分成若干小面积,每个小面积上的荷载近似看成集中力,然后利用上述方法进行附加应力计算。

2.3.2 均布矩形荷载作用下的附加应力

1. 均布矩形荷载角点下的附加应力

基础传给地基表面的压力都是面荷载。在面荷载作用下,土中附加应力可取一微面积 $dxdy$ 上的荷载表示集中力。

在地基表面有一短边为 b、长边为 l 的矩形面积,其上作用均布矩形荷载(图 2.15),需求角点下的附加应力。

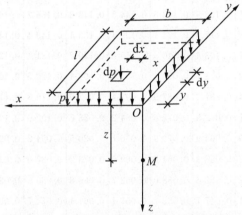

图 2.15 均布矩形荷载角点下的附加应力

设坐标原点 O 在荷载面角点处,在矩形面积内取一微面积 $dxdy$,距离原点 O 为 x、y,微面积上的分布荷载以集中力 $dF = p_0 dxdy$ 代替,则在角点下任意深度 z 处的 M 点,由该集中力引起的竖向附加应力 $d\sigma_z$,可由有关公式计算出

$$d\sigma_z = \frac{3}{2\pi} \frac{p_0 z^3}{(x^2 + y^2 + z^2)^{5/2}} dxdy \tag{2.11}$$

将它对矩形荷载面积 A 进行积分可得

$$\sigma_z = \iint_A d\sigma_z = \frac{3p_0 z^3}{2\pi} \int_0^b \int_0^l \frac{1}{(x^2 + y^2 + z^2)^{5/2}} dxdy$$

$$= \frac{p_0}{2\pi} \left[\frac{blz(b^2 + l^2 + 2z^2)}{(b^2 + z^2)(l^2 + z^2)\sqrt{b^2 + l^2 + z^2}} + \arctan \frac{bl}{z\sqrt{b^2 + l^2 + z^2}} \right] \tag{2.12}$$

令

$$\alpha_c = \frac{1}{2\pi} \left[\frac{blz(b^2 + l^2 + 2z^2)}{(b^2 + z^2)(l^2 + z^2)\sqrt{b^2 + l^2 + z^2}} + \arctan \frac{bl}{z\sqrt{b^2 + l^2 + z^2}} \right]$$

则

$$\sigma_z = \alpha_c p_0 \tag{2.13}$$

式中：α_c——均布矩形荷载角点下的附加应力系数，按 $m=l/b$、$n=z/b$ 由表2.2查得。

表2.2　均布矩形荷载角点下的竖向附加应力系数 α_c

$n=z/b$ \ $m=l/b$	1.0	1.2	1.4	1.6	1.8	2.0	3.0	4.0	5.0	6.0	10.0
0.0	0.2500	0.2500	0.2500	0.2500	0.2500	0.2500	0.2500	0.2500	0.2500	0.2500	0.2500
0.2	0.2486	0.2489	0.2490	0.2491	0.2491	0.2491	0.2492	0.2492	0.2492	0.2492	0.2492
0.4	0.2401	0.2420	0.2429	0.2434	0.2437	0.2439	0.2442	0.2443	0.2443	0.2443	0.2443
0.6	0.2229	0.2275	0.2300	0.2315	0.2324	0.2329	0.2339	0.2341	0.2342	0.2342	0.2342
0.8	0.1999	0.2075	0.2120	0.2147	0.2165	0.2176	0.2196	0.2200	0.2202	0.2202	0.2202
1.0	0.1752	0.1851	0.1911	0.1955	0.1981	0.1999	0.2034	0.2044	0.2044	0.2044	0.2046
1.2	0.1516	0.1626	0.1705	0.1758	0.1793	0.1818	0.1870	0.1882	0.1885	0.1887	0.1888
1.4	0.1308	0.1423	0.1508	0.1569	0.1613	0.1644	0.1712	0.1730	0.1735	0.1738	0.1740
1.6	0.1123	0.1241	0.1329	0.1436	0.1445	0.1482	0.1567	0.1590	0.1598	0.1601	0.1604
1.8	0.0969	0.1083	0.1172	0.1241	0.1294	0.1334	0.1434	0.1463	0.1474	0.1478	0.1482
2.0	0.0840	0.0947	0.1034	0.1103	0.1158	0.1202	0.1314	0.1350	0.1363	0.1368	0.1374
2.2	0.0732	0.0832	0.0917	0.0984	0.1039	0.1084	0.1205	0.1248	0.1264	0.1271	0.1277
2.4	0.0642	0.0734	0.0812	0.0879	0.0934	0.0979	0.1108	0.1156	0.1175	0.1184	0.1192
2.6	0.0566	0.0651	0.0725	0.0788	0.0842	0.0887	0.1020	0.1073	0.1095	0.1106	0.1116
2.8	0.0502	0.0580	0.0649	0.0709	0.0761	0.0805	0.0942	0.0999	0.1024	0.1036	0.1048
3.0	0.0447	0.0519	0.0583	0.0640	0.0690	0.0732	0.0870	0.0931	0.0959	0.0973	0.0987
3.2	0.0401	0.0467	0.0526	0.0580	0.0627	0.0668	0.0806	0.0870	0.0900	0.0916	0.0933
3.4	0.0361	0.0421	0.0477	0.0527	0.0571	0.0611	0.0747	0.0814	0.0847	0.0864	0.0882
3.6	0.0326	0.0382	0.0433	0.0480	0.0523	0.0561	0.0694	0.0763	0.0799	0.0816	0.0837
3.8	0.0296	0.0348	0.0395	0.0439	0.0479	0.0516	0.0645	0.0717	0.0753	0.0773	0.0796
4.0	0.0270	0.0318	0.0362	0.0403	0.0441	0.0474	0.0600	0.0674	0.0712	0.0733	0.0758
4.2	0.0247	0.0291	0.0333	0.0371	0.0407	0.0439	0.0561	0.0634	0.0674	0.0696	0.0724
4.4	0.0227	0.0268	0.0306	0.0342	0.0376	0.0407	0.0527	0.0599	0.0639	0.0662	0.0692
4.6	0.0209	0.0247	0.0283	0.0317	0.0348	0.0378	0.0493	0.0564	0.0606	0.0630	0.0663
4.8	0.0193	0.0229	0.0262	0.0294	0.0324	0.0352	0.0465	0.0546	0.0577	0.0601	0.0635
5.0	0.0179	0.0212	0.0243	0.0273	0.0302	0.0328	0.0435	0.0504	0.0547	0.0573	0.0610
6.0	0.0127	0.0151	0.0174	0.0196	0.0218	0.0238	0.0325	0.0388	0.0431	0.0460	0.0506
7.0	0.0094	0.0112	0.0130	0.0147	0.0164	0.0180	0.0251	0.0306	0.0346	0.0376	0.0428
8.0	0.0073	0.0087	0.0101	0.0114	0.0127	0.0140	0.0198	0.0246	0.0283	0.0311	0.0367
9.0	0.0058	0.0069	0.0080	0.0091	0.0102	0.0112	0.0161	0.0202	0.0235	0.0262	0.0319
10.0	0.0047	0.0056	0.0065	0.0074	0.0083	0.0092	0.0132	0.0167	0.0198	0.0222	0.0280

2. 均布矩形荷载任意点下的附加应力

在实际工程中，常需求地基中任意点的附加应力。如图2.16所示的荷载平面，求 O 点下任意深度的应力时，可通过 O 点将荷载面积划分为几块小矩形面积，使每块小矩形面积都包含有角点 O，分别求角点 O 下同一深度的应力，然后叠加求得，此方法称为角点法。

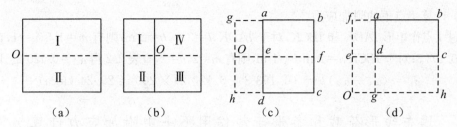

图 2.16 用角点法计算均布矩形荷载下的附加应力

(1) 矩形荷载截面边上点 O 以下的附加应力如图 2.16(a)所示：
$$\sigma_z = (\alpha_{\mathrm{I}} + \alpha_{\mathrm{II}})p_0$$

(2) 矩形荷载面内点 O 以下的附加应力如图 2.16(b)所示：
$$\sigma_z = (\alpha_{\mathrm{I}} + \alpha_{\mathrm{II}} + \alpha_{\mathrm{III}} + \alpha_{\mathrm{IV}})p_0$$

当四块矩形面积相同，即在荷载面中点下时，有
$$\sigma_z = 4\alpha_{\mathrm{I}} p_0$$

(3) 矩形荷载面边缘外点 O 以下的附加应力如图 2.16(c)所示：
$$\sigma_z = [\alpha_{Ogbf} + \alpha_{Ofch} - \alpha_{Ogae} - \alpha_{Oedh}]p_0$$

(4) 矩形荷载面角点外侧 O 点之下，如图 2.16(d)所示：
$$\sigma_z = [\alpha_{Ofbh} - \alpha_{Ofag} - \alpha_{Oech} + \alpha_{Oedg}]p_0$$

以上计算在查表 2.2 时，矩形小面积长边取 l，短边取 b。

【例 2.2】 某荷载面积为 $2\,\mathrm{m}\times 2\,\mathrm{m}$，其上作用均布荷载 $p=200\,\mathrm{kPa}$，如图 2.17 所示。求荷载面积上点 A、E、O 以及荷载面积外点 J、I 各点下 $z=2\,\mathrm{m}$ 处的附加应力。

【解】

(1) 计算 A 点下的附加应力。

A 点是矩形 $ABCD$ 的角点，其 $m=l/b=1,n=z/b=1$，由表 2.2 得 $\alpha_c=0.175\,2$。则
$$\sigma_A = \alpha_c p = 0.175\,2 \times 200 = 35.04\,(\mathrm{kPa})$$

(2) 计算 E 点下的附加应力。

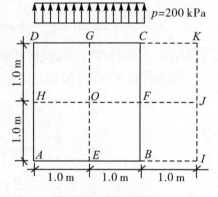

图 2.17 例 2.2 图

通过 E 点将矩形荷载面积分成两个相等的矩形 $EBCG$ 和 $EADG$。对于面积 $EBCG$，$l=2\,\mathrm{m},b=1\,\mathrm{m}$，则 $m=l/b=2,n=z/b=2,\alpha_{c1}=0.120\,2$。则
$$\sigma_E = 2\alpha_{c1} p = 2\times 0.120\,2\times 200 = 48.08\,(\mathrm{kPa})$$

(3) 计算 O 点下的附加应力。

通过 O 点将矩形荷载面积分成 4 个相等的矩形，每个矩形 $l=1\,\mathrm{m},b=1\,\mathrm{m}$，则 $m=1,n=2$，查表 2.2 得 $\alpha_{c1}=0.084\,0$。
$$\sigma_O = 4\alpha_{c1} p = 4\times 0.084\,0\times 200 = 67.2\,(\mathrm{kPa})$$

(4) 计算 J 点下的附加应力。

通过 J 点作矩形 $JIAH$、$JHDK$、$JIBF$、$JFCK$。对于矩形 $JIAH$ 和 $JHDK$，$l=3\,\mathrm{m},b=1\,\mathrm{m}$，则有 $m=3,n=2$，查表 2.2 得 $\alpha_{c1}=0.131\,4$；对于矩形 $JFCK$ 和 $JIBF$，$l=1\,\mathrm{m},b=1\,\mathrm{m}$，则有 $m=1,n=2$，查表 2.2 得 $\alpha_{c2}=0.084\,0$。则
$$\sigma_J = 2(\alpha_{c1}-\alpha_{c2})p = 2\times (0.131\,4 - 0.084\,0)\times 200 = 18.96\,(\mathrm{kPa})$$

(5) 计算 I 点下的附加应力。

通过 I 点作矩形 $IADK$ 和 $IBCK$,对于 $IADK$,$l=3$ m,$b=2$ m,则有 $m=1.5$,$n=1$,查表 2.2 得 $\alpha_{c1}=0.1933$;对于 $IBCK$,$l=2$ m,$b=1$ m,则有 $m=2$,$n=2$,查表 2.2 得 $\alpha_{c2}=0.1202$。则

$$\sigma_I = (\alpha_{c1} - \alpha_{c2})p = (0.1933 - 0.1202) \times 200 = 29.24 \text{ (kPa)}$$

2.3.3　均布线形荷载和条形荷载作用下土中附加应力计算

1. 均布线形荷载作用下土中附加应力计算

地基表面作用均布线形荷载 $\bar{p}$,如图 2.18 所示,求地基中任意点 M 的附加应力。

在线荷载上取微元 dy,其上荷载 $\bar{p}dy$ 可看成集中力,将它在 M 点引起的附加应力 $d\sigma_z$ 在长度上积分即得线形荷载作用下地基中任意点的附加应力的弗拉曼(Flaman)解:

$$\sigma_z = \int_{-\infty}^{+\infty} \frac{3\bar{p}z^3 dy}{2\pi(x^2+y^2+z^2)^{5/2}} = \frac{2\bar{p}z^3}{\pi(x^2+z^2)^2} \tag{2.14}$$

2. 均布条形荷载作用下土中附加应力计算

地基表面作用宽度为 b 的均布条形荷载 $\bar{p}$ 且沿 y 轴无限延伸,如图 2.19 所示,求地基中任意点 M 的附加应力时,可由式(2.14)在宽度方向积分得到

$$\sigma_z = \frac{p}{\pi}\left[\arctan\frac{1-2n}{2m} + \arctan\frac{1+2n}{2m} - \frac{4m(4n^2-4m^2-1)}{(4n^2+4m^2-1)^2+16m^2}\right] = K_z^s p \tag{2.15}$$

式中:K_z^s——附加应力系数,也可根据 $m=z/b$,$n=x/b$ 的值,查表 2.3 得到。

如改用极坐标,点 M 的三个应力分量可表示为

$$\left.\begin{aligned}\sigma_z &= \frac{p}{\pi}\left[\sin\beta_2\cos\beta_2 - \sin\beta_1\cos\beta_1 + (\beta_2-\beta_1)\right] \\ \sigma_x &= \frac{p}{\pi}\left[-\sin(\beta_2-\beta_1)\cos(\beta_2+\beta_1) + (\beta_2-\beta_1)\right] \\ \tau_{xz} &= \tau_{zx} = \frac{p}{\pi}(\sin^2\beta_2 - \sin^2\beta_1)\end{aligned}\right\} \tag{2.16}$$

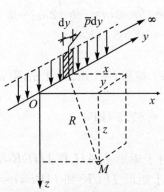

图 2.18　均布线形荷载作用下土中附加应力

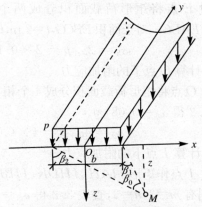

图 2.19　均布条形荷载作用下土中附加应力

表 2.3　均布条形荷载作用下土中附加应力系数 K_z^s

$\dfrac{x}{b}$ $\dfrac{z}{b}$	0.00	0.25	0.50	1.00	2.00
0.00	1.00	1.00	0.50	0.00	0.00
0.25	0.96	0.90	0.50	0.02	0.00
0.50	0.82	0.74	0.48	0.08	0.00
0.75	0.67	0.61	0.45	0.15	0.02
1.00	0.55	0.51	0.41	0.19	0.03
1.50	0.40	0.38	0.33	0.21	0.06
2.00	0.31	0.31	0.28	0.20	0.08
3.00	0.21	0.21	0.20	0.17	0.10
4.00	0.16	0.16	0.15	0.14	0.10
5.00	0.13	0.13	0.12	0.12	0.09

由于 $\beta_0 = \beta_2 - \beta_1$，$M$ 点的主应力为

$$\genfrac{}{}{0pt}{}{\sigma_1}{\sigma_3} = \frac{p}{\pi}(\beta_0 \pm \sin\beta_0) \tag{2.17}$$

2.3.4　三角形分布条形荷载作用下土中附加应力计算

如图 2.20 所示，三角形分布条形荷载作用下土中附加应力计算，同样可以通过积分的方法求得。以 $\mathrm{d}\bar{p} = \dfrac{\varepsilon}{2b}p_t\mathrm{d}\varepsilon$ 表示线荷载集度，由式（2.14）在整个宽度 b 范围内积分得

$$\sigma_z = \frac{p_t}{\pi}\left[n \cdot \arctan\frac{n}{m} - n \cdot \arctan\frac{n-1}{m} - \frac{m(n-1)}{m^2 + n^2 - 2n + 1}\right]$$
$$= K_z^t p_t$$

式中：p_t——三角形分布荷载的最大值；

K_z^t——附加应力系数，可由 $m = z/b$，$n = x/b$ 查表 2.4 得到。

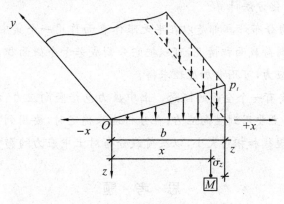

图 2.20　三角形分布条形荷载作用下土中附加应力

表 2.4　三角形分布条形荷载作用下土中附加应力系数 K_z^t

$\dfrac{z}{b}$ \ $\dfrac{x}{b}$	−1.00	−0.50	0.00	0.50	1.00	1.50	2.00
0.00	0	0	0	0.500	0.500	0	0
0.25	0	0.001	0.075	0.480	0.424	0.015	0.03
0.50	0.003	0.023	0.127	0.410	0.353	0.056	0.017
0.75	0.016	0.042	0.153	0.335	0.293	0.108	0.024
1.00	0.025	0.061	0.159	0.275	0.241	0.129	0.045
1.50	0.048	0.096	0.145	0.200	0.185	0.124	0.062
2.00	0.061	0.092	0.127	0.155	0.153	0.108	0.069
3.00	0.064	0.080	0.096	0.104	0.104	0.090	0.071
4.00	0.060	0.067	0.075	0.085	0.075	0.073	0.060
5.00	0.052	0.057	0.059	0.063	0.065	0.061	0.051

本 章 小 结

本章内容主要讲述了各种情况下自重应力、附加应力、基底压力和基底附加压力的概念及计算方法,具体如下:

(1) 自重应力是指由土体本身重量所引起的应力。土中任意一点的自重应力等于土的重度与该点深度的乘积。

(2) 附加应力计算是建立在以弹性理论为依据的布辛奈斯克解基础上的,假定土是一种均匀的、各向同性的直线变形体。因此,附加应力分布与土的性质无关。

(3) 基底接触压力是指建筑荷载传到基础底面标高的压力。其分布形状取决于基础的刚度和地基的变形性质,是两者共同作用的结果。在工程实用上,一般不考虑接触压力的变化,而采用材料力学简化方法计算。

(4) 土中附加应力分布计算都是以在半无限体表面作用一个集中荷载的布辛奈斯克解为依据的。对于不规则荷载面积情况,可以把它分割成若干个微面积,然后用等效集中力代替。地基中任意一点应力,可用叠加原理求得。

(5) 对土中应力要有一个全面的概念。土中应力包括竖向应力、水平向应力和剪应力。在计算地基的沉降时,主要用到竖向应力;在分析地基稳定时,要用到剪应力。同时,还必须掌握这些应力的分布规律和相对大小,以及荷载分布对土中应力的影响。

思 考 题

1. 如何理解土的自重应力和附加应力?两者应力图形的分布有何不同?

2. 如何理解基底压力和基底附加应力?

3. 通常建筑物的沉降是怎样引起的?土的自重应力是否在任何情况下均不引起建筑物的沉降?地下水位下降会引起建筑物附加沉降吗?为什么?

4. 何谓角点法?采用角点法计算时,基底面积划分后,如何确定 b、l?

5. 假定基底附加应力 p_0 相同,比较图 2.21 中 O 点下深度为 $4\ \text{m}$ 处的土中附加应力大小。

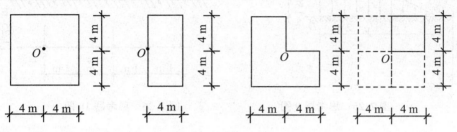

图 2.21　思考题 5 图

6. 已知甲、乙两条形基础,如图 2.22 所示,$H_1 = H_2$,$B_2 = 2B_1$,$N_2 = 2N_1$。问两基础沉降量是否相同?为什么?通过调整两基础的 H 和 B,能否使两基础的沉降量接近?你能想出几种调整方案?

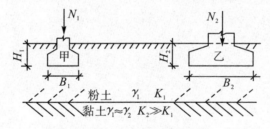

图 2.22　思考题 6 图

7. 某成层土地基如图 2.23 所示,试求深度为 $10\ \text{m}$ 范围内的自重应力分布,并绘制自重应力分布图。

8. 已知均布受荷基础,均布荷载为 p_0,面积为 $14\ \text{m} \times 10\ \text{m}$,$A$ 点距基础中点 O 的距离为 $13\ \text{m}$,如图 2.24 所示。求 A 点、O 点下深度为 $10\ \text{m}$ 处竖向附加应力值。

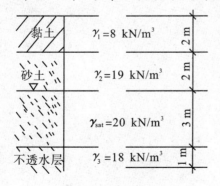

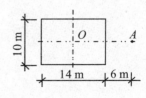

图 2.23　思考题 7 图　　　图 2.24　思考题 8 图

9. 如图 2.25 所示，均布条形荷载 $p=150$ kPa，计算 G 点下深度为 3 m 处的附加应力 σ_z。

10. 如图 2.26 所示，在地基表面作用有集中力，试计算地基中 1、2、3、4、5 点的附加应力。

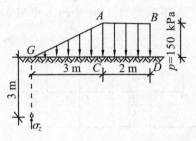

图 2.25　思考题 9 图

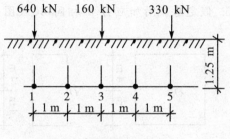

图 2.26　思考题 10 图

第3章 地基的变形

能力目标

通过理论学习和试验技能操作,能掌握土的压缩性指标的测定流程,同时要会运用所获得的指标来评判土的压缩性,掌握地基土沉降计算的各种方法。

学习目标

掌握压缩试验的操作流程和压缩指标的测定;熟悉计算地基变形的分层总和法和规范法;了解沉降与时间的关系;掌握建筑的沉降观测。能将所学知识与实际工程的变形验算及沉降观测相结合。

3.1 土的室内压缩试验

假定地基土为连续、匀质、各向同性的半无限弹性体,当建筑的荷载作用于某一局部的地基土上时,该部分土要发生竖向压缩变形,但因周围土的限制作用而不发生水平膨胀变形。为了测定土的应力应变关系及压缩性指标以便于变形计算,为了更好地符合实际土变形的特点,从室外取得未经扰动的天然结构土样,进行模拟土实际变形的有侧限的压缩试验,即室内试验(图3.1)。有时也称"固结试验",因为在土力学中习惯上把土的压缩过程称为"固结"。

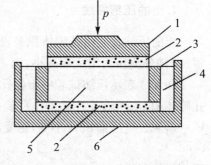

图 3.1 压缩试验
1—加压板;2—透水石;
3—环刀;4—压缩环;
5—土样;6—底座

土体积减小的原因包括三个方面:① 土颗粒发生相对位移,土中水及气体从孔隙中排出,从而使土孔隙体积减小;② 土颗粒本身的压缩;③ 土中水和封闭在土中的气体被压缩。在一般情况下,土受到的压力常为 100~600 kPa,这时土颗粒和水的压缩变形量不到全部土体压缩变形量的 1/400,可以忽略不计。因此,土的压缩变形主要是由于土体孔隙体积减小。

土的压缩试验方法:用环刀切取天然土样,放入圆筒形压缩容器内,土样上下各垫一块透水石,使土样压缩后的水可自由排出。在土样上逐级加荷($p=50$ kPa,100 kPa,200 kPa,400 kPa),每次待压缩稳定后测其相应压缩变形量 S。

室内压缩试验主要用于黏性土,特别是含水饱和的黏性土,由于水被挤出的速度较慢,压缩过程所需的时间就相当长,需几年甚至几十年才能压缩稳定。

3.1.1 土的固结与固结度

土体被压缩的过程称为固结。饱和土由固体颗粒所构成的骨架和充满孔隙的水组成。因此,土中的应力有两种形态:① 土粒与土粒之间在接触点上的压力,即有效应力 σ';② 孔隙内水所受的压力,即孔隙水压力 u。当加荷瞬间附加应力 σ_z(因土粒骨架还未来得及变形)全由孔隙水来承担时,水压力称为超静水压力。孔隙水在超静水压力作用下逐渐被排出,因此一部分压力由骨架承担。最后,逐渐由有效应力完全替代静水压力。

由静力学原理,任何时刻都有下述关系:

$$\sigma_z = u + \sigma' \tag{3.1}$$

当 $t=0$ 时,

$$\sigma_z = u \tag{3.2}$$

当 $t=\infty$ 时,

$$\sigma_z = \sigma' \tag{3.3}$$

衡量固结的程度称为固结度 U_t,用下式表示:

$$U_t = S_t/S \tag{3.4}$$

式中:S_t——地基在 t 时刻的固结沉降量;
S——地基最终的固结沉降量。

3.1.2 土的压缩性指标

1. 土的压缩曲线

土的压缩量是由孔隙体积来表明的,而颗粒的体积 V_s 不变,因而间接地用孔隙比 e 来衡量。e 随外荷压力增大而减小,而 e-p 关系可由侧限压缩试验确定。

图 3.2 表示压缩试验中土体孔隙比的变化,设原状土样的高度为 H_0,土粒体积 $V_s=1$,孔隙体积 $V_v=e_0$,受压后的土样高度为 $H=H_0-S$,土粒体积不变 $V_s=1$,孔隙体积压缩为 $V_v=e$,假设受压面积 A 不变,则受压前体积为

$$1+e_0 = H_0 A$$

受压后体积为

$$1+e = HA$$

由于以上两式面积 A 相等,得

$$\frac{1+e_0}{H_0} = \frac{1+e}{H}$$

故孔隙比

$$e = (1+e_0)\frac{H}{H_0} - 1 \tag{3.5}$$

式(3.5)中 e_0 可由基本指标求得,只要测出各级压力作用下的稳定压缩量 S 后,便可算

得 e。以横坐标为 p，纵坐标为 e，可给出 $e-p$ 压缩曲线（图3.3）。

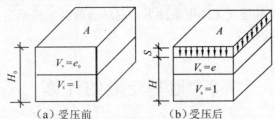

图3.2　侧限压缩土样孔隙比变化

2. 压缩系数

在如图3.3所示的压缩曲线中，当两点间压力（p_1 表示土自重应力，p_2 表示土自重应力与附加应力之和）变化范围不大时，两点间的曲线段可由两点间的连线代替，而连线与水平轴夹角正切值越大，说明土的压缩性越高，反之说明土的压缩性越低。将 e_1-e_2 与 p_2-p_1 的比值定义为压缩系数 $a(\text{MPa}^{-1})$：

$$a = \frac{e_1 - e_2}{p_2 - p_1} \tag{3.6}$$

因为一般多层建筑物地基的应力范围 p 为 $100\sim200$ kPa，故一般取 $p_1=100$ kPa，$p_2=200$ kPa，求压缩系数 a_{1-2} 以评定土的压缩性。

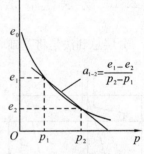

图3.3　压缩曲线

$a_{1-2}<0.1$ MPa^{-1} 时，为低压缩性土；

0.1 MPa$^{-1}\leqslant a_{1-2}<0.5$ MPa^{-1} 时，为中压缩性土；

$a_{1-2}\geqslant 0.5$ MPa^{-1} 时，为高压缩性土。

3. 压缩模量 E_s 和变形模量 E_0

1）压缩模量

在有侧限条件下压缩时，压应力变化量与相应的压应变变化量之比值，称为压缩模量 E_s。

$$E_s = \Delta p / \Delta \varepsilon \tag{3.7}$$

式中，$\Delta p = p_2 - p_1$。

$$\Delta \varepsilon = \frac{(1+e_1)-(1+e_2)}{1+e_1} = \frac{e_1-e_2}{1+e_1} \tag{3.8}$$

故

$$E_s = \frac{p_2-p_1}{\dfrac{e_1-e_2}{1+e_1}} = \frac{1+e_1}{a} \tag{3.9}$$

当考虑 p_1 为土的自重应力时，则取土的天然孔隙比 e_0，故压缩模量为

$$E_s = \frac{1+e_0}{a} \tag{3.10}$$

由式（3.10）可知，E_s 与 a 成反比，即 a 愈大，表示土的压缩性愈高。

2）变形模量 E_0

土的压缩性指标除了由室内压缩试验测定外，还可以通过野外静荷载试验确定。变形

模量 E_0 是指土在现场静荷载试验中测定的压应力与相应压应变之比值。物理意义和压缩模量一样,只不过变形模量是在无侧限条件下由现场静荷载试验确定,而压缩模量是在有侧限条件下由室内压缩试验确定。

3.2 地基变形的计算

地基土在外荷载作用下将发生变形,地基表面将随之产生下沉,建筑基础沉降。地基土达到变形稳定时的最终变形量,称为基础的最终沉降量。

目前常用的计算沉降的方法有分层总和法和《建筑地基基础设计规范》推荐的方法。

3.2.1 分层总和法

分层总和法是将基础底面以下压缩层范围内地基土分成若干层,然后计算每层的变形量,最后将所有层变形量加起来即是地基的总变形量(图3.4)。具体分成以下几步。

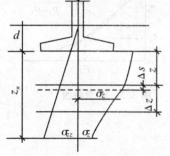

图 3.4 分层总和法计算图

(1)分层。分层的原则是每层土的厚度应不大于 $0.4b$(b 为基底短边长度),同时必须将土的自然分层处和地下水位处作为分层界线。为保证每层土内附加应力分布线近似于直线,以便较准确地求出各层内附加应力平均值,一般可采用上薄下厚的方法分层。

(2)计算基底中心以下各层界面上的自重应力 σ_{cz} 和附加应力 σ_z,按同一比例画出 σ_{cz} 和 σ_z 的分布图形。

(3)确定受力层范围。从理论上讲,在无限深度处仍有微小的附加应力,仍能引起地基变形,但当深度增加到一定程度时,附加应力已很小,它所引起的压缩变形可以忽略不计。因此,在实际工程计算中,可以采用基底以下某一深度 z_n 作为基础沉降的计算深度,即受力层范围。一般土以附加应力与自重应力的比值不大于 0.2 或软弱土不大于 0.1 的点上面的深度范围作为地基受力层范围。

(4)计算各层土的平均自重应力

$$\bar{\sigma}_{czi} = \frac{\sigma_{cz(i-1)} + \sigma_{czi}}{2}$$

和平均附加应力

$$\bar{\sigma}_{zi} = \frac{\sigma_{z(i-1)} + \sigma_{zi}}{2}$$

令 $p_{1i} = \bar{\sigma}_{czi}$,$p_{2i} = \bar{\sigma}_{czi} + \bar{\sigma}_{zi}$,从该土层压缩曲线中查相应的 e_{1i} 和 e_{2i},利用下式计算压缩层厚度内各分层土的变形量:

$$\Delta S_i = \frac{(e_{1i} - e_{2i})z_i}{1 + e_{1i}} \quad \text{或} \quad \Delta S_i = \frac{(p_{1i} - p_{2i})z_i}{E_{si}} \tag{3.11}$$

利用下式计算最终变形量:

$$S = \sum_{i=1}^{n} \Delta S_i = \sum_{i=1}^{n} \frac{(e_{1i} - e_{2i})}{1 + e_{1i}} z_i \quad \text{或} \quad S = \sum_{i=1}^{n} \Delta S_i = \sum_{i=1}^{n} \frac{\Delta p_i}{E_{si}} z_i \tag{3.12}$$

3.2.2 《建筑地基基础设计规范》法

《建筑地基基础设计规范》法采用了"应力面积"的概念(图3.5),因而可以按地基土的天然层面划分,不像分层总和法的分层数、计算量大而繁;提出了经验系数 Ψ_s,使沉降计算更接近于实际;对于压缩层厚度 z_n 也提出了新的概念和计算方法。它实质上是一种简化并经修正的分层总和法。

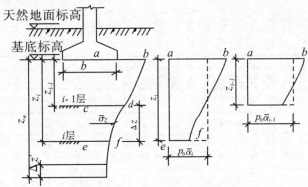

图 3.5 规范法计算图

《建筑地基基础设计规范》提出的最终沉降量的公式为

$$S = \Psi_s S' = \Psi_s \sum_{i=1}^{n} \frac{p_0}{E_{si}} (z_i \bar{\alpha}_i - z_{i-1} \bar{\alpha}_{i-1}) \tag{3.13}$$

式中:p_0——对应于荷载效应准永久组合时的基础底面处的附加应力(kPa);

S——地基最终变形量;

S'——按分层总和法计算出的地基变形量;

Ψ_s——沉降计算经验系数,根据地区沉降观测资料及经验确定,无地区经验时可采用表3.1的数值;

z_i、z_{i-1}——基础底面至第 i 层土、第 $i-1$ 层土底面的距离(m);

$\bar{\alpha}_i$、$\bar{\alpha}_{i-1}$——基础底面计算点至第 i 层土、第 $i-1$ 层土底面范围内平均附加应力系数,可按表3.2采用。

表 3.1 沉降计算经验系数 Ψ_s

$\bar{E}_s$/MPa 基底附加压力	2.5	4.0	7.0	15.0	20.0
$p_0 \geq f_{ak}$	1.4	1.3	1.0	0.4	0.2
$p_0 \leq 0.75 f_{ak}$	1.1	1.0	0.7	0.4	0.2

注:① $\bar{E}_s$ 为沉降计算深度范围内压缩模量的当量值,可按下式计算:

$$\bar{E}_s = \frac{\sum A_i}{\sum \dfrac{A_i}{E_{si}}}$$

式中:A_i 为第 i 层土附加应力系数沿土层厚度的积分值,可近似按分块面积计算;E_{si} 为相应于该土层的压缩模量。

② 表中 $p_0 \leq 0.75 f_{ak}$ 一栏,是考虑实际工程中有时设计压力小于地基承载力的情况。式中 p_0 为基底平均附加压力;f_{ak} 为地基承载力标准值。

③ Ψ_s 值可根据 $\bar{E}_s$ 内插取值。

表 3.2 矩形面积上均布荷载作用下角点的平均附加应力系数 $\bar{\alpha}$

z/b \ l/b	1.0	1.2	1.4	1.6	1.8	2.0	2.4	2.8	3.2	3.6	4.0	5.0	10.0
0.0	0.2500	0.2500	0.2500	0.2500	0.2500	0.2500	0.2500	0.2500	0.2500	0.2500	0.2500	0.2500	0.2500
0.2	0.2496	0.2497	0.2497	0.2498	0.2498	0.2498	0.2498	0.2498	0.2498	0.2498	0.2498	0.2498	0.2498
0.4	0.2474	0.2479	0.2481	0.2483	0.2483	0.2484	0.2485	0.2485	0.2485	0.2485	0.2485	0.2485	0.2485
0.6	0.2423	0.2437	0.2444	0.2448	0.2451	0.2452	0.2454	0.2455	0.2455	0.2455	0.2455	0.2455	0.2456
0.8	0.2346	0.2372	0.2387	0.2395	0.2400	0.2403	0.2407	0.2408	0.2409	0.2409	0.2410	0.2410	0.2410
1.0	0.2252	0.2291	0.2313	0.2326	0.2335	0.2340	0.2346	0.2349	0.2351	0.2352	0.2352	0.2352	0.2353
1.2	0.2149	0.2199	0.2229	0.2248	0.2260	0.2268	0.2278	0.2282	0.2285	0.2286	0.2287	0.2288	0.2289
1.4	0.2043	0.2102	0.2140	0.2164	0.2180	0.2191	0.2204	0.2211	0.2215	0.2217	0.2218	0.2220	0.2221
1.6	0.1939	0.2006	0.2049	0.2079	0.2099	0.2113	0.2130	0.2138	0.2143	0.2146	0.2148	0.2150	0.2152
1.8	0.1840	0.1912	0.1960	0.1994	0.2018	0.2034	0.2055	0.2066	0.2073	0.2077	0.2079	0.2082	0.2084
2.0	0.1746	0.1822	0.1875	0.1912	0.1938	0.1958	0.1982	0.1996	0.2004	0.2009	0.2012	0.2015	0.2018
2.2	0.1659	0.1737	0.1793	0.1833	0.1862	0.1883	0.1911	0.1927	0.1937	0.1943	0.1947	0.1952	0.1955
2.4	0.1578	0.1657	0.1715	0.1757	0.1789	0.1812	0.1843	0.1862	0.1873	0.1880	0.1885	0.1890	0.1895
2.6	0.1503	0.1583	0.1642	0.1686	0.1719	0.1745	0.1779	0.1799	0.1812	0.1820	0.1825	0.1832	0.1838
2.8	0.1433	0.1514	0.1574	0.1619	0.1654	0.1680	0.1717	0.1739	0.1753	0.1763	0.1769	0.1777	0.1784
3.0	0.1369	0.1449	0.1510	0.1556	0.1592	0.1619	0.1658	0.1682	0.1698	0.1708	0.1715	0.1725	0.1733
3.2	0.1310	0.1390	0.1450	0.1497	0.1533	0.1562	0.1602	0.1628	0.1645	0.1657	0.1664	0.1675	0.1685
3.4	0.1256	0.1334	0.1394	0.1441	0.1478	0.1508	0.1550	0.1577	0.1595	0.1607	0.1616	0.1628	0.1639
3.6	0.1205	0.1282	0.1342	0.1389	0.1427	0.1456	0.1500	0.1528	0.1548	0.1561	0.1570	0.1583	0.1595
3.8	0.1158	0.1234	0.1293	0.1340	0.1378	0.1408	0.1452	0.1482	0.1502	0.1516	0.1526	0.1541	0.1554
4.0	0.1114	0.1189	0.1248	0.1294	0.1332	0.1362	0.1408	0.1438	0.1459	0.1474	0.1485	0.1500	0.1516
4.2	0.1073	0.1147	0.1205	0.1251	0.1289	0.1319	0.1365	0.1396	0.1418	0.1434	0.1445	0.1462	0.1479
4.4	0.1035	0.1107	0.1164	0.1210	0.1248	0.1279	0.1325	0.1357	0.1379	0.1396	0.1407	0.1425	0.1444
4.6	0.1000	0.1070	0.1127	0.1172	0.1209	0.1240	0.1287	0.1319	0.1342	0.1359	0.1371	0.1390	0.1410
4.8	0.0967	0.1036	0.1091	0.1136	0.1173	0.1204	0.1250	0.1283	0.1307	0.1324	0.1337	0.1357	0.1379
5.0	0.0935	0.1003	0.1057	0.1102	0.1139	0.1169	0.1216	0.1249	0.1273	0.1291	0.1304	0.1325	0.1348
5.2	0.0906	0.0972	0.1026	0.1070	0.1106	0.1136	0.1183	0.1217	0.1241	0.1259	0.1273	0.1295	0.1320
5.4	0.0878	0.0943	0.0996	0.1039	0.1075	0.1105	0.1152	0.1186	0.1211	0.1229	0.1243	0.1265	0.1292
5.6	0.0852	0.0916	0.0968	0.1010	0.1046	0.1076	0.1122	0.1156	0.1181	0.1200	0.1215	0.1238	0.1266
5.8	0.0828	0.0890	0.0941	0.0983	0.1018	0.1047	0.1094	0.1128	0.1153	0.1172	0.1187	0.1211	0.1240
6.0	0.0805	0.0866	0.0916	0.0957	0.0991	0.1021	0.1067	0.1101	0.1126	0.1146	0.1161	0.1185	0.1216

(续表)

l/b z/b	1.0	1.2	1.4	1.6	1.8	2.0	2.4	2.8	3.2	3.6	4.0	5.0	10.0
6.2	0.078 3	0.084 2	0.089 1	0.093 2	0.096 6	0.099 5	0.104 1	0.107 5	0.110 1	0.112 0	0.113 6	0.116 1	0.119 3
6.4	0.076 2	0.082 0	0.086 9	0.090 9	0.094 2	0.097 1	0.101 6	0.105 0	0.107 6	0.109 6	0.111 1	0.113 7	0.117 1
6.6	0.074 2	0.079 9	0.084 7	0.088 6	0.091 9	0.094 8	0.099 3	0.102 7	0.105 3	0.107 3	0.108 8	0.111 4	0.114 9
6.8	0.072 3	0.079 9	0.082 6	0.086 5	0.089 8	0.092 6	0.097 1	0.100 4	0.103 0	0.105 0	0.106 6	0.109 2	0.112 9
7.0	0.070 5	0.076 1	0.080 6	0.084 4	0.087 7	0.090 4	0.094 9	0.098 2	0.100 8	0.102 8	0.104 4	0.107 1	0.110 9
7.2	0.068 8	0.074 2	0.078 7	0.082 5	0.085 7	0.088 5	0.092 8	0.096 2	0.098 7	0.100 8	0.102 3	0.105 1	0.109 0
7.4	0.067 2	0.072 5	0.076 9	0.080 6	0.083 8	0.086 5	0.090 8	0.094 2	0.096 7	0.098 7	0.100 4	0.103 1	0.107 1
7.6	0.065 6	0.072 5	0.075 2	0.078 9	0.082 0	0.084 6	0.088 9	0.092 2	0.094 8	0.096 8	0.098 4	0.101 2	0.105 4
7.8	0.064 2	0.070 9	0.073 6	0.077 1	0.080 2	0.082 8	0.087 1	0.090 2	0.092 9	0.095 0	0.096 6	0.099 4	0.103 6
8.0	0.062 7	0.067 8	0.072 0	0.075 5	0.078 5	0.081 1	0.085 3	0.088 6	0.091 2	0.093 2	0.094 8	0.097 6	0.102 0
8.2	0.061 4	0.066 3	0.070 5	0.073 9	0.076 9	0.079 5	0.083 7	0.086 9	0.089 4	0.091 4	0.093 1	0.095 9	0.100 4
8.4	0.060 1	0.064 9	0.069 0	0.072 4	0.075 4	0.077 9	0.082 0	0.085 2	0.087 8	0.089 8	0.091 4	0.094 3	0.098 8
8.6	0.058 8	0.063 6	0.067 7	0.071 0	0.073 9	0.076 4	0.080 5	0.083 6	0.086 2	0.088 2	0.089 8	0.092 7	0.097 3
8.8	0.057 6	0.062 3	0.066 3	0.069 6	0.072 4	0.074 9	0.079 0	0.082 1	0.084 6	0.086 6	0.088 2	0.091 2	0.095 9
9.2	0.055 4	0.059 9	0.063 7	0.066 7	0.069 7	0.072 1	0.076 1	0.079 2	0.081 7	0.083 7	0.085 3	0.088 2	0.093 1
9.6	0.053 3	0.057 7	0.061 4	0.064 5	0.067 2	0.069 6	0.073 4	0.076 5	0.078 9	0.080 9	0.082 5	0.085 5	0.090 5
10.0	0.051 4	0.055 6	0.059 2	0.062 2	0.064 9	0.067 2	0.071 0	0.073 9	0.076 3	0.078 3	0.079 9	0.082 9	0.088 0
10.4	0.049 6	0.053 3	0.057 2	0.060 1	0.062 7	0.064 9	0.068 6	0.071 6	0.073 9	0.075 9	0.077 5	0.080 4	0.085 7
10.8	0.047 9	0.051 9	0.055 3	0.058 1	0.060 6	0.062 8	0.066 4	0.069 3	0.071 6	0.073 6	0.075 1	0.078 1	0.083 4
11.2	0.046 3	0.050 2	0.053 5	0.056 3	0.058 7	0.060 6	0.064 4	0.067 2	0.069 5	0.071 4	0.073 0	0.075 9	0.081 3
11.6	0.044 8	0.048 6	0.051 8	0.054 5	0.056 9	0.059 0	0.062 5	0.065 2	0.067 5	0.069 4	0.070 9	0.073 8	0.079 3
12.0	0.043 5	0.047 1	0.050 2	0.052 9	0.055 2	0.057 3	0.060 6	0.063 4	0.065 6	0.067 4	0.069 0	0.071 9	0.077 4
12.8	0.040 9	0.044 4	0.047 4	0.049 9	0.052 1	0.054 1	0.057 3	0.059 9	0.062 1	0.063 9	0.065 4	0.068 2	0.073 9
13.6	0.038 7	0.042 0	0.044 8	0.047 2	0.049 3	0.051 2	0.054 2	0.056 8	0.058 9	0.060 7	0.062 1	0.064 9	0.070 7
14.4	0.036 7	0.039 8	0.042 5	0.044 8	0.046 8	0.048 6	0.051 6	0.054 0	0.056 1	0.057 7	0.059 2	0.061 9	0.067 7
15.2	0.034 9	0.037 9	0.040 4	0.042 6	0.044 6	0.463	0.049 2	0.051 5	0.053 5	0.055 1	0.056 5	0.059 2	0.065 0
16.0	0.033 2	0.036 1	0.038 5	0.040 7	0.042 5	0.044 2	0.046 9	0.049 2	0.051 1	0.052 7	0.054 0	0.056 7	0.062 5
18.0	0.029 7	0.032 3	0.034 5	0.036 4	0.038 1	0.039 6	0.042 2	0.044 2	0.046 0	0.047 5	0.048 7	0.051 2	0.057 0
20.0	0.029 6	0.029 2	0.031 1	0.033 0	0.034 5	0.035 9	0.038 3	0.040 2	0.041 8	0.043 2	0.044 4	0.046 8	0.052 4

地基沉降计算深度 z_n 的确定，应符合下式要求：

$$\Delta S'_n \leqslant 0.025 \sum_{i=1}^{n} \Delta S'_i \quad (3.14)$$

式中：$\Delta S'_i$——在计算深度范围内，第 i 层土的变形值；

$\Delta S'_n$——在由计算深度 z_n 处向上取 Δz 厚的土层计算变形值，Δz 按表 3.3 确定。

如确定的计算深度下部仍有较软土层，应继续计算。

若无相邻荷载影响，基础宽度在 1～30 m 范围内，基础中点的地基变形计算深度也可按下列简化公式计算：

$$Z_n = b(2.5 - 0.4\ln b) \quad (3.15)$$

式中：b——基础宽度(m)，在计算深度范围内存在基岩时，z_n 可取至基岩表面。

表 3.3 Δz 值

b/m	$b \leqslant 2$	$2 < b \leqslant 4$	$4 < b \leqslant 8$	$8 < b \leqslant 15$	$15 < b \leqslant 30$	$b > 30$
Δz/m	0.3	0.6	0.8	1.0	1.2	1.5

3.2.3 地基变形允许值

建筑物的地基变形特征可分为沉降量、沉降差、倾斜、局部倾斜。建筑物的地基变形计算值，应不大于地基允许值。《建筑地基基础设计规范》对建筑物的地基变形允许值作了规定，见表 3.4。

表 3.4 建筑物的地基变形允许值

变形特征		地基土类别	
		中、低压缩性土	高压缩性土
砌体承重结构基础的局部倾斜		0.002	0.003
工业与民用建筑相邻柱基的沉降差	框架结构	$0.002l$	$0.003l$
	砌体墙填充的边排柱	$0.0007l$	$0.001l$
	当基础不均匀沉降时不产生附加应力的结构	$0.005l$	$0.005l$
单层排架结构(柱距为 6 m)柱基的沉降量/mm		(120)	200
桥式吊车轨面的倾斜(按不调整轨道考虑)	纵向	0.004	
	横向	0.003	
多层和高层建筑的整体倾斜	$H_g \leqslant 24$	0.004	
	$24 < H_g \leqslant 60$	0.003	
	$60 < H_g \leqslant 100$	0.0025	
	$H_g > 100$	0.002	
体型简单的高层建筑基础的平均沉降量/mm		200	

(续表)

变形特征		地基土类别	
		中、低压缩性土	高压缩性土
高耸结构基础的倾斜	$H_g \leq 20$	0.008	
	$20 < H_g \leq 50$	0.006	
	$50 < H_g \leq 100$	0.005	
	$100 < H_g \leq 150$	0.004	
	$150 < H_g \leq 200$	0.003	
	$200 < H_g \leq 250$	0.002	
高耸结构基础的沉降量/mm	$H_g \leq 100$	400	
	$100 < H_g \leq 200$	300	
	$200 < H_g \leq 250$	200	

注:① 本表数值为建筑物地基实际最终变形允许值;
② 有括号者仅适用于中压缩性土;
③ l 为相邻柱基的中心距离(mm);H_g 为自室外地面起算的建筑物高度(m);
④ 倾斜是指基础倾斜方向两端点的沉降差与其距离的比值;
⑤ 局部倾斜是指砌体承重结构沿纵向 6~10 m 内基础两点的沉降差与其距离的比值。

【例 3.1】 柱荷载 $F = 1\,190$ kN,基础埋深 $d = 1.5$ m,基础底面尺寸 $L \times B = 4\,\text{m} \times 2\,\text{m}$;地基土层如图 3.6 所示,试用规范法计算基础沉降量。

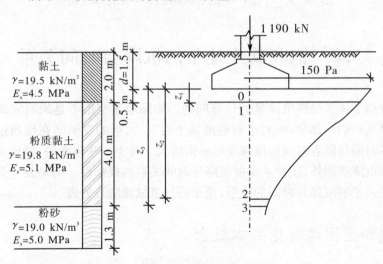

图 3.6 例 3.1 图

【解】 (1)基底附加压力

$$p_0 = p - \gamma d = 179 - 29 = 150 \text{ (kPa)} = 0.15 \text{ (MPa)}$$

(2)地基沉降计算深度的确定,考虑不存在相邻荷载的影响,故有

$$z_n = b(2.5 - 0.4\ln b) = 2(2.5 - 0.4\ln 2) = 4.445 \text{ (m)}$$

按该深度,沉降量计算至粉质土层底面。

(3)列表计算如表 3.5 所示。

表 3.5　例 3.1 表

点号	z_i/m	l/b	z/b ($b=\dfrac{2.0}{2}$)	α_i	$z_i\alpha_i$/mm	$(z_i\alpha_i-z_{i-1}\alpha_{i-1})$/mm	$p_0/E_{si}=$ $0.15/E_{si}$	ΔS_n/mm	$\sum \Delta S_i$/mm	$\dfrac{\Delta S_n}{\sum \Delta S_i}$ $\leqslant 0.025$
0	0		0	4×0.2500 $=1.000$	0					
1	0.50	$\dfrac{4.0/2}{2.0/2}$ $=2.0$	0.50	4×0.2468 $=0.9872$	493.60	493.60	0.033	16.29		
2	4.20		4.20	4×0.1319 $=0.5276$	2 215.92	1 722.32	0.029	49.95		
3	4.50		4.50	4×0.1260 $=0.5040$	2 268.00	52.08	0.029	1.51	67.75	0.022 6

（4）沉降经验系数 Ψ_s 的确定。

$$\bar{E}_s = \frac{\sum A_i}{\sum\left(\dfrac{A_i}{E_{si}}\right)} = \frac{p_0\sum(z_i\alpha_i-z_{i-1}\alpha_{i-1})}{p_0\sum\left[\dfrac{(z_i\alpha_i-z_{i-1}\alpha_{i-1})}{E_{si}}\right]}$$

$$= \frac{(493.60+1\,722.32+52.08)}{\dfrac{493.60}{4.5}+\dfrac{1\,722.32}{5.1}+\dfrac{52.08}{5.1}} = 5(\text{MPa})$$

设定 $p_0=f_{ak}$，按表 3.1 用插值法求得 $\Psi_s=1.2$，故基础最终沉降量为

$$S = \Psi_s\sum\Delta S_i = 1.2\times 67.75 = 81.30\,(\text{mm})$$

3.3　饱和软土地基的沉降与时间关系

前面已介绍了地基最终沉降量的计算问题。实际地基变形不是瞬时完成的，施工期间只是完成地基变形的一部分，而对于有些地基土而言，大量的变形是在使用过程中完成的，并且相当长的时间里随着时间的推移变形逐渐增大。对于一些重要的、特殊的建筑，除需进行沉降计算和沉降观测外，还要求掌握沉降与时间关系的规律性。对易发生裂缝、倾斜等事故的建筑物更需了解沉降与时间的关系，便于进行事故预防及处理。

3.3.1　饱和土固结理论基本概念

饱和土是由固体颗粒所构成的骨架和满孔隙的水组成。因此，土中的应力有两种形态：① 土粒与土粒在接触点上的压力 $\bar{\sigma}$；② 孔隙内水所承受的压力，称为孔隙水压力 u。由于土粒间压力引起骨架的变形以及影响土的抗剪强度，所以土粒之间接触压力称为有效应力 $\bar{\sigma}$。

通过对排水条件较好的土体进行压缩试验，发现在固结的过程中有如下的特点。

设外界施荷的压力为 p，则在任何时间有如下关系：

$$p = \bar{\sigma} + u \tag{3.16}$$

当 $t=0$ 时，

当 $t=\infty$ 时，
$$p = u$$
$$p = \bar{\sigma}$$

饱和黏性土在 p 作用下，应力开始由孔隙水承担后逐渐转化为有效应力，土体被压缩，此过程称为"固结"。对孔隙水压力而言，也就是消散过程。

固结度为
$$U = \frac{S_t}{S_\infty} = \frac{\bar{\sigma}}{p} = \frac{p-u}{p} = 1 - \frac{u}{p}$$

式中：S_t——时间 t 时的沉降量；

S_∞——最终沉降量。

3.3.2 单向固结微分方程的建立

取一个厚为 $2H$ 的饱和黏土层进行压缩试验，让其顶面和底面均为砂层（透水边界）。取黏土层底面作为原点，z 轴向上，故得顶面、底面的坐标为 $z=0$ 及 $z=2H$。在地表面的大面积均布荷载 p 作用下，黏土层的附加应力处处等于 p（注意：这种受荷条件与室内压缩试验条件完全相同）。

根据土体的孔隙体积与排出水的体积相等的条件得微分方程（过程略）：

$$\frac{-K}{\gamma_w} \cdot \frac{\partial^2 u}{\partial z^2} dz dt = -\frac{\alpha}{1+e} \cdot \frac{\partial u}{\partial t} dz dt$$

$$\frac{K(1+e)}{\alpha \gamma_w} \cdot \frac{\partial^2 u}{\partial z^2} = \frac{\partial u}{\partial t}$$

或

$$\frac{C_v \partial^2 u}{\partial z^2} = \frac{\partial u}{\partial t}$$

式中：K——渗透系数；

i——水头梯度；

α——压缩系数；

e——孔隙比；

γ_w——水重度；

C_v——固结系数，$C_v = \frac{K(1+e)}{\alpha \gamma_w}$（厘米²/年）。

3.3.3 单向固结微分方程的解

根据初始条件和边界条件对微分方程求解得不同时间不同位置上的孔隙水压力表达式为

$$u = \frac{4p}{\pi^2} \sum_{m=1}^{m=\infty} \frac{1}{m} \sin \frac{m\pi z}{2H} \cdot e^{-\frac{m^2\pi^2 T_v}{4}} \tag{3.17}$$

式中：m——奇正整数 $m=1,3,5,7,\cdots$；

T_v——时间因数，$T_v = C_v t / H^2$；

e——自然对数的底。

进而可求得

$$U = 1 - \frac{8}{\pi^2}\sum_{m=1}^{\infty}\frac{1}{m^2}\cdot e^{-\frac{m^2\pi^2 T_v}{4}}$$

当 $U<0.60$ 时，

$$T_v = \frac{\pi^2}{4}u^2$$

$$U = 1.128\sqrt{T_v} \tag{3.18}$$

当 $U>0.60$ 时，

$$U = 1 - \frac{8}{\pi^2}\cdot e^{-\frac{\pi^2 T_v}{4}} \tag{3.19}$$

前面公式推导的上下面应力和排水情况如图 3.7～图 3.9 所示。

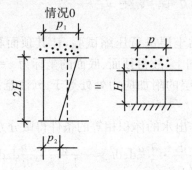

图 3.7 单向固结的情况 0

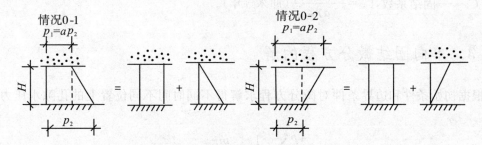

图 3.8 单向固结的情况 1 和情况 2

图 3.9 单向固结的情况 0-1 和情况 0-2

根据图 3.7～图 3.9 的情况结合式(3.17)制出表 3.6。

表 3.6　当 $a=\dfrac{p_1}{p_2}$, U 为不同的值时，相应时间因数 ($T_v=\dfrac{C_v t}{H^2}$) 值

		固结度 U										类型
		0	0.1	0.2	0.3	0.4	0.5	0.6	0.7	0.8	0.9	1.0	
	0	0	0.049	0.100	0.154	0.217	0.29	0.38	0.50	0.66	0.95	∞	"1"
	0.2	0	0.027	0.073	0.126	0.186	0.26	0.35	0.46	0.63	0.92	∞	
	0.4	0	0.016	0.056	0.106	0.164	0.24	0.33	0.44	0.60	0.90	∞	"0-1"
	0.6	0	0.012	0.042	0.092	0.148	0.22	0.31	0.42	0.58	0.88	∞	
	0.8	0	0.010	0.036	0.079	0.134	0.20	0.29	0.41	0.57	0.86	∞	
	1.0	0	0.008	0.031	0.071	0.126	0.20	0.29	0.40	0.57	0.85	∞	"0"
$a=\dfrac{p_1}{p_2}$	1.5	0	0.006	0.024	0.058	0.107	0.17	0.26	0.38	0.54	0.83	∞	
	2	0	0.005	0.019	0.050	0.095	0.16	0.24	0.36	0.52	0.81	∞	
	3	0	0.004	0.016	0.041	0.082	0.14	0.22	0.34	0.50	0.79	∞	
	4	0	0.004	0.014	0.040	0.080	0.13	0.21	0.33	0.49	0.78	∞	"0-2"
	5	0	0.003	0.013	0.034	0.069	0.12	0.20	0.32	0.48	0.77	∞	
	7	0	0.003	0.012	0.030	0.065	0.11	0.19	0.31	0.47	0.76	∞	
	10	0	0.003	0.011	0.028	0.060	0.11	0.18	0.30	0.46	0.75	∞	
	20	0	0.003	0.010	0.026	0.060	0.11	0.17	0.29	0.45	0.74	∞	
	∞	0	0.002	0.009	0.024	0.048	0.09	0.16	0.23	0.44	0.73	∞	"2"

从表 3.6 可以看出，当排水条件及其他条件相同时，达到一规定的固结度，例如 $U=0.8$ 的时间取决于时间因数 T_v。因此，两个土层的渗径 H_1、H_2 与它们的固结时间 t_1、t_2 之间存在着如下关系：

$$\frac{t_1}{H_1^2}=\frac{t_2}{H_2^2}$$

这个关系说明，当其他条件相同时，按照理论计算达到同样的固结度的时间与 H^2 成正比。

对于大面积荷载，因从两个方向排水路径减半，且单、双向时均取 $a=p_1/p_2=1$；若是局部荷载作用，视实际的 $a=p_1/p_2$ 值而定。

【例 3.2】有一饱和黏土层，厚度为 10 m，在大面积荷载 $p_0=1\,200$ kN/m² 作用下。设该土层的初始孔隙比 $e_0=1.0$，压缩系数 $a=3\times10^5$ m²/kN，渗透系数 $K=0.018$ 米/年。对黏土层在单面及双面排水条件下分别求：

（1）加荷一年时的沉降量；
（2）沉降量达 14 cm 所需时间。

【解】（1）求 $t=1$ 年时的沉降量。

因为是大面积荷载，所以黏土层中附加应力沿深度是均匀分布的，$\sigma_z=p_0=1\,200$ kN/m²，则黏土层的最终沉降量

$$S_\infty=\frac{a\sigma_z}{1+e_0}H=\frac{3\times10^{-5}\times1\,200}{1+1}\times10=0.18\text{ (m)}=18\text{ (cm)}$$

黏土层的竖向固结系数

$$C_v = \frac{K(1+e_0)}{a\gamma_w} = \frac{0.018 \times 2}{3 \times 10^{-5} \times 100} = 12 \text{ (米}^2\text{/年)}$$

单面排水条件下时间因数

$$T_v = \frac{C_v t}{H^2} = \frac{12 \times 1}{10^2} = 0.12$$

由表3.6查得相应的固结度

$$U_t = 0.39$$

$t=1$ 年时的沉降量

$$S_t = 0.75 \times 18 = 13.5 \text{ (cm)}$$

(2) 求沉降量为14 cm所需的时间。

固结度为

$$U_t = \frac{S_t}{S_\infty} = \frac{14}{18} = 0.78$$

由表3.6查得时间因数

$$T_v = 0.53$$

单面排水条件

$$t = \frac{T_v H^2}{C_v} = \frac{0.53 \times 10 \times 10}{12} = 4.42 \text{(年)}$$

双面排水条件

$$t = \frac{0.53 \times 5 \times 5}{12} = 1.1 \text{(年)}$$

$t=1$ 年时的沉降量

$$S_t = 0.39 \times 18 = 7 \text{(cm)}$$

在双面排水条件下时间因数

$$T_v = \frac{C_v t}{(0.5H)^2} = \frac{12 \times 1}{(0.5 \times 10)^2} = 0.48$$

由表3.6查得固结度

$$U_t = 0.75$$

3.4 建筑物的沉降观测

3.4.1 建筑物沉降观测的意义

前面介绍了地基变形的计算方法，但地基土的复杂性致使理论计算值与实际值并不完全符合。为了保证建筑物的使用安全，对建筑物进行沉降观测是非常必要的，尤其对重要建筑物及建造在软弱地基上的建筑物，不但要在建筑设计时充分考虑地基的变形控制，而且要在施工期间与竣工后使用期间进行系统的沉降观测。

建筑物的沉降观测对建筑物的安全使用具有如下重要意义：

(1) 沉降观测能够验证建筑工程设计与沉降计算的正确性。如果沉降观测时发现沉降计算偏差过大，必须及时对原设计进行必要的修改，以便设计与实际相符。

（2）沉降观测能够判别施工质量的好坏。如果设计时所采用的相关数据指标与设计方法都是正确的，那么施工期间的变形情况必然是与施工质量相联系的，因此可以根据沉降观测来进行质量判别与控制。

（3）一旦发生事故，建筑物的沉降观测可以作为分析事故原因和加固处理的依据。沉降观测对一级建筑物，高层建筑，重要的、新型的或有代表性的建筑物，体型复杂、形式特殊或构造上、使用上对不均匀沉降有严格限制的建筑物，尤其具有重要意义。

3.4.2 沉降观测方法与步骤

1. 仪器与精度

沉降观测工具宜采用精密水平仪和钢卷尺，对每一观测对象宜固定测量工具和监测人员，观测前应严格校验仪器。测量精度宜采用Ⅱ级水准测量，视线长度宜为 20～30 m，视线高度不宜低于 0.3 m，水准测量应采用闭合法。

2. 水准基点的设置

以保证水准基点稳定可靠为原则，宜设置在基岩上或压缩性较低的土层上。在一个观测区内水准基点的设置要求不少于 3 个，距离观测的建筑物 30～80 m。

3. 观测点的设置

观测点的设置应能全面反映建筑物的变形并结合地质情况确定，如建筑物 4 个角点、沉降缝两侧、高低层交界处、地基土软硬交界两侧等，数量不少于 6 个。

4. 观测次数与时间

要求前密后稀。民建筑每建完一层（包括地下部分）应观测一次；工业建筑按不同荷载阶段分次观测，施工期间观测应不少于 4 次。建筑物竣工后的观测：第一年为 3～5 次，第二年不少于 2 次，以后每年 1 次，直到下沉稳定为止。稳定标准为半年沉降 $S \leqslant 2$ mm。特殊情况如基坑较深，可考虑开挖后的回弹观测。

本 章 小 结

本章主要讲述土的压缩性、土的压缩指标以及沉降量计算的方法。

（1）分层总和法和规范法的基本概念是一致的，只是形式不同，并且都以室内压缩试验成果为依据。从 $e-p$ 曲线关系求土的变形指标。再根据地基中应力分布，推导得到最终沉降量的计算公式。

（2）地基的变形或多或少都有一个时间过程。对于砂性土，这个过程很短，在施工过程中就已经完成，所以不用考虑地基的沉降与时间的关系。但对于黏性土，特别是饱和的黏性土，这个过程将延续相当长的时间，几年甚至几十年。这是因为饱和软土的孔隙中，全部被水充满。因此，瞬时施加的外力不可能立即传递到土的骨架上去。固结度的公式是用孔隙水压力的变化来表示的。

(3)建筑物的沉降观测不仅能够验证建筑工程设计与沉降计算的正确性,而且能判别施工质量好坏,可以作为分析事故原因和加固处理的依据。另外,沉降观测资料也可以作为推算最终沉降量的一种手段。

思 考 题

1. 如何理解土的室内压缩实验得出的结果？工程中为何用 a_{1-2} 进行土层压缩性的分类？
2. 计算沉降的分层总和法与规范法有何异同？试从基本假定、分层厚度、采用的指标、计算深度和数值修正加以比较。
3. 为什么说土的压缩变形实际上是土的孔隙体积的减小？
4. 研究地基沉降与时间的关系有何意义？何谓固结度 U？
5. 什么样的工程需要进行沉降观测？怎样进行沉降观测？
6. 一块饱和黏性土样的原始高度为 20 mm,试样面积为 $3×10^3 mm^2$,在固结仪中做压缩试验。土样与环刀的总重为 $175.6×10^{-2}$ N,其中环刀重为 $58.6×10^{-2}$ N。当压力由 $p_1=100$ kPa 增加到 $p_2=200$ kPa 时,土样变形稳定后的高度相应地由 19.31 mm 减小为 18.76 mm。试验结束后烘干土样,称得干重为 $94.8×10^{-2}$ N。试计算：

(1)与 p_1、p_2 相对应的孔隙比 e_1,e_2；

(2)该土的压缩系数 a_{1-2}。

7. 某矩形基础尺寸为 2.5 m×4.0 m,上部结构传到地面的荷载 $F=1500$ kN,土层厚度、地下水位如图 3.10 所示。各土层的压缩试验数据如表 3.7 所示,试用分层总和法计算基础的最终沉降量。

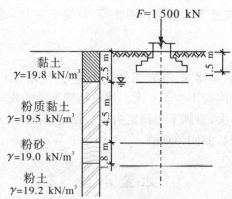

图 3.10 思考题 7 图

表 3.7 土的压缩试验资料

p/kPa e 土层	0	50	100	200	300
(1)黏土	0.81	0.78	0.76	0.725	0.69
(2)粉质黏土	0.745	0.72	0.69	0.66	0.63
(3)粉砂	0.892	0.87	0.84	0.805	0.775
(4)粉土	0.848	0.82	0.78	0.74	0.71

8. 某工程矩形基础长 3.6 m、宽 2.0 m，埋深 $d=1.0$ m。上部结构物的荷载 $F=900$ kN。地基土为均质的粉质黏土，$\gamma=16$ kN/m³，$e_1=1.0$，$a=0.4$ MPa^{-1}。试用规范法计算基础中心点的最终沉降量。

9. 设厚度为 10 m 的黏土层的边界条件如图 3.11 所示，上下层面处均为排水砂层，地面上瞬时作用一无限均布荷载 $p=196.2$ kN/m²，已知黏土层的孔隙比 $e_0=0.900$，渗透系数 $K=1.0$ 厘米/年 $=3.15\times10^{-8}$ cm/s，压缩系数 $a=0.025\times10^{-2}$ m²/kN。试求：

(1) 荷载加上 1 年后，地基沉降量是多少？
(2) 加荷后历时多久，黏土层的固结度达到 90%？

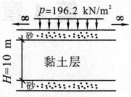

图 3.11 思考题 9 图

第 4 章 土的抗剪强度和地基承载力

能 力 目 标

通过课堂学习和试验技能训练,能够依据建筑物的实际情况和所在场地的地质条件准确地选择土的抗剪强度指标和确定地基承载力,使学生具有一定的土工试验动手能力。

学 习 目 标

理解抗剪强度的概念和土的极限平衡条件;掌握库仑定律、抗剪强度试验方法及土的应力状态;了解地基变形三阶段,临塑荷载、临界荷载和极限荷载的概念及计算;掌握地基承载力特征值的确定与修正计算;了解地基勘察内容。

4.1 土的抗剪强度

土的抗剪强度是土的重要力学性质之一。在土木工程建设工作中,对于土体稳定性的计算而言,抗剪强度是其中最重要的计算参数。能否正确测定土的抗剪强度,往往是设计质量和工程成败的关键所在。

4.1.1 土的抗剪强度的基本概念

土的抗剪强度是指土体抵抗剪切破坏的极限能力。当土体受到荷载作用后,土体的破坏通常表现为它的一部分相对于另一部分的滑动。而某点处相对滑动是指由该点处土粒之间内在抵抗错动的力,小于由外荷载作用引起的该点处错动的力。即由外荷载作用引起的该点处错动的剪力大于土体本身所固有的抗剪力时,土体发生剪切破坏。随着荷载的继续增加,土体中的剪应力达到抗剪强度的区域(塑性区)越来越大,最后塑性区内各滑动面连通成整体滑动面或局部滑动面,土体将沿该滑动面产生整体或局部剪切破坏而丧失稳定性。由于土体破坏表现为土颗粒相对滑动,所以颗粒间必有相对摩擦,而这种摩擦是土体本身颗粒间的摩擦,有别于不同物体之间的摩擦,故该摩擦称为内摩擦。

4.1.2 库仑定律

1. 库仑定律

库仑(Coulomb)于1776年根据砂土剪切试验,提出砂土抗剪强度的表达式为

$$\tau_f = \sigma\tan\varphi \tag{4.1}$$

式中:τ_f——土的抗剪强度(kPa);

σ——作用在剪切面的法向应力(kPa);

φ——砂土的内摩擦角(°)。干松砂的φ值近似于其自然休止角(干松砂在自然状态下所能维持的斜坡的最大坡角)。

后来又通过试验提出适合黏性土的抗剪强度表达式为

$$\tau_f = \sigma\tan\varphi + c \tag{4.2}$$

式中:c——土的黏聚力(kPa)。

式(4.1)与式(4.2)一起统称为库仑定律,可分别用图4.1(a)和图4.1(b)表示。无黏性土的抗剪强度来源于土粒间的摩阻力,这种摩阻力包括土粒间的滑动摩阻力和土粒表面凸凹不平所形成的机械咬合力,其大小取决于土粒表面的粗糙程度、密实度、颗粒级配等因素。黏性土的抗剪强度是由摩阻力($\sigma\tan\varphi$)和黏聚力(c)两部分组成的。黏聚力系土粒间的胶结作用和各种物理化学键作用的结果,其大小与土的矿物组成和压密程度有关。除此之外,c和φ的数值根据试验时条件的不同,特别是排水条件的不同而有不同的试验结果。

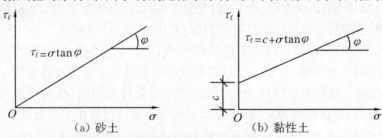

图4.1 抗剪强度与法向应力之间的关系

2. 土的抗剪强度测定方法

土的抗剪强度测定方法有多种,室内有直接剪切试验、三轴剪切试验、无侧限抗压强度试验、现场原位十字板剪切试验。

1) 直接剪切试验

直接剪切试验是土的抗剪强度测定最早采用的试验方法,国内外应用很广泛。直接剪切试验的主要仪器为直剪仪。直剪仪分为应力控制式和应变控制式两种。两种仪器的区别在于:施加水平剪切的荷载方式不同,后者优于前者。下面介绍应变控制式直剪仪的试验方法。

应变控制式直剪仪的构造如图4.2所示。试验时先制备原状土样,用环刀仔细切取土样后测定土的密度与含水量。要求同组试样之间密度差值不大于0.03 g/cm³,含水量差值不大于2%,每组试样不少于4个。然后把试样安装在直剪仪剪切盒中部。因为剪切盒有上

盒与下盒两部分。为避免试样损伤,先将上、下盒对准,插刀固定销,然后用推土器将试样小心地推到剪切盒内,加上透水石与压盖。施力时先加垂直压力 p,然后向下盒施加水平力 T,使上、下盒之间发生水平位移,直至土样被剪坏。

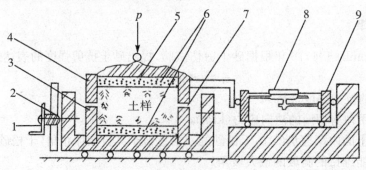

图 4.2　应变控制式直剪仪示意图
1—手轮;2—螺杆;3—下盒;4—上盒;5—传压板;
6—透水石;7—开缝;8—测微计;9—弹性量

设剪切盒内水平面积为 F,则剪切面上垂直应力为 $\sigma = p/F$,剪切破坏应力即抗剪强度 $\tau_f = T_{max}/F$。测定 4 个以上试样在不同的 σ 值作用下的 τ_f 值,作 $\tau_f - \sigma$ 关系曲线。当 σ 变化不大时,$\tau_f - \sigma$ 曲线近似直线。依据库仑定律将各点连成直线,如图 4.1 所示,即得到抗剪强度指标 c、φ 值。

依据排水条件的不同直接剪切实验方法可分为:

(1) 慢剪。施加垂直压应力后,允许试样充分排水固结,待固结稳定后,再以缓慢的剪切速率施加水平剪应力,使试样在剪切过程中有充分的时间排水,直至剪切破坏。

(2) 快剪。施加垂直压应力后,不待试样固结,立即快速施加水平应力,使试样快速剪切而破坏。由于剪切速率快,可认为试样在短暂的剪切过程中来不及排水固结。

(3) 固结快剪。施加垂直压应力后,允许试样充分排水固结,待试样固结稳定后,再快速施加水平剪应力,使试样快速剪切而破坏,可认为在剪切过程中来不及排水固结。

上述直剪试验方法的分类,相当于三轴剪切试验的不固结排水剪、固结不排水剪和排水剪。

直剪试验设备简单,操作方便,易于掌握,因而在工程中普遍采用。但它的缺点也不少,主要有以下几方面:

(1) 剪切面限定在上、下盒之间的平面,而不是沿土样最薄弱的面剪坏。

(2) 剪切过程中剪应变分布不均匀,应力状态复杂,但仍按均匀分布计算。

(3) 剪切过程中土样剪切面逐渐缩小,且垂直荷载发生偏心,但在计算强度时仍按面积不变和剪应力均匀分布计算。

(4) 试验不能严格控制排水条件和测量孔隙水压力值,快剪仍有排水,这对试验结果有很大影响。

2) 三轴剪切试验

三轴剪切试验(又称三轴压缩试验)是一种较完善的测定土抗剪强度的实验方法。与直接剪切试验相比,三轴剪切试验试样中的应力相对比较明确和均匀。该试验的主要仪器为三轴压缩仪。三轴压缩仪同样分为应力控制式和应变控制式两种。下面介绍应变控制式三轴压缩仪的试验方法,其构造包括压力室、周围压力系统、轴向加压系统、孔隙水压力系统、反压力系统和主机等,如图4.3所示。

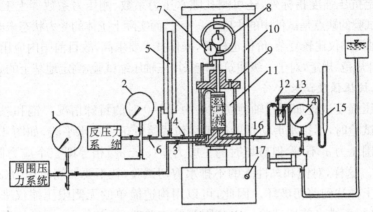

图4.3 三轴压缩仪

1—周围压力表;2—反压力表;3—周围压力阀;4—排水阀;5—一体变管;6—反压力阀;
7—垂直变形百分表;8—量力环;9—排气孔;10—轴向加压设备;11—压力室;12—量管阀;
13—零位指示器;14—孔隙压力表;15—量管;16—孔隙压力阀;17—离合器

三轴剪切试验所用的土样是圆柱形。最小直径为35 mm,最大直径为101 mm;试样高度宜为试样直径的2~2.5倍,一组试验需要3~4个试样,分别在不同周围压力下进行试验。

试验时,先对试样施加均布的周围压力 σ_3,此时土内无剪应力。然后施加轴压增量,而水平向 $\sigma_2 = \sigma_3$ 保持不变。这时在偏向应力 $\sigma_1 - \sigma_3 = \Delta\sigma_1$ 作用下试样中产生剪应力,并当 $\Delta\sigma_1$ 增至一定数值时试样被剪坏。三轴剪切试验时土样的受力状态如图4.4所示。因为试样为正圆柱形,σ_1 和 σ_3 相互垂直,故 σ_1 和 σ_3 相应为最大主应力和最小主应力。试样破坏时的应力状态能较好地符合极限平衡条件,因此由 σ_1 和 σ_3 作出的应力圆是极限应力圆(莫尔圆)。选同一种土的3~4个试样在不同的 σ_3 条件下进行上述试验,就可以画出一组极限应力圆,作出近似为直线的强度包线,该直线与横轴的交角即为土的内摩擦角 φ,在纵轴上的截距即为土的凝聚力 c,如图4.5所示。

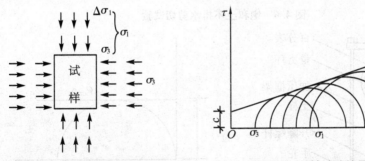

图4.4 三轴试验时土样受力状态　　图4.5 三轴试验结果

对上述试样加荷时,根据需要还可以控制排水条件,量测试验过程中土样的孔隙水压力、试样的变形等一些参数。

三轴剪切试验的突出优点如下:

(1)能严格控制排水条件,准确测定试样在剪切过程中孔隙水压力的变化情况,从而可定量获得土中有效应力的变化情况。

(2) 土样的破坏面是在最弱的面上,试样中的应力条件明确。

(3) 除测定抗压强度指标外,还可测孔隙水压力系数、侧压力系数等土工参数。

三轴剪切试验的缺点是试件中的主应力 $\sigma_2=\sigma_3$,而实际上土体的受力状态未必都属于这类轴对称情况。三轴压缩仪比较复杂,价格也较贵,操作技术要求高,故目前国内应用还不普遍。《建筑地基基础设计规范》规定,对于一级建筑物应采用三轴压缩试验,测定地基土的 φ、c 值。

3) 无侧限抗压强度试验

无侧限抗压强度试验如同三轴剪切试验中 $\sigma_3=0$ 时的特殊情况。饱和黏性土样在三轴压缩仪上进行试验时,不排水剪切试验的破坏包线接近于一条水平线,如图 4.6 所示。虽然三个试样的周围压力 σ_3 不等,但破坏时的主应力差($\sigma_1-\sigma_3$)相等即三个应力圆的半径相等,其内摩擦角 φ_u。这样,对饱和黏性土的不排水剪切试验,就不要加侧向压力($\sigma_3=0$),只需施加垂直压力使土样达到剪切破坏。因此,可以用构造简单的无侧限压缩仪来代替三轴压缩仪,对饱和土进行不排水剪切试验。无侧限压缩试验时只需对一个试样加压破坏就能求得强度包线,如图 4.7 所示。破坏时试样所能承受的最大轴向压力 q_u 称为无侧限抗压强度。

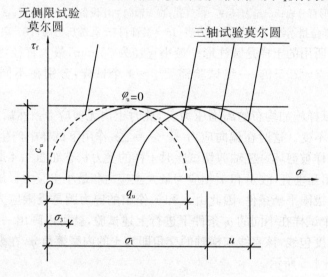

图 4.6 饱和土不排水剪切试验

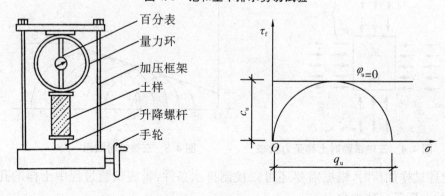

图 4.7 无侧限压缩试验

由于 $\varphi_u=0$,破坏时的 $\sigma_1=q_u$,则

$$\tau_u = c_u = q_u/2 \tag{4.3}$$

式中：τ_u——饱和土的不排水抗剪强度(kPa)；

c_u——饱和土的不排水黏聚力(kPa)；

q_u——饱和土的不排水无侧限抗压强度(kPa)。

无侧限抗压强度试验还可用来测定土的灵敏度。其方法是先将同一种土的原状土和重塑土分别进行无侧限抗压强度试验，所得原状土与重塑土的强度比值为灵敏度 S_t，即

$$S_t = \frac{q_u}{q_0} \tag{4.4}$$

式中 q_u、q_0 分别为原状土和重塑土的无侧限抗压强度。

4）十字板剪切试验

若地基为软黏土，则取原状土困难。为避免在取土、运送与制备土样过程中受扰动而影响室内土工试验结果的可靠性，可采用抗剪强度的原位测试方法，即十字板剪切试验。

该试验所用仪器是十字板剪切仪，其板头由两片正交的金属板和垂直的轴杆组成，如图4.8所示。试验时，把十字板插入欲进行试验的深度，然后在地面上以一定的转速施加扭力矩于轴杆，使板内土体与周围土体发生剪切。通过量力设备测出最大扭矩 M_{max}，据此算出土的抗剪强度。

计算时假定：① 剪破面为一圆柱面，圆柱的高度和直径就等于十字板的高度和宽度，如图4.8中虚线所示；② 圆柱侧面和上、下端的抗剪强度相等。于是，就可根据作用力矩应等于圆柱侧面和上、下端面上的抵抗力矩之和计算其抗剪强度，即

$$M_{max} = \tau_f \pi DH \frac{D}{2} + 2\int_0^{\frac{D}{2}} \tau_f \cdot 2\pi r dr \cdot r$$
$$= \tau_f \left(\frac{\pi D^2}{2} \cdot H + \frac{\pi D^2}{2} \cdot \frac{D}{3} \right)$$

故

$$\tau_f = \frac{2M_{max}}{\pi D^2 \left(H + \frac{D}{3}\right)} \tag{4.5}$$

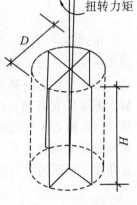

图4.8 十字板示意图

式中：τ_f——现场十字板强度；

dr——距十字板轴心为 r 的微分环宽度；

H——十字板高度(m)；

D——十字板直径(m)；

M_{max}——剪切破坏时的扭矩(kN·m)。

十字板现场剪切试验为不排水剪切试验。因此，其试验结果与无侧限抗压强度试验结果接近。饱和软土 $\varphi_u = 0$，则

$$\tau_f = q_u/2 \tag{4.6}$$

十字板剪切试验设备简单，操作方便，土样扰动少，所以在国内外工程勘察中广泛应用。但也应看到，计算十字板强度时，假定圆柱侧面上与其上、下端面上的抗剪强度相等是不够合理的，土的各向异性和超固结程度不同都会使土的水平与铅直向抗剪强度不一致。因此，将十字板强度用于设计时应考虑其影响。

4.2 土的极限平衡理论

4.2.1 土的应力状态

要研究土中任意一点的应力状态,则在土体中取单元微体(图4.9(a)),设作用在该微元体上的两个主应力为σ_1和σ_3($\sigma_1 > \sigma_3$),在微元体内与大主应力σ_1作用平面成任意角α的平面上有正应力σ和剪应力τ。为了建立σ、τ与σ_1、σ_3之间的关系,取棱柱体abc为隔离体(图4.9(b)),将各力分别在水平和垂直方向投影,按静力平衡条件求得

$$\sigma_3 ds\sin\alpha - \sigma ds\sin\alpha + \tau ds\cos\alpha = 0$$

$$\sigma_1 ds\cos\alpha - \sigma ds\cos\alpha - \tau ds\sin\alpha = 0$$

联立求解以上方程得平面mn上的应力为

$$\sigma = \frac{1}{2}(\sigma_1 + \sigma_3) + \frac{1}{2}(\sigma_1 - \sigma_3)\cos 2\alpha$$

$$\tau = \frac{1}{2}(\sigma_1 - \sigma_3)\sin 2\alpha \tag{4.7}$$

由式(4.7)可知,当平面mn与大主应力σ_1作用面的夹角α变化时,平面mn上的σ和τ也相应变化。为了表达一土体单元各方向平面上的应力状态,可以引用材料力学中有关表达一点应力状态的莫尔应力圆方法(图4.9(c)),即在$\sigma-\tau$坐标系中,按一定比例尺,在横坐标上截取代表σ_3和σ_1的线段OB和OC,再以BC为直径作圆,取圆心为D,自DC逆时针旋转2α角,使DA与圆周交于A点。不难证明,A点的横坐标即为平面mn上的法向应力σ,纵坐标即为剪应力τ。由此可见,莫尔应力圆上任意一点都相应代表与大主应力作用在成一定角度α平面的应力状态,因此莫尔应力圆可以完整地表示一点的应力状态。

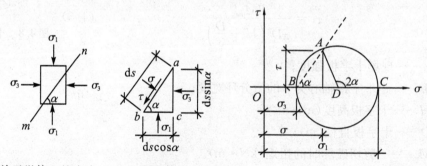

(a)单元微体上的应力　(b)隔离体abc上的应力　(c)莫尔应力圆

图4.9　土体中任意一点的应力

4.2.2 土的极限平衡条件

由一点的应力状态分析可知,莫尔应力圆上任意一点的坐标(σ,τ)即表示单元体相应平面上的法向应力和剪应力,也即通过一点相应平面上荷载产生的法向应力和剪应力。

为判断土中一点是否破坏,可将该点的莫尔应力圆与土的抗剪强度线 $\sigma - \tau_f$ 绘制在同一坐标,并作相对位置比较,如图 4.10 所示。它们之间的关系存在以下三种情况:

(1) 该点莫尔应力圆整体位于抗剪强度线的下方(圆 I),莫尔应力圆与抗剪强度线相离,这表明通过该点任何平面上的剪应力都小于对应剪切面上的抗剪强度,因此该点未被剪破。

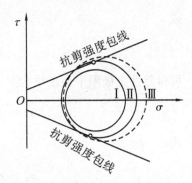

图 4.10 莫尔圆与抗剪强度线的关系

(2) 该点莫尔应力圆与抗剪强度线相切(圆 II),说明在切点所代表的平面上,荷载在该平面上产生的剪应力正好等于在该平面上的抗剪强度,该点就处于极限平衡状态,此时的莫尔应力圆也称极限应力圆。如图 4.11 所示,由切点位置还可确定该点破坏面的方向。连接切点 A 与莫尔应力圆的圆心 O',连线与横坐标之间的夹角为 $2\alpha_f$,根据莫尔圆原理,可知土体中该点的破坏面与大主应力 σ_1 作用面方向夹角性 α_f。

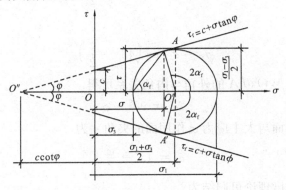

图 4.11 极限平衡状态时的莫尔圆与抗剪强度线

(3) 该点莫尔应力圆与抗剪强度线相割(圆 III),则该点早已因一个平面上的荷载产生的剪应力达到其抗剪强度而破坏。实际上圆 III 所代表的应力状态是不可能存在的,因为土体在该点破坏后,应力已超出弹性变形范畴。

土体处于极限平衡状态时,从图 4.11 中莫尔圆和抗剪强度线的几何关系可知

$$\overline{AO'} = \frac{1}{2}(\sigma_1 - \sigma_3)$$

$$\overline{O'O'} = c\cot\varphi + \frac{1}{2}(\sigma_1 + \sigma_3)$$

根据直角三角形 $O'O''A$ 几何关系可得

$$\sin\varphi = \frac{\overline{AO'}}{\overline{O'O'}} = \frac{\frac{1}{2}(\sigma_1 - \sigma_3)}{c\cot\varphi + \frac{1}{2}(\sigma_1 + \sigma_3)} = \frac{\sigma_1 - \sigma_3}{2c\cot\varphi + \sigma_1 + \sigma_3} \tag{4.8}$$

化简后得

$$\sigma_1 = \sigma_3 \frac{1+\sin\varphi}{1-\sin\varphi} + 2c\frac{\cos\varphi}{1-\sin\varphi} \tag{4.9}$$

或

$$\sigma_3 = \sigma_1 \frac{1-\sin\varphi}{1+\sin\varphi} - 2c\frac{\cos\varphi}{1+\sin\varphi} \tag{4.10}$$

可得黏性土极限平衡条件为

$$\sigma_1 = \sigma_3 \tan^2\left(45° + \frac{\varphi}{2}\right) + 2c\tan\left(45° + \frac{\varphi}{2}\right) \tag{4.11}$$

或

$$\sigma_3 = \sigma_1 \tan^2\left(45° - \frac{\varphi}{2}\right) - 2c\tan\left(45° - \frac{\varphi}{2}\right)$$

对于无黏性土,由黏聚力 $c=0$ 可得无黏性土的极限平衡条件为

$$\sin\varphi = \frac{\sigma_1 - \sigma_3}{\sigma_1 + \sigma_3} \tag{4.12}$$

或

$$\sigma_1 = \sigma_3 \tan^2\left(45° + \frac{\varphi}{2}\right) \tag{4.13}$$

或

$$\sigma_3 = \sigma_1 \tan^2\left(45° - \frac{\varphi}{2}\right) \tag{4.14}$$

由图 4.11 中三角形 $O'O'A$ 的外角与内角关系可得

$$2\alpha_f = 90° + \varphi$$

因此,土中出现的破裂面与大主应力 σ_1 作用面的夹角 α_f 为

$$\alpha_f = 45° + \frac{\varphi}{2} \tag{4.15}$$

综上所述,土的强度理论可归结为:

(1)土的强度破坏是因为土中某点剪切面上的剪应力达到或超过了土的抗剪强度,即 $\tau > \tau_f$。

(2)土的抗剪强度随剪切面上的法向应力大小而变,即 $\tau_f = f(\sigma)$。

(3)破坏面不一定发生在最大剪应力作用面($\alpha_0 = 45°$)上,而是发生在与最大主应力面成 $\alpha_0 = 45° + \frac{\varphi}{2}$ 交角的斜面上。

(4)同一种土可在不同的应力状态下剪损,一组土样的极限应力圆的公切线就是其强度包线,它一般是曲线,但可近似地用库仑公式所表达的直线代替,即 $\tau_f = \sigma\tan\varphi + c$。

地基的承载力和挡土墙压力的计算,都是以强度理论为依据,直接应用土的极限平衡条件。

【例 4.1】 土的抗剪强度指标 $\varphi = 26°$,$c = 10$ kPa。土中某点的主应力 $\sigma_1 = 100$ kPa,$\sigma_3 = 20$ kPa,试判断该点是否被剪坏。

【解】 将 σ_3、φ、c 值代入式(4.11)得

$$\sigma_1 = \sigma_3 \tan^2\left(45° + \frac{\varphi}{2}\right) + 2c\tan\left(45° + \frac{\varphi}{2}\right)$$

$$= 20 \times \tan^2 58° + 2 \times 10 \times \tan 58° = 83.2 \text{(kPa)}$$

实际应力 $\sigma_1 = 100$ kPa,大于极限平衡状态时 $\sigma_1 = 83.2$ kPa,故该点将破裂。

4.3 地基的临塑荷载与临界荷载

4.3.1 地基的变形

图 4.12 表示现场研究地基承载力的一种模拟试验,称为载荷试验。用一个载荷板代表建筑物的地基,通过千斤顶逐步对地基施加压力来模拟建筑物的加载,用百分表测定地基的沉降。试验结果可以绘制成图 4.13 所示的 p-S 曲线。

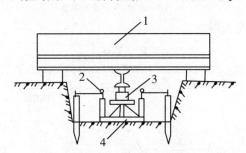

图 4.12 载荷试验　　　　图 4.13 载荷试验 p-S 曲线
1—荷载;2—百分表;3—千斤顶;4—承压板

从 p-S 曲线可发现,随着荷载的增加,地基的变形可分成以下三个阶段。

第一阶段:压密阶段,即 Oa 段。这一阶段地基土只发生竖向压缩,孔隙体积减小,地基中任意点的剪应力均小于土的抗剪强度,土的性质呈弹性状态,地基中应力应变关系可用弹性力学求解。

第二阶段:塑性变形阶段,即 ab 段。这一阶段载荷板的荷载逐渐增大,地基的变形与荷载之间不再成正比关系,即不再符合弹性性质,除发生竖向压缩外,局部发生剪切破坏,土体产生侧向挤出,因而呈现塑性状态。这一阶段的下限值,即 p-S 曲线中 a 点对应的荷载 p_{cr} 称为临塑荷载;上限值 p_u,即 p-S 曲线中 b 点对应的荷载称为极限荷载,相当于第二阶段进入第三阶段的临界荷载。

第三阶段:破坏阶段,即 bc 段。随着荷载增加,剪切破坏不断扩大,最终在地基中形成一连续的滑动破坏面,基础急剧下沉,同时基础四周的地面隆起,地基发生整体剪切破坏。

4.3.2 临塑荷载与临界荷载

临塑荷载与临界荷载,就是指基础下的地基土中,凡达到剪切极限平衡状态的各点连接起来,所形成的塑性区的发展深度限制在一定范围内时的基础底面压力。

由弹性理论可以证明,在基底附加压力 $p_0 = p - \gamma_0 d$ 和土自重压力作用下,土中任意一点 M 产生的主应力如图 4.14 所示。

M 点总的大、小主应力为

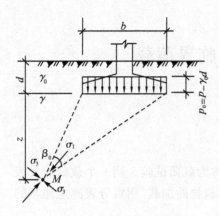

图 4.14 均布条形荷载作用下地基中的主应力

$$\sigma_1 = \gamma_0 d + \gamma z + \frac{p - \gamma_0 d}{\pi}(\beta_0 + \sin\beta_0)$$

$$\sigma_3 = \gamma_0 d + \gamma z + \frac{p - \gamma_0 d}{\pi}(\beta_0 - \sin\beta_0)$$

根据土的强度理论可知,处于极限平衡状态时,大、小主应力的关系应符合下列条件:

$$\sin\varphi = \frac{\frac{1}{2}(\sigma_1 - \sigma_3)}{\frac{1}{2}(\sigma_1 + \sigma_3) + c\cot\varphi}$$

$$= \frac{(\sigma_1 - \sigma_3)}{(\sigma_1 + \sigma_3) + 2c\cot\varphi}$$

将 σ_1、σ_3 代入得

$$\sin\varphi = \frac{\dfrac{p - \gamma_0 d}{\pi}\sin\beta_0}{\dfrac{p - \gamma_0 d}{\pi}\beta_0 + \gamma_0 d + \gamma z + \dfrac{c}{\tan\varphi}}$$

解得

$$z = \frac{p - \gamma_0 d}{\pi\gamma}\left(\frac{\sin\beta_0}{\sin\varphi} - \beta_0\right) - \frac{c\cot\varphi}{\gamma} - \frac{\gamma_0}{\gamma}d \tag{4.16}$$

上式即为塑性变形区的边界方程式,也表示边界上任意一点的 z 与 β_0 之间的关系。

塑性区的最大深度 $z_{\max}$ 可由 $\dfrac{\mathrm{d}z}{\mathrm{d}\beta_0} = 0$ 的条件求得:

$$\frac{\mathrm{d}z}{\mathrm{d}\beta_0} = \frac{p - \gamma_0 d}{\pi\gamma}\left(\frac{\cos\beta_0}{\sin\varphi} - 1\right) = 0$$

$$\cos\beta_0 = \sin\varphi$$

$$\beta_0 = \frac{\pi}{2} - \varphi$$

代入式(4.16)得

$$z_{\max} = \frac{p - \gamma_0 d}{\pi\gamma}\left[\cot\varphi - \left(\frac{\pi}{2} - \varphi\right)\right] - \frac{c\cot\varphi}{\gamma} - \frac{\gamma_0}{\gamma}d \tag{4.17}$$

由式(4.17)求得基础底面压力

$$p = \frac{\pi(\gamma z_{\max} + c\cot\varphi + \gamma_0 d)}{\cot\varphi - \dfrac{\pi}{2} + \varphi} + \gamma_0 d \tag{4.18}$$

式中:d——基础的埋置深度(m);

γ_0——基础以上土的加权平均重度(kN/m^3);

γ——基底以下土的重度(kN/m^3);

c——基底以下土的黏聚力(kPa);

φ——基底以下土的内摩擦角。

(1)若在地基中不允许有塑性区存在,则上式中令 $z_{\max} = 0$,由此得到临塑荷载计算公式:

$$p_{cr} = N_d \gamma_0 d + N_c c \tag{4.19}$$

式中

$$N_d = \frac{\cot\varphi + \varphi + \frac{\pi}{2}}{\cot\varphi + \varphi - \frac{\pi}{2}}$$

$$N_c = \frac{\pi\cot\varphi}{\cot\varphi + \varphi - \frac{\pi}{2}}$$

(2) 对于轴心荷载作用下的基础,可取塑性区深度 z_{max} 等于基础宽 b 的 $1/4$,则式(4.18)中令 $z_{max}=b/4$,由此得临界荷载的计算公式:

$$p_{1/4} = \frac{\pi\left(\gamma_0 d + \frac{1}{4}\gamma b + c\cot\varphi\right)}{\cot\varphi + \varphi - \frac{\pi}{2}} + \gamma_0 d$$

$$p_{1/4} = N_{1/4}\gamma b + N_d \gamma_0 d + N_c c \tag{4.20}$$

其中

$$N_{1/4} = \frac{\frac{\pi}{4}}{\cot\varphi + \varphi - \frac{\pi}{2}}$$

可由表 4.1 查得。

其他符号同前。

表 4.1 承载力系数 N_d、N_c、$N_{1/4}$、$N_{1/3}$ 的数值

φ	N_d	N_c	$N_{1/4}$	$N_{1/3}$	φ	N_d	N_c	$N_{1/4}$	$N_{1/3}$
0°	1.0	3.0	0	0	24°	3.9	6.5	0.7	1.0
2°	1.1	3.3	0	0	26°	4.4	6.9	0.8	1.1
4°	1.2	3.5	0	0.1	28°	4.9	7.4	1.0	1.3
6°	1.4	3.7	0.1	0.1	30°	5.6	8.0	1.2	1.5
8°	1.6	3.9	0.1	0.1	32°	6.3	8.5	1.4	1.8
10°	1.7	4.2	0.2	0.2	34°	7.2	9.2	1.6	2.1
12°	1.9	4.4	0.2	0.3	36°	8.2	10.0	1.8	2.4
14°	2.2	4.7	0.3	0.4	38°	9.4	10.8	2.1	2.8
16°	2.4	5.0	0.4	0.5	40°	10.8	11.8	2.5	3.3
18°	2.7	5.3	0.4	0.6	42°	12.7	12.8	2.9	3.8
20°	3.1	5.6	0.5	0.7	44°	14.5	14.0	3.4	4.5
22°	3.4	6.0	0.6	0.8	45°	15.6	14.6	3.7	4.9

(3) 对于偏心荷载作用下的地基,可取 $z_{max}=b/3$,相应的荷载用 $p_{1/3}$ 表示:

$$p_{1/3} = \frac{\pi(\gamma b/3 + c\cot\varphi + \gamma_0 d)}{\cot\varphi - \frac{\pi}{2} + \varphi} + \gamma_0 d$$

$$= N_{1/3}\gamma b + N_d\gamma_0 d + N_c c \tag{4.21}$$

其中

$$N_{1/3} = \frac{\dfrac{\pi}{3}}{\cot\varphi - \dfrac{\pi}{2} + \varphi}$$

可由表 4.1 查得。

其他符号同前。

应该指出以下几点：

(1) p_{cr}、$p_{1/4}$、$p_{1/3}$ 的计算公式都是按条形基础受均布荷载的情况推导而得的,对于矩形基础和圆形基础,其结果偏于安全。

(2) 在计算界限荷载时,土中已出现塑性区,但仍按弹性力学公式计算土中应力,这在理论上是矛盾的,但当塑性区不大时,由此引起的工程误差在工程上是允许的。

(3) $p_{1/4}$、$p_{1/3}$ 都与 b 有关,p_{cr}、$p_{1/4}$、$p_{1/3}$ 都与基础埋深有关,这说明地基承载力不仅与地基土有关,还与基础底面宽度 b 和基础埋深 d 有关,因此在计算地基承载力设计值时,需进行基础埋深和宽度的修正。

【例 4.2】 已知地基土的重度 $\gamma_0 = 18.5 \text{ kN/m}^3$,黏聚力 $c = 15 \text{ kPa}$,内摩擦角 $\varphi = 18°$。若条形基础宽度 $b = 2.4 \text{ m}$,埋置深度 $d = 1.6 \text{ m}$,试求该地基的 p_{cr} 和 $p_{1/4}$ 的值。

【解】 (1) 求 p_{cr}。

$$p_{cr} = \frac{\pi(\gamma_0 d + c\cot\varphi)}{\cot\varphi + \varphi - \dfrac{\pi}{2}} + \gamma_0 d$$

$$= \frac{3.14(18.5 \times 1.6 + 15 \times \cot 18°)}{\cot 18° + 18 \times \dfrac{\pi}{180} - \dfrac{\pi}{2}} + 18.5 \times 1.6$$

$$= 160.3 \text{ (kPa)}$$

(2) 求 $p_{1/4}$。

$$p_{1/4} = \frac{\pi(\gamma_0 d + \dfrac{1}{4}\gamma b + c\cot\varphi)}{\cot\varphi + \varphi - \dfrac{\pi}{2}} + \gamma_0 d$$

$$= \frac{3.14(18.5 \times 1.6 + 15 \times \cot 18° + 0.25 \times 18.5 \times 2.4)}{\cot 18° + 18 \times \dfrac{\pi}{180} - \dfrac{\pi}{2}} + 18.5 \times 16$$

$$= 179.3 \text{ (kPa)}$$

【例 4.3】 已知某独立基础,基础底面长度 2.8 m、宽度 1.8 m,承受偏心荷载。地基土分三层:表层为素填土,$\gamma_1 = 17.5 \text{ kN/m}^3$,厚度 0.5 m;第二层为粉土,$\gamma_2 = 18 \text{ kN/m}^3$,$c_2 = 14 \text{ kPa}$,厚度 8 m;第三层为粉质黏土,$\gamma_3 = 19.4 \text{ kN/m}^3$,$\varphi_3 = 18°$,$c_3 = 22 \text{ kPa}$,厚度 4.6 m。基础埋深 1.2 m。试计算地基临塑荷载 p_{cr} 和界限荷载 $p_{1/3}$。

【解】 (1) 计算临塑荷载 p_{cr}。

由 $\varphi = 22°$ 查表 4.1 得 $N_d = 3.4$,$N_c = 6.0$,因为基础埋深 $d = 1.2 \text{ m}$,γ 取基础埋深范围内土的平均重度,即

$$\gamma_0 = \frac{17.5 \times 0.5 + 18 \times 0.7}{1.2}$$
$$= 17.8 \ (\text{kN/m}^3)$$

c 取基础底面粉土黏聚力，$c_2 = 14$ kPa，则临塑荷载

$$p_{cr} = N_d \gamma_0 d + N_c c$$
$$= 3.4 \times 17.8 \times 1.2 + 6.0 \times 14$$
$$= 156.6 \ (\text{kPa})$$

(2) 计算界限荷载 $p_{1/3}$。

由 $\varphi = 22°$ 查表 4.1 得 $N_{1/3} = 0.8$，则

$$p_{1/3} = N_{1/3} \gamma b + N_d \gamma_0 d + N_c c$$
$$= 0.8 \times 18 \times 1.8 + 3.4 \times 17.8 \times 1.2 + 6.0 \times 14$$
$$= 182.5 \ (\text{kPa})$$

4.4 地基的极限承载力

地基的极限承载力为地基发生剪切破坏而失去整体稳定时的基础最小压力。

4.4.1 地基的破坏模式

根据地基剪切破坏的特征，可将地基破坏分为整体剪切破坏、局部剪切破坏和冲剪破坏三种模式，如图 4.15 所示。

1. 整体剪切破坏

基底压力 p 超过临塑荷载后，随着荷载的增加，剪切破坏区不断扩大，最后在地基中形成连续的滑动面，基础急剧下沉并可能向一侧倾斜，基础四周的地面明显隆起(图 4.15(a))。密实的砂土和硬黏性土较可能发生这种破坏形式。

2. 局部剪切破坏

随着荷载的增加，塑性区只发展到地基内某一范围，滑动面不延伸到地面而是终止在地基内某一深度外，基础周围地面稍有隆起，地基会发生较大变形，但房屋一般不会倒塌(图 4.15(b))。中等密实砂土、松砂和软黏土都可能发生这种破坏形式。

3. 冲剪破坏

基础下软弱土发生垂直剪切破坏，使基础连续下沉。破坏时地基中无明显滑动面，基础四周地面无隆起而是下陷，基础无明显倾斜，但发生较大沉降(图 4.15(c))。对于压缩性较大的松砂和软土地基将可能发生这种破坏形式。

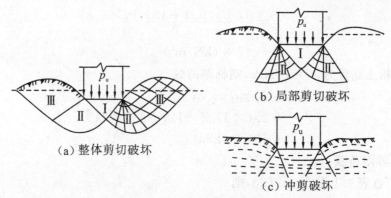

图 4.15 地基破坏模式

地基的破坏模式除了与土的性状有关外,还与基础埋深、加荷速率等因素有关。当基础埋深较浅,荷载缓慢施加时,趋向于发生整体剪切破坏;若基础埋深大,快速加荷,则可能形成局部剪切破坏或冲剪破坏。目前地基极限承载力计算公式均按整体剪切破坏导出,然后经过修正或乘上有关系数后用于其他破坏模式。

4.4.2 地基极限承载力公式

求解整体剪切破坏模式的地基极限承载力,常用严密的数学方法求解土中某点达到极限平衡条件,求出地基极限承载力。此类方法是半经验性质的,称为假定滑动面法。由于不同研究者所进行的假设不同,所得的结果也不同。下面介绍的是几个常用的公式。

1. 太沙基公式

太沙基公式是国内外常用的计算极限荷载的公式,适用于基底粗糙的条形基础。

太沙基假定地基中滑动面的形状如图 4.16 所示。滑动土体共分为三区:

Ⅰ区——基础下的楔形压密区。由于土与粗糙基底的摩阻力作用,该区的土不进入剪切状态而处于压密状态,形成"弹性核",弹性核边界与基底所成角度为 φ。

Ⅱ区——过渡区。滑动面按对数螺旋线变化。b 点处螺旋线的切线垂直,c 点处螺旋线的切线与水平线夹角为 $\left(45° - \dfrac{\varphi}{2}\right)$。

Ⅲ区——该区滑动面是平面,与水平面的夹角为 $\left(45° - \dfrac{\varphi}{2}\right)$。

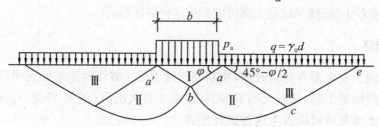

图 4.16 太沙基公式假设的滑动面

太沙基公式不考虑基底以上基础两侧土体抗剪强度的影响,以均布超载 $q = \gamma_0 d$ 来代替

埋深范围内的土体自重,根据弹性土楔 $aa'b$ 的静力平衡条件,可求得太沙基极限承载力 p_u 计算公式为

$$p_u = cN_c + qN_q + \frac{1}{2}\gamma b N_r \tag{4.22}$$

式中：q——基底面以上基础两侧超载(kPa),$q=\gamma_0 d$;

b、d——分别为基底宽度和埋置深度(m);

N_c、N_q、N_r——承载力系数,与土的内摩擦角 φ 有关,可由图 4.17 中实线查取。

式(4.22)适用于条形基础整体剪切破坏的情况,对于局部剪切破坏,太沙基建议将 c 和 $\tan\varphi$ 值均降低 1/3,即

$$c' = \frac{2}{3}c, \quad \tan\varphi' = \frac{2}{3}\tan\varphi \tag{4.23}$$

则局部破坏时的地基极限承载力

$$p_u = \frac{2}{3}cN_c' + qN_q' + \frac{1}{2}\gamma b N_r' \tag{4.24}$$

式中：N_c'、N_q'、N_r'——局部剪切破坏时的承载力系数,由图 4.17 中虚线查取。

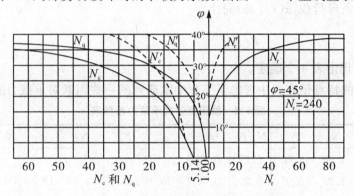

图 4.17 太沙基公式的承载力系数值

对于方形和圆形均布荷载整体剪切破坏情况,太沙基建议采用经验系数进行修正,修正后的公式:

方形基础

$$p_u = 1.2cN_c + qN_q + 0.4\gamma b N_r$$

圆形基础

$$p_u = 1.2cN_c + qN_q + 0.6\gamma b_0 N_r$$

式中：b——方形基础宽度(m);

b_0——圆形基础直径(m)。

2. 魏锡克公式

魏锡克假定地基发生整体剪切破坏时地基中的滑动面形状如图 4.18 所示。其塑性区分为：Ⅰ区——朗肯主动区;Ⅱ区——过渡区;Ⅲ区——朗肯被动区。

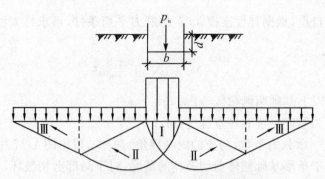

图 4.18 魏锡克公式假定的滑裂面

在不计基底平面以上基础两侧土体抗剪强度影响,而用均布超载 $q=\gamma_0 d$ 代替的情况下,可得出魏锡克极限承载力基本公式为

$$p_u = cN_c S_c d_c i_c + qN_q S_q d_q i_q + \frac{1}{2}\gamma b N_r S_r d_r i_r \quad (4.25)$$

式中:N_c、N_q、N_r——承载力系数,由表 4.2 确定。

对于土均布条形荷载,式(4.25)简化为

$$p_u = cN_c + qN_q + \frac{1}{2}\gamma b N_c \quad (4.26)$$

式中:N_c、N_q、N_r 仍由表 4.2 确定。

魏锡克公式的特点是在式中考虑了工程中常遇到的一些因素对承载力的影响。

表 4.2 魏锡克公式承载力系数表

φ	N_c	N_q	N_r	N_q/N_c	$\tan\varphi$	φ	N_c	N_q	N_r	N_q/N_c	$\tan\varphi$
0	5.14	1.00	0.00	0.20	0.00						
1	5.28	1.09	0.07	0.20	0.02	26	22.25	11.85	12.54	0.53	0.49
2	5.63	1.20	0.15	0.21	0.03	27	23.94	13.20	14.47	0.55	0.51
3	5.90	1.31	0.24	0.22	0.05	28	25.80	14.72	16.72	0.57	0.53
4	6.19	1.43	0.34	0.23	0.07	29	27.86	16.44	19.34	0.59	0.55
5	6.49	1.57	0.45	0.24	0.09	30	30.14	18.40	22.40	0.61	0.58
6	6.81	1.72	0.57	0.25	0.11	31	32.67	20.63	25.99	0.63	0.60
7	7.16	1.88	0.71	0.26	0.12	32	35.49	23.18	30.22	0.65	0.62
8	7.53	2.06	0.86	0.27	0.14	33	38.64	26.09	35.19	0.68	0.65
9	7.92	2.25	1.03	0.28	0.16	34	42.16	29.44	41.06	0.70	0.67
10	8.35	2.47	1.22	0.30	0.18	35	46.12	33.30	48.03	0.72	0.70
11	8.80	2.71	1.44	0.31	0.19	36	50.59	37.75	56.31	0.75	0.73
12	9.28	2.97	1.60	0.32	0.21	37	55.63	42.92	66.19	0.77	0.75
13	9.81	3.26	1.97	0.33	0.23	38	61.35	48.93	78.03	0.80	0.78
14	10.37	3.59	2.29	0.35	0.25	39	67.87	55.96	92.25	0.82	0.81
15	10.98	3.94	2.65	0.36	0.27	40	75.31	64.20	109.41	0.85	0.84

3. 斯肯普顿公式

斯肯普顿公式是针对饱和软土地基（$\varphi_u=0$）提出来的，当均布条形荷载作用于地基表面时，滑动面形状如图 4.19 所示。Ⅰ区和Ⅱ区分别为朗肯主动区和朗肯被动区，均为底角等于 45°等腰直角三角形。Ⅱ区 bc 面为圆弧面。根据脱离体 $obce$ 的静力平衡条件可得

$$p_u = c(2+\pi) = 5.14c \tag{4.27}$$

对于埋深为 d 的矩形基础，斯肯普顿极限承载力公式为

$$p_u = 5c_u\left(1+0.2\frac{b}{l}\right)\left(1+0.2\frac{d}{b}\right) + \gamma_0 d \tag{4.28}$$

式中：b、l——分别为基础的宽度和长度(m)；

d——基础的埋深(m)；

γ_0——埋深范围内的重度(kN/m^3)；

c_u——地基土的不排水强度，取基底以下 $\dfrac{2}{3}b$ 深度范围内的平均值(kPa)。

工程实践证明，用斯肯普顿公式计算的饱和软土地基承载力与实际情况比较接近。

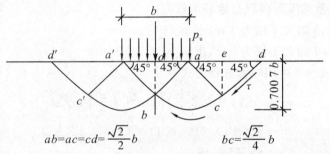

图 4.19 斯肯普顿公式假定的滑裂面

4.4.3 安全系数的选择

为了保证地基不会因荷载过大产生剪切破坏而失稳，作用在建筑基础底面的压力 p 须小于地基承载力。这里所说的地基承载力不是极限承载力，它是极限承载力 p_u 除以安全系数 K 而求得的。K 值取得越大，建筑物越安全，同时也越不经济。如何合理地选择安全系数 K，对保证地基强度安全和基础设计的经济合理是十分重要的。

安全系数的选择与许多因素有关。这些因素包括岩土工程地质条件和勘探详细程度，抗剪强度试验和整理方法，建筑物安全等级、性能和使用寿命，设计荷载的组合方式，以及建筑物破坏将产生的危害的严重程度等。由于影响因素多而极限承载力计算理论又不完善，到目前还没有一个公认的、统一的标准。安全系数都是在实践中针对具体情况，结合各种因素确定的。一般情况下，太沙基公式安全系数可取 2～3，魏锡克公式安全系数可取 2～4，按斯肯普顿公式确定地基承载力时，安全系数一般取 1.1～1.5。

【例 4.4】 某一条形基础，基底宽度 $b=2.5$ m，埋深 $d=1.6$ m，上部结构传至地面处轴心荷载设计值 $F=450$ kN/m，地基土的重度 $\gamma=19$ kN/m^3，黏聚力 $c=17$ kPa，内摩擦角 $\varphi=$

$20°$。试按太沙基极限承载力公式计算该地基极限承载力。若安全系数 $K=2.5$,确定其地基承载力。

【解】 (1) 求地基极限承载力

由 $\varphi=20°$ 查图 4.17 得 $N_c=15, N_q=6.5, N_r=3.5$。

由式(4.22)计算极限承载力

$$p_u = cN_c + qN_q + \frac{1}{2}\gamma b N_r$$

$$= 17 \times 15 + 19 \times 1.6 \times 6.5 + \frac{1}{2} \times 19 \times 2.5 \times 3.5$$

$$= 535.7 (\text{kPa})$$

(2) 求地基承载力

$$f_a = \frac{p_u}{K} = \frac{535.7}{2.5} = 214.28 \ (\text{kPa})$$

【例4.5】 某办公大楼设计浅基础,长度 $l=4$ m,宽度 $b=2$ m,埋深 $d=2.5$ m,地基为饱和软土,$\varphi=0, c=10$ kPa,$\gamma=18$ kN/m³。

(1) 计算该地基的极限荷载与地基承载力;

(2) 若 d 不变,b 加大 1 倍为 4 m,求 p_u 与 f_a;

(3) 若 b 不变,d 加大 1 倍为 5 m,求 p_u 与 f_a。

【解】 (1) 由 $\varphi=0$ 可用斯肯普顿公式

$$p_u = 5c_u\left(1 + 0.2\frac{b}{l}\right)\left(1 + 0.2\frac{d}{b}\right) + \gamma_0 d$$

$$= 5 \times 10 \times (1 + 0.1) \times (1 + 0.25) + 45$$

$$= 68.75 + 45$$

$$= 113.75 (\text{kPa})$$

因为办公楼为永久性建筑,取 $K=1.5$。

$$f_a = \frac{p_u}{K} = \frac{113.75}{1.5} = 76 (\text{kPa})$$

(2) 只把 b 加大 1 倍为 4 m,则

$$p_u = 5 \times 10 \times (1 + 0.2) \times (1 + 0.125) + 45 = 67.5 + 45 = 112.5 \ (\text{kPa})$$

$$f_a = \frac{p_u}{K} = \frac{112.5}{1.5} = 75 \ (\text{kPa})$$

(3) 只把 d 加大 1 倍为 5 m,则

$$p_u = 5 \times 10 \times (1 + 0.1) \times (1 + 0.5) + 90$$

$$= 82.5 + 90 = 172.5 (\text{kPa})$$

$$f_a = \frac{p_u}{K} = \frac{172.5}{1.5} = 115 (\text{kPa})$$

由此例题可知:在饱和软土地基 $\varphi=0$ 的情况下,将基础宽度 b 加大 1 倍后,地基极限荷载与承载力没有提高。而当其他条件不变时,只将埋深 d 加大 1 倍,极限荷载与承载力都显著提高。其提高数值为原来数值的 51%。

4.5 地基承载力的确定方法

根据土力学原理可知,地基土在荷载作用下将产生相应的变形。当荷载增大,变形增长,而且地基中产生局部剪切破坏区,如果将破坏区深度限制在某一深度范围内,建筑物一般还是能够承受的,但当荷载增大到一定程度,土体会因剪切破坏区的发展而丧失稳定性,这对建筑物造成的危害常常是灾害性的,因而在任何情况下都不允许发生。另一方面,建筑物的沉降也不能超过容许的限度,以免建筑物开裂或影响正常使用。因此,地基容许承载力的含义包含强度和变形两个概念。当前确定地基承载力的方法如下:

(1) 根据土的抗剪强度指标以理论公式计算。
(2) 按现场载荷试验的结果确定。
(3) 按各地区提供的承载力表确定。

应当指出,以上三种方法各有优缺点,互为补充,有时可按多种方法综合确定。《建筑地基基础设计规范》规定,确定地基承载力时,应结合当地建筑经验按下列规定综合确定。

(1) 对一级建筑物采用载荷试验、理论公式计算及其他原位试验等方法综合确定。
(2) 对可不作地基变形计算的二级建筑物,可按土的物理力学指标、标准贯入、轻便触探或野外鉴别结果等方法综合确定。其余的二级建筑物尚应结合理论公式计算确定。
(3) 对三级建筑物可根据邻近建筑物的经验确定。

4.5.1 按理论公式计算确定地基承载力特征值

(1) 临塑荷载公式

$$f_a = p_{cr} = N_d \gamma_0 d + N_c c \tag{4.29}$$

(2) 临界荷载公式

$$f_a = p_{1/4} = N_{1/4} \gamma b + N_d \gamma_0 d + N_c c \tag{4.30}$$

(3) 极限荷载除以安全系数

$$f_a = \frac{p_u}{K} = \frac{1}{K}\left(\frac{1}{2}\gamma b N_r + c N_c + q N_q\right) \tag{4.31}$$

(4) 规范公式

$$f_a = M_b \gamma b + M_d \gamma_0 d + M_c c_k \tag{4.32}$$

式中:b——基础底面宽度,大于 6 m 时按 6 m 考虑;对于砂土,小于 3 m 时按 3 m 考虑;
c_k——基底下 1 倍基宽深度内土的黏聚力标准值;
M_b、M_d、M_c——承载力系数,按表 4.3 确定。

表 4.3 承载力系数 M_b、M_d、M_c

土的内摩擦角标准 φ_k	M_b	M_d	M_c	土的内摩擦角标准 φ_k	M_b	M_d	M_c
0	0	1.00	3.14	22°	0.61	3.44	6.04
2°	0.03	1.12	3.22	24°	0.80	3.87	6.45
4°	0.06	1.25	3.51	26°	1.10	4.37	6.90
6°	0.10	1.39	3.71	28°	1.40	4.93	7.40
8°	0.14	1.55	3.93	30°	1.90	5.59	7.95
10°	0.18	1.73	4.17	32°	2.60	6.35	8.55
12°	0.23	1.94	4.42	34°	3.40	7.21	9.22
14°	0.29	2.17	4.69	36°	4.20	8.25	9.97
16°	0.36	2.43	5.00	38°	5.00	9.44	10.80
18°	0.43	2.72	5.31	40°	5.80	10.84	11.73
20°	0.51	3.06	5.66				

关于式(4.32)的几点说明：

(1) 该公式仅适用于 $e \leqslant 0.033b$ 的情况，这是因为该公式确定承载力相应的理论模式是基底压力呈均匀分布。当受到较大水平荷载而使合力的偏心距过大时，地基反力就会很不均匀，为了使计算的地基承载力符合其假设的理论模式，故而对此公式增加了以上限制条件。

(2) 该公式中的承载力系数 M_b、M_d、M_c 是以界限塑性荷载 $p_{1/4}$ 理论公式中的相应系数为基础确定的。考虑到内摩擦角大时理论值 M_b 偏小的实际情况，所以对一部分系数按试验结果作了调整。

(3) 按该公式确定地基承载力时，只保证地基强度有足够的安全度，未能保证满足变形要求，故还应进行地基变形验算。

4.5.2 按现场载荷试验确定地基承载力

在现场通过一定面积的载荷板(0.25～0.50 m²)向地基土逐级施加荷载，测出地基土的压力与变形特征，绘出 p-S 曲线，如图 4.20 所示。它能反映载荷下 1～2 倍载荷板宽或直径范围内地基土强度、变形的综合性状。

(1) 按下述方法之一确定承载力基本值 f_0：

① 当 p-S 曲线上有明显的比例界限时，如图 4.20(a)所示，取 $f_0 = p_0$。

② 当极限荷载 p_u 能确定，且 $p < 1.5 p_0$ 时，取荷载极限值的一半，即 $f_0 = p_u/2$。

③ 如 p-S 曲线没有明显拐点，不能按上述方法确定 f_0，则由地基变形值来确定地基承载力。

对低压缩性土和砂土，可取 $S/b = 0.01 \sim 0.015$ 所对应的荷载，即 $f_0 = p_{0.01 \sim 0.015}$，如图 4.20(b)所示。

对高压缩性土，可取 $S/b = 0.02$ 所对应的荷载值，即 $f_0 = p_{0.02}$，如图 4.20(c)所示。

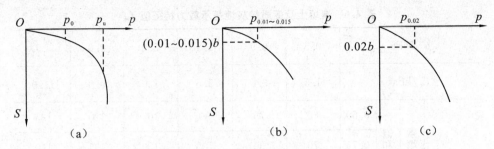

图 4.20 载荷试验确定地基承载力

(2) 按下列原则确定地基土承载力特征值。

同一土层如统计的试验点不少于 3 点,基本值的最大值与最小值的极差不超过平均值的 30%,则取此平均值作为地基承载力特征值 f_{ak}。

应当指出,由于试验最大载荷所限,压板宽度往往小于实际基础宽度。试验影响深度仅为压板宽的 2 倍,因此载荷试验影响法对均匀地基应用较满意。如持力层下存在软弱下卧层,而该层又处于基础的主要受力层内,此时除非采用大尺寸载荷板做试验,否则意义不大。

4.5.3 确定地基承载力的其他方法

1. 静力触探法

根据静力触探比 E_s、贯入阻力 p_s 确定 f_{ak},如表 4.4~4.6 所示。

表 4.4 黏性土及粉土地基承载力特征值 f_{ak}

	一般第四纪									
p_s/MPa	1.0	1.3	2.0	3.1	4.6	6.2	7.7	9.2	11.0	12.5	14.0
E_s/MPa	4	6	8	10	12	14	16	18	20	22	24
f_{ak}/MPa	120	160	190	210	230	250	270	290	310	330	350
	新近沉积									
p_s/MPa	0.4	0.6	0.9	1.2	1.5	1.8	2.1	2.5	2.9	3.3
E_s/MPa	2	3	4	5	6	7	8	9	10	11
f_{ak}/MPa	50	80	100	110	120	130	150	160	180	190

注:本表适用于黏性土和 $I_P \geqslant 5$ 的粉土。

表 4.5 粉、细砂地基承载力特征值 f_{ak}

	一般第四纪					新近沉积				
p_s/MPa	12	15	18	21	24	27.5	3.3	4.6	6.5	7.7	10
f_{ak}/kPa	180	230	280	330	380	420	90	110	140	160	180

注:本表适用于黏性土和 $I_P < 5$ 的粉土。

表 4.6 素填土及变质炉灰地基承载力特征值 f_{ak}

p_s/MPa			0.5	0.9	1.4	2.0	2.6	3.1
E_s/kPa			1.5	3.0	5.0	7.0	9.0	11.0
f_{ak}/MPa	素填土	饱和度 0.60	60	75	90	105	120	135
		0.75	70	90	105	120	135	150
		0.90	80	100	120	135	155	170
	变质炉灰	0.60	50	65	80	85	95	105
		0.75	60	75	90	100	115	130
		0.90	70	85	100	120	135	150

注：① 本表适用于自重固结完成后的均匀素填土及变质炉灰；
② 变质炉灰指堆积年代较久的炉灰经风化变质而成，稍具有黏性，手捻呈粉末、变软状态。

2. 按建筑物经验确定

当拟建工程场地附近已有建筑物时，可调查已有建筑物的规模、荷载、地基土层情况、基础形式、尺寸以及所采用的地基承载力数值。

对简单场地、中小型工程，可直接采用当地经验值。对大型工程或中等复杂场地，参考当地经验后，可减少工程地质勘察工程量。

4.5.4 地基承载力的修正

当实际工程基础宽度 b 大于 3 m 或埋置深度 d 大于 0.5 m 时，通过载荷试验或其他原位测试、经验值等方法确定的地基承载力特征值，尚应按下式修正：

$$f_a = f_{ak} + \eta_b \gamma (b-3) + \eta_d \gamma_m (d-0.5) \tag{4.33}$$

式中：f_a——修正后的地基承载力特征值；

f_{ak}——地基承载力特征值，按前述方法确定；

η_b、η_d——基础宽度和埋深的地基承载力修正系数，按基底下土的类别查表 4.7；

b——基础底面宽度(m)，当基宽小于 3 m 按 3 m 取值，大于 6 m 按 6 m 取值；

γ——基础底面以下土的重度，地下水位以下取浮重度；

γ_m——基础底面以上土的加权平均重度，地下水位以下取浮重度；

d——基础埋置深度(m)，一般自室外地面标高算起。在填方整平地区，可自填土地面标高算起，但填土在上部结构施工完成时，应从天然地面标高算起。对于地下室，如采用箱形基础或筏板基础，则基础埋置深度自室外地面标高算起；如采用独立基础或条形基础，则应从室内地面标高算起。

表 4.7　承载力修正系数

土 的 类 别		η_b	η_d
淤泥和淤泥质土		0	1.0
人工填土 $I_L \geq 0.85$ 的黏性土 稍密或黏粒含量大于 0.5 的粉土		0	1.0
红黏土	含水比 $\alpha_w > 0.8$	0	1.2
	含水比 $\alpha_w \leq 0.8$	0.15	1.4
大面积压实填土	压实系数大于 0.95 的黏质粉土	0	1.5
	最大干密度小于 2.1 t/m³ 的级配砂石	0	2.0
粉　土	黏粒含量 $\rho_c \geq 10\%$ 的粉土	0.3	1.5
	黏粒含量 $\rho_c < 10\%$ 的粉土	0.5	2.0
e 及 I_L 均小于 0.85 的黏性土		0.3	1.6
粉砂、细砂(不包括很湿与饱和时的稍密状态)		2.0	3.0
中砂、粗砂、砾砂和碎石土		3.0	4.4

4.6　地基勘察

基础是建筑物的一个非常重要的部分,而作为承受基础传来荷载的地基,要求具有一定的强度和变形能力,地基的强度和变形能力又主要取决于建筑场地的地质状况,因此从安全和经济的角度出发,各项工程建设在设计和施工前,必须按基本建设程序进行岩土工程勘察。

4.6.1　地基勘察的目的、任务及内容

1. 地基勘察的目的

岩土工程勘察应按工程建设各阶段的要求,正确反映工程地质条件,查明不良地质作用和地质灾害,精心勘察和分析,提出资料完整、评价正确的勘察报告。

简言之,地基勘察的目的在于运用各种勘察手段和方法,调查研究和分析评价建筑场地的工程地质条件,从地基的强度、变形和场地的稳定性等方面为设计和施工提供必要的、翔实的工程地质资料。

2. 地基勘察的任务及内容

地基勘察的任务:应按建筑物或建筑群提出详细的岩土工程资料和设计所需的岩土技术参数;对建筑物地基作出岩土工程分析评价,并对基础设计、地基处理、不良地质现象的防治等具体方案作出论证和建议。主要应进行下列工作:

(1) 取得附有坐标及地形的拟建建筑物总平面位置图,各建筑物的地面整平标高,建筑

物的性质、规模、结构特点,可能采用的基础形式、尺寸、预计埋置深度,对地基基础设计、施工的特殊要求等。

(2) 查明不良地质现象的成因、类型、分布范围、发展趋势及危害程度,并提出评价与整治所需的岩土技术参数及整治方案建议。

(3) 查明建筑物范围各层岩土的类别、结构、厚度、坡度、工程特性,计算和评价地基的稳定性和承载力。

(4) 查明地下水的埋藏条件。设计基坑降水时应查明水位变化幅度与规律,提供地层的渗透性。

(5) 对抗震设防烈度大于或等于6度的场地,应划分场地土类型和场地类别;对抗震设防烈度大于或等于7度的场地,应分析预测地震效应,判定饱和砂土或饱和粉土的地震液化,并应计算液化指数。

(7) 判定环境水和土对建筑材料和金属的腐蚀性。

(8) 判定地基土和地下水在建筑物施工和使用期间可能产生的变化及其对工程的影响,提出防治措施及建议。

(9) 对需进行沉降计算的建筑物,提供地基变形计算参数,预测建筑物的沉降、差异沉降或整体倾斜。

(10) 对深基坑开挖尚应提供稳定计算和支护设计所需的岩土技术参数,论证和评价基坑开挖、降水等对邻近工程的影响。

(11) 提供桩基设计所需的岩土技术参数,确定单桩承载力;提出桩的类型、长度和施工方法等建议。

4.6.2 地基勘察的方法

为达到上节所述的勘察目的,获得所需的工程地质资料和设计时所需的参数,实际工程中主要采用以下方式和方法。

1. 测绘与调查

测绘与调查就是通过现场踏勘、工程地质测绘和搜集、调查有关资料,为评价场地工程地质条件和建筑场地稳定性提供依据,其中建筑场地稳定性研究是测绘与调查的重点内容。

测绘与调查宜在初步勘察阶段或可行性研究(选址)阶段进行,查明地形地貌、地层岩性、地质构造、地下水与地表水、不良地质现象等;搜集有关的气象、水文、植被、土的标准冻结深度等资料;调查人类活动对场地稳定性的影响,如人工洞穴、古墓、地下采空等;调查已有建筑物的变形和工程经验。

详细勘察阶段仅在初步勘察阶段的基础上对某些专门地质问题作补充调查。

常用的测绘方法是在地形图上布置观察线,并按点或沿线观察地质现象。观察点一般在不同地貌单元、地层的交接处,对工程有意义的地质构造,以及可能出现不良地质现象的地段。观察线垂直于岩层走向、构造线方向及地貌单元轴线。为了追索地层界线或断层等构造线,观察点也可以顺向布置。

测绘的比例尺,选址阶段可选用1∶5 000~1∶50 000,初步勘察阶段可选用1∶2 000~1∶10 000,详细勘察阶段可选用1∶500~1∶2 000,对工程有重要影响的地质单元体,可采用扩大比例尺表示。测绘的精度在图上应不低于 3 mm。

2. 勘探

测绘和调查工作结束后,要进一步查明地质情况,对场地的工程地质条件进行定量的评价。勘探是一种必要手段。常用的勘探方法包括坑探、钻探、地球物理勘探和原位测试等,现简述如下。

1) 坑探

坑探也称掘探法,即在建筑场地开挖探坑或探槽,直接观察地基土层情况,并从坑槽中取高质量原状土进行试验分析(图 4.21)。这是一种不必使用专门机具的常用的勘察方法。

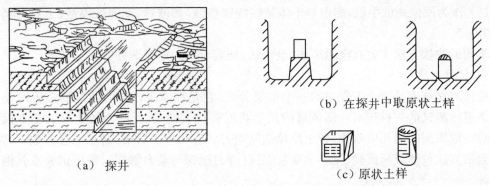

图 4.21 探坑示意图

当场地地质条件比较复杂,而要了解的土层埋藏不深,且地下水位较低时,利用坑探能取得直观资料和原状土样,但坑探可达的深度较浅,一般为 3~4 m,且不宜超过地下水位,较深的探坑必须支护坑壁。

2) 钻探

钻探是用钻具由机械方法或人工方法成孔进行勘察的方法,也是工程地基勘察的基本方法。

钻探的钻进方式可以分为回转式、冲击式、振动式和冲洗式 4 种。每种钻进方法各有独自特点,分别适用于不同的地层。根据勘察规范的规定,钻进方法可根据地层类别和勘察要求按表 4.8 进行选择。

表 4.8 钻探方法的适用范围

钻探方法		钻 进 地 层					勘 察 要 求	
		黏性土	粉土	砂土	碎石土	岩石	直观鉴别,采取不扰动土样	直观鉴别,采取扰动土样
回转	螺旋钻探	++	+	+	−	−	++	++
	无岩芯钻探	++	++	++	++	++	−	−
	岩芯钻探	++	++	++	+	++	++	++
冲击	冲击钻探	−	+	++	++	−	−	−
	锤击钻探	++	++	++	+	−	++	++
振动钻探		++	++	++	+	−	+	++
冲洗钻探		+	++	++	−	−	−	+

注:"++"表示适用,"+"表示部分适用,"−"表示不适用。

3）地球物理勘探

地球物理勘探（简称物探）也是一种兼有勘探和测试双重功能的技术。物探之所以能够用来研究和解决各种地质问题，主要是因为不同的岩石、土层和地质构造往往具有不同的物理性质，利用导电性、磁性、弹性、湿度、密度、天然放射性等方面的差异，通过专门的物探仪器的量测，就可区别和推断有关地质问题。对地基勘探的以下方面应用物探：

（1）作为钻探的先行手段，了解隐蔽的地质界线、界面或异常带，为经济合理地确定钻探方案提供依据。

（2）作为钻探的辅助手段，在钻孔之间增加地球物理勘探点，为钻探成果的内插、外推提供依据。

（3）作为原位测试手段，测定岩土体某些特殊参数，如波速、动弹性模量、土对金属的腐蚀性等。

常用的物探方法主要有电阻率法、电位法、地震、声波、电视测井等。

4）原位测试

原位测试技术是岩土工程中的一个重要分支，它是在原来（天然）所处的位置对土的工程性能进行测试的一种技术。测试目的在于获得有代表性的、反映现场实际的基本设计参数，包括：地质剖面的几何参数，岩土原位初始应力状态和应力历史，岩土工程参数。常用的原位测试方法包括载荷试验（见第3章）、触探（静力触探与动力触探）、旁压试验及其他现场试验等。

触探既是一种勘探方法，同时也是一种现场测试方法，但是测试结果所提供的指标并不是概念明确的物理量。

触探是通过探杆用静力或动力将金属探头贯入土层，并量测表征土对触探头贯入的阻抗能力的指标，从而间接地判断土层及其性质的一类勘探方法和原位测试技术。作为勘探手段，触探可用于划分土层，了解地层的均匀性；作为测试技术，则可估计地基承载力和土的变形指标等。

旁压试验适用于黏性土、粉土、砂土、碎石、残积土、极软岩和软岩等，是在钻孔内进行的横向载荷试验，能测定较深处土层的变形模量和承载力。

4.6.3 地基勘察报告

地基勘察的最终成果是以报告书的形式出现的。勘察工作结束后，将取得的野外工作和室内试验的记录和数据以及搜集到的各种直接、间接资料进行分析整理、检查校对、归纳总结，作出建筑场地的工程地质评价。这些内容，最后使用简要明确的文字和图表编成报告书。

1. 勘察报告书的基本内容

勘察报告书的编制必须配合相应的勘察阶段，针对场地的地质条件和建筑物的性质、规模以及设计和施工的要求，提出选择地基基础方案的依据和设计计算数据，指出存在的问题以及解决问题的途径和办法。一个单项工程的勘察报告书一般包括下列内容：

（1）勘察目的、任务、要求和依据的技术标准；

（2）拟建工程概况；

(3) 勘察方法和勘察工作布置;
(4) 场地地形、地貌、地层、地质构造,岩土性质及其均匀性;
(5) 各项岩土性质指标,岩土的强度参数,地基承载力建议值;
(6) 地下水埋藏情况、类型、水位及其变化;
(7) 土和水对建筑材料的腐蚀性;
(8) 可能影响工程稳定性的不良地质作用的描述和对工程危害程度的评价;
(9) 场地稳定性和适宜性的评价。

成果报告应附的图表有:
(1) 勘探点平面布置图;
(2) 工程地质柱状图;
(3) 工程地质剖面图;
(4) 原位测试成果图表;
(5) 室内试验成果图表。

上列内容并不是每一项勘察报告都必须全部具备的,应视具体要求和实际情况有所侧重,并以充分说明问题为准。对于地质条件简单、勘察工作量小且无特殊设计及施工要求的工程,勘察报告可以酌情简化。

2. 勘察报告实例

现将《某技园 3 号标准厂房的地基勘察报告》内容作为实例摘录如下。

1) 勘察的任务、要求及工作概况

根据勘察任务书,按照浅基础和桩基础设计、施工的要求进行一次性详细勘察。勘察工作自××××年×月×日开始,至××××年×月×日完成,计划完成勘察工作量……

2) 场地描述

本场地位于×市×区××亭西北约 1 000 m。现为农田,地势平坦,地面标高为 5.8 m 左右。××平原总体上属溺谷相沉积,本场地由于受近期×湖湖相沉积影响,钻探揭示的上部覆盖层层位变化较大,层层起伏显著……

3) 地层分布

钻探揭示的主要地层自上而下分为如下 6 层。

(1) 黏土。层顶 0.3～0.5 m 为耕植土,灰黑色,其下为灰黄色黏土,层厚约 2 m。黏土的天然含水量一般在 35% 左右,呈可塑状、饱和。

(2) 淤泥。淤泥呈深灰色,层厚 4.9～10.8 m。含腐植物和有机质,局部具有薄粉砂层理。天然含水量均在 50% 以上,呈流塑状、饱和。

(3) 粉质黏土。粉质黏土呈灰绿色或灰黄色。顶板埋深 6.7～12.8 m,层厚 2.2～8.2 m,层位欠稳定。层中多见薄粉砂层理,呈片状结构。天然含水量变化为 28.3%～39.0%,多呈可塑状、饱和。

(4) 含泥粉砂。含泥粉砂呈灰黄色至浅灰色。顶板埋深 13.5～17.2 m,层厚 4.5～7.9 m。含泥量变化为 10%～40%,平均为 25%。平均标贯击数 $N=12$,呈稍密状态。

(5) 淤泥质土。淤泥质土呈深灰色或灰褐色。顶板埋深 19.2～22.8 m,层厚 11.9～19.3 m。本层上部多见薄粉砂层理,局部含腐植物,在 z_8 孔出现厚达 3.0 m 的含泥细砂透镜体。天然含水量变化为 41%～51%,多呈流塑状,局部为软塑。

(6)砾砂。砂砾呈浅灰色至灰白色。顶板埋深 34.0~38.2 m,各钻孔均未钻穿该层,最大揭示厚度为 8.0 m。本层上部含泥量约 10%,往深处渐减。平均标贯击数 $N=31$,呈中密或密实状态。

4)地下水情况

本场区潜水位高程为 3.80 m,略受季节的影响,但变化不大。根据该场区原有测试资料知,地下水无腐蚀性。

5)土层的物理力学性质

如表 4.9 所示。

表 4.9 部分黏土层主要试验指标的统计分析结果

层号	土类	样本数	统计类别	含水量 ω	孔隙比 e	液性指数 I_L	压缩性		快剪强度	
							a_{1-2}/MPa^{-1}	$E_{s(1-2)}$/MPa	c/MPa	φ
(1)	黏土	4	平均值	34.9%	0.951	0.43	0.39	5.04	31.6	0.8°
			标准差	2.81%	0.084 5	0.115	0.079 8	0.827	3.92	1.02°
			变异系数	0.074 8%	0.067 8	0.287	0.204	0.164	0.124	1.275°
			标准值						28.9	0.8°
(2)	淤泥	8	平均值	65.9%	1.75	2.04	1.72	1.60	11.9	0°
			标准差	6.71%	0.174	0.394	0.524	0.565	5.04	
			变异系数	0.102%	0.099 4	0.193	0.305	0.353	0.424	
			标准值						9.9	0
(3)	粉质黏土	8	平均值	31.6%	0.861	0.54	0.29	6.50	30.5	3.6°
			标准差	2.93%	0.063 7	0.213	0.046 8	0.915	5.43	1.68°
			变异系数	0.092 7%	0.074 0	0.396	0.161	0.141	0.178	0.465°
			标准值						28.3	3.6°

注:标准差和变异系数为无量纲值。

6)地基基础设计建议

根据 3 号标准厂房的建筑物情况及地基条件,以粉质黏土与含泥粉砂层作为桩基持力层,选用沉管灌注桩或静压桩是适宜的。以砾砂作为桩端持力层,选用长预制桩或冲钻孔灌注桩对建筑物的安全是不可取的。此外,对淤泥层采用深层搅拌处理后的浅基础方案也值得考虑。实行这一方案时,搅拌桩端部应深入粉质黏土层一定深度。

浅基础和桩基础的设计指标建议表(略)。

7)附表、附图

附表:土工试验成果总表(略);原位测试成果总表(略)。

附图:场地位置示意图及钻孔平面布置图,如图 4.22 所示;工程地质剖面图,如图 4.23 所示。

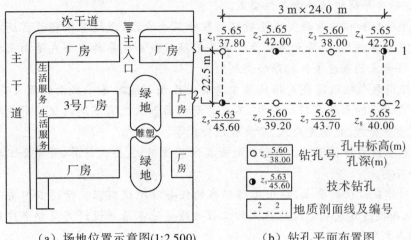

(a) 场地位置示意图(1:2 500)　　(b) 钻孔平面布置图

图 4.22　场地位置及钻孔布置

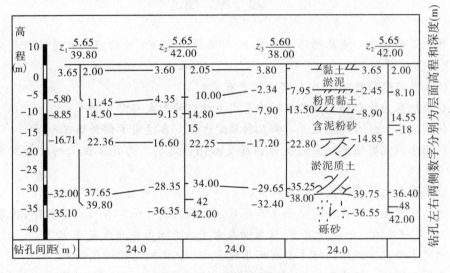

图 4.23　工程地质剖面图

本章小结

本章主要讲述土的抗剪强度基本理论和地基承载力的确定方法。

(1) 土的抗剪强度及其基本规律。土的抗剪强度是由两部分构成：与正应力有关的摩擦因素 $\sigma\tan\varphi$ 部分和与正应力无关的黏聚力因素 c 组成。

(2) 抗剪强度的测定。土的抗剪强度试验方法很多，经常采用的有室内试验和室外试验两种。其中室内试验包括直接剪切试验、无侧限压缩试验和三轴剪切试验。

不同的试验方法得到的强度不完全相同，具体选用哪一种试验方法，要根据土质情况、工程情况以及分析计算方法而定。

(3) 极限平衡理论。极限平衡理论是根据土的强度规律与土中应力状态相结合而建立的一种数学关系。用应力圆表示土中某点的应力状态，并与土的抗剪强度线画在同一坐标系上。当应力圆与抗剪强度线相切时，土体达到极限平衡状态，切点的应力状态应满足剪切破坏条件,这时可导得极限平衡条件公式。

(4) 临塑荷载和临界荷载。地基破坏过程分三个阶段,当地基中塑性区连在一起形成滑动面而发生整体破坏,沉降大量发生。地基临塑荷载和临界荷载公式是由土中应力弹性理论确定方法和土的强度条件相结合得到的。

(5) 极限荷载。极限荷载是指地基中滑动面已经形成时基础底面的最大荷载。因此,极限荷载与滑动面的形状有密切关系,不同的滑动面形状就有不同的极限荷载公式。常用的公式有太沙基公式、魏锡克公式、斯肯普顿公式等。

(6) 地基承载力特征值可由载荷试验或其他原位测试、公式计算,并结合工程实践经验等方法综合确定。

(7) 针对建筑设计的要求,提出工程勘察的任务及测试内容。懂得如何去阅读和分析勘察报告,从而摸透建筑场地及地基土的工程性质是地基基础设计乃至整个建筑物设计所必须具备的基本条件。

思 考 题

1. 什么是塑性区?地基的临塑荷载 p_{cr} 与临界荷载 $p_{1/4}$ 的物理概念是什么?p_{cr} 和 $p_{1/4}$ 在工程上有何实用意义?

2. 什么是极限荷载 p_u?p_u 与哪些因素有关?

3. 建筑地基为什么会发生破坏?地基发生破坏的形式有哪几种?

4. 何谓地基承载力特征值?有哪几种确定方法?各适用于何种情况?

5. 何谓土的抗剪强度?土的抗剪强度是如何确定的?为什么说土的抗剪强度不是一个定值?

6. 试说明土的抗剪强度的组成部分,当 $\varphi=0$ 和 $c=0$ 时分别为哪一种土?

7. 土体中发生剪切破坏的平面是不是剪应力最大的平面?在什么情况下,破裂面与最大剪应力面是一致的?一般情况下,破裂面与大主应力面所成角度是多少?

8. 测定土的抗剪强度指标主要有哪几种方法?试比较它们的优缺点。

9. 已知土样的一组试验结果,在正应力 $\sigma=100$ kPa、200 kPa、300 kPa 和 400 kPa 时,测得的抗剪强度分别为 $\tau_f=67$ kPa、119 kPa、161 kPa 和 215 kPa。试作图求该土的抗剪强度指标 c、φ 值。若在此土中某平面上的正应力和剪应力分别是 220 kPa 和 100 kPa,试问是否剪切破坏?

10. 某条形基础下地基土体中一点的应力:$\sigma_z=250$ kPa,$\sigma_x=100$ kPa,$\tau_{xz}=40$ kPa。已知土的 $\varphi=30°$,$c=0$,问该点是否剪切破坏?如 σ_z 和 σ_x 不变,τ_{xz} 增至 60 kPa,则该点又如何?

11. 一条形筏板基础,基础宽 $b=12$ m,埋深 $d=2$ m,建于均匀黏土地基上,黏土的 $\gamma=18$ kN/m³,$\varphi=15°$,$c=15$ kPa。试求临塑荷载 p_{cr}、临界荷载 $p_{1/4}$ 和 $p_{1/3}$,并按太沙基公式计算 p_u。

第 5 章　土压力和挡土墙

能力目标

能综合运用所学的土压力理论,分析和解决挡土墙、边坡等所存在的土压力计算问题,能明确区分朗肯理论和库仑理论的基本假设条件与计算的异同点,同时能正确分析和评价边坡的稳定性。

学习目标

理解土压力的类型;掌握静止土压力与库仑土压力的计算;重点掌握朗肯土压力的计算;了解土压力计算的规范方法和特殊情况下的土压力计算方法;掌握挡土墙的类型和构造;掌握边坡的稳定性分析。

5.1　土压力类型

5.1.1　概述

挡土墙是一种保证天然或人工土坡稳定的构筑物,用以防止土体滑塌,在土建工程中应用很广。例如路边/堤岸的挡土墙、地下室的外墙、桥台等。图 5.1 所示为几种典型的挡土墙形式。挡土墙按其结构形式可分为重力式、悬臂式和扶臂式等,无论哪种形式的挡土墙都承受着墙后填土产生的侧压力作用,这个压力称为土压力。土压力是指墙后填土的自重或作用在填土表面上的荷载对墙背所产生的侧向压力。它的性质和大小与墙身的位移,墙体

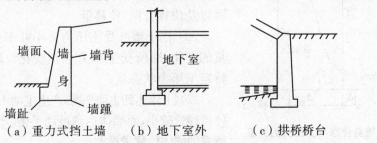

(a)重力式挡土墙　　(b)地下室外　　(c)拱桥桥台

图 5.1　挡土墙的几种形式

的材料、高度及结构形式,墙后填土的性质,填土表面的形状,墙和地基的弹性等有关,而其中又以墙身的位移、墙高和填土的物理力学性质最为重要。

根据挡土墙的位移情况与墙后土体的应力状态,土压力可以分为静止土压力、主动土压力和被动土压力。

5.1.2 静止土压力

当挡土墙具有足够的刚度并建在坚硬的岩基上,在土体推力的作用下,墙身不产生任何移动或转动,这时墙后填土对墙背所产生的土压力称为静止土压力,如图5.2(a)所示,用E_0表示。

5.1.3 主动土压力

当挡土墙在土压力作用下向背离土体方向移动至土体达到主动极限平衡状态时,土压力达到最小值,此种情况下的土压力称为主动土压力,用E_a表示,如图5.2(b)所示。

5.1.4 被动土压力

挡土墙在外力作用下,向后移动,挤压填土,使土体向后移动,达到一定位移时土体内出现滑裂面,其上土的剪应力达到抗剪强度而呈极限平衡状态,此时作用在墙背上的土压力最大,此土压力称为被动土压力,用E_p表示,如图5.2(c)所示。

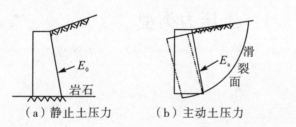

(a) 静止土压力　　(b) 主动土压力　　(c) 被动土压力

图5.2 挡土墙的3种土压力

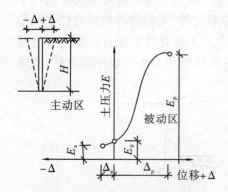

图5.3 墙身位移与土压力的关系

上述挡土墙土压力与墙身位移的关系可绘成图5.3所示曲线,由此可得出如下结论:

(1)挡土墙所受土压力类型取决于墙体是否发生位移以及位移方向、位移量。

(2)挡土墙所受土压力大小并不是常量,随着位移量的变化,墙所受土压力也在变化。E_0、E_a、E_p是三种特定土压力状态量。

(3)土体达到主动平衡,产生主动土压力E_a所需的墙体位移量较小,而墙体达到被动平衡,产生被动土压力E_p所需的墙体位移量很大。

本章只研究 E_0、E_a、E_p 的计算方法，其他情况不予探讨。

5.2 静止土压力的计算

下列情况可按静止土压力计算：房屋地下室外墙、地下水池侧墙以及其他不产生位移的挡土结构。作用在外墙上的土压力均可认为是静止土压力。

静止土压力的计算可按半空间弹性变形体在自重作用下无侧向变形时的水平侧向压力 σ_{cr} 的计算方法进行。如图 5.4 所示，在墙后填土中任意深度 z 处取一微小单元体，作用于单元体水平面上的应力为 γz，则该点的静止土压力（侧压力强度）为

$$\sigma_{cr} = K_0 \gamma z \tag{5.1}$$

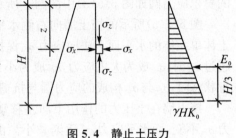

图 5.4 静止土压力

式中：K_0——土的水平压力系数，即静止土压力系数；

γ——墙后填土重度(kN/m^3)；

z——计算点在填土面下的深度。

由上式可知，静止土压力沿墙高呈三角形分布，如取单位墙长，则在墙上的总压力为

$$E_0 = \frac{1}{2}\gamma H^2 K_0 \tag{5.2}$$

式中：H——挡土墙高(m)。E_0 的作用点在距墙底 $H/3$ 处。

静止土压力系数 K_0 的确定方法有如下几种：

(1) 通过侧向压缩试验测定。

(2) 对正常固结土，也可按下列半经验公式计算：

$$K_0 = 1 - \sin\varphi' \tag{5.3}$$

式中：φ'——土的有效内摩擦角。

(3) 按土的水平压力系数查表。

5.3 朗肯土压力理论

5.3.1 基本原理

朗肯土压力理论是英国学者朗肯(Rankine)在 1857 年根据半无限空间土体处于极限平衡状态下的大小主应力间的关系导出的土压力计算方法。

朗肯理论是在如下基本假设基础上提出的：① 挡土墙为刚体；② 墙背垂直、光滑；③ 填土面水平，其上无超载。由上述假定可以保证墙背直立且与填土之间没有摩擦力，按墙身移动的情况，根据填土内任意一点处于主动或被动极限平衡状态时最大主应力与最小主应力之间的关系求得主动或被动土压力强度。由于没考虑摩擦力的存在，这种方法求得的主动

土压力值偏大,而被动土压力值偏小。因此,用朗肯理论来设计挡土墙是偏安全的,而且公式简单,便于记忆,从而被广泛应用。

如图 5.5(a)所示,重度为 γ 的半无限土体处于静止状态(弹性平衡状态)时在地表下 z 处取一微单元体的水平表面和竖直表面上的应力分别为

$$\sigma_{cz} = \gamma z \tag{5.4}$$

$$\sigma_{cx} = K_0 \gamma z \tag{5.5}$$

由前述可知 σ_{cz}、σ_{cx} 均为主应力,且在正常固结土中 $\sigma_1 = \sigma_{cz}$、$\sigma_3 = \sigma_{cx}$,在弹性平衡状态下的莫尔应力圆如图 5.5(d)中的圆Ⅰ所示。

图 5.5(a)所示的挡土墙向右侧水平移动时,假设挡土墙与土的接触面不产生摩擦力,则土体单元体的水平面上法向应力 σ_{cz} 保持不变,而竖直截面上的法向应力 σ_{cx} 逐渐增大,当 σ_{cx} 超过 σ_{cz} 时,σ_{cx} 成为大主应力,σ_{cz} 成为小主应力,当 σ_{cx} 增大至满足极限平衡条件,达到被动朗肯状态时,σ_{cx} 与 σ_{cz} 构成的应力圆与抗剪强度包线相切,如图 5.5(d)中的圆Ⅲ所示。

挡土墙在土压力的作用下向左移动时,墙后土体有水平方向伸展的趋势。此时竖向应力 σ_{cz} 不变,而水平应力 σ_{cx} 逐渐减小。由于墙背光滑无剪应力,所以 σ_{cz}、σ_{cx} 仍为主应力。挡土墙位移使墙后土体达到极限平衡状态时,土体处于主动朗肯状态,σ_{cx} 达到最小值,即为朗肯主动土压力,此时莫尔圆与抗剪强度曲线相切,如图 5.5(d)中的圆Ⅱ所示。

对主动朗肯状态,由于 σ_{cz} 为大主应力,因此土单元体达到极限平衡时形成的剪切破坏面与竖直面的夹角为 $(45° - \dfrac{\varphi}{2})$,所有土单元体达到极限平衡状态时,形成如图 5.5(b)所示的两簇互相平等的破坏面。对被动朗肯状态,土单元体水平向应力 σ_{cx} 为大主应力,单元体形成的剪切破坏面与水平面的夹角为 $(45° + \dfrac{\varphi}{2})$,所有土单元体都达到极限平衡状态后,形成如图 5.5(c)所示的两簇互相平等的破坏面。

 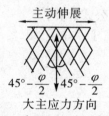 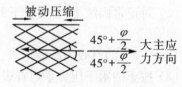

(a)半空间内单元微体　　(b)半空间的主动朗肯状态　　(c)半空间的被动朗肯状态

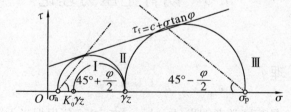

(d)用莫尔圆表示主动和被动朗肯状态

图 5.5　半空间的极限平衡状态

5.3.2 主动土压力的计算

在第 4 章中已经证明,当土体处于极限平衡状态时,土中任意一点的最大主应力 σ_1 与最小主应力 σ_3 之间存在如下关系:

黏性土

$$\sigma_1 = \sigma_3 \tan^2(45° + \frac{\varphi}{2}) + 2c\tan(45° + \frac{\varphi}{2})$$

或

$$\sigma_3 = \sigma_1 \tan^2(45° - \frac{\varphi}{2}) - 2c\tan(45° - \frac{\varphi}{2})$$

无黏性土

$$\sigma_1 = \sigma_3 \tan^2(45° + \frac{\varphi}{2})$$

或

$$\sigma_3 = \sigma_1 \tan^2(45° - \frac{\varphi}{2})$$

对如图 5.6(a)所示的挡土墙,考虑最简单的情况:墙背垂直、光滑,填土面水平与墙齐高,挡土墙与土接触面不产生剪应力。挡土墙向离开土体方向移动时,墙后土体的应力状态变化情况与图 5.5(b)所示土体应力状态相同,达到主动朗肯极限平衡状态时,任意深度处的土单元体的大主应力为该深度处土的竖向自重应力,即 $\sigma_1 = \sigma_z$,而水平向应力变为满足极限平衡条件的小主应力 σ_a,σ_a 即为作用在挡土墙上的主动土压力。

由上述极限平衡可导出朗肯主动土压力强度 σ_a 的计算式:

黏性土

$$\sigma_a = \gamma z \tan^2(45° - \frac{\varphi}{2}) - 2c\tan(45° - \frac{\varphi}{2})$$

或

$$\sigma_a = \gamma z K_a - 2C\sqrt{K_a} \tag{5.6}$$

无黏性土

$$\sigma_a = \gamma z \tan^2(45° - \frac{\varphi}{2})$$

或

$$\sigma_a = \gamma z K_a \tag{5.7}$$

式中:K_a——主动土压力系数,$K_a = \tan^2(45° - \frac{\varphi}{2})$;

γ——墙后土体重度(kN/m^3),地下水位以下用有效重度;

c——墙后土体的黏聚力(kPa);

z——计算点处距土面的深度(m);

φ——土的内摩擦角(°)。

根据土压力的分布可以计算主动土压力的合力大小与作用点。对无黏性土,任意深度

处的主动土压力强度大小与深度 z 成正比,沿墙高呈三角形分布,所以单位长度墙体上作用的主动土压力大小为

$$E_a = \frac{1}{2}\gamma H^2 K_a \tag{5.8}$$

式中:E_a——通过三角形的形心,作用在距墙底 $H/3$ 高度处,如图 5.6(b)所示。

对黏性土,其土压力分布如图 5.6(c)所示,主动土压力强度由两部分组成:一部分是由土的自重应力引起的土压力,另一部分是由黏聚力引起的负侧压力。主动土压力强度是这两部分土压力叠加的结果。土压力强度为 0 的点处在土面以下 z_0 处。z_0 深度以上土压力为负值,即拉力。实际上挡土墙与土之间是不能承担拉力的,因此 σ_a 随深度 z 增加会逐渐由负值变为 0,对应于 $\sigma_a=0$ 处的相应深度 z_0 如下式所示:

$$z_0 = \frac{2c}{\gamma\sqrt{K_a}} \tag{5.9}$$

单位长度挡土墙上作用的主动土压力 E_a 大小可按下式计算:

$$E_a = \frac{1}{2}\gamma H^2 K_a - 2cH\sqrt{K_a} + \frac{2c^2}{\gamma} \tag{5.10}$$

它的作用点通过三角形 abc 的形心,在距墙底 $(H-z_0)/3$ 处。

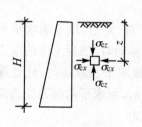 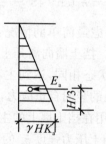 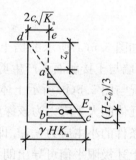

(a)主动土压力计算条件　(b)无黏性土主动土压力分布　(c)黏性土主动土压力分布

图 5.6　主动土压力计算

5.3.3　被动土压力的计算

墙在外力作用下被推向土体时,填土中任意一点的竖向应力 σ_z 仍不变,而水平向应力 σ_x 却逐渐增大,直至出现被动朗肯状态,此时 σ_x 达到最大限值 σ_p,因此 σ_p 是大主应力,也就是被动土压力强度,而 σ_z 则是小主应力。

如图 5.7 所示,基本假设同主动土压力情况,挡土墙向土体方向移动时,墙后土体的应力状态变化情况与图 5.5 所示土体应力状态相同。达到被动朗肯极限平衡状态时,任意深度处的土体单元体的小主应力为该深度处土的竖向自重应力,即 $\sigma_3=\sigma_z$,而水平向应力变为满足极限平衡条件的大主应力 σ_p,σ_p 即为作用在挡土墙上的被动土压力。由土的极限平衡条件表达式得

黏性土

$$\sigma_p = \gamma z K_p + 2c\sqrt{K_p} \tag{5.11}$$

无黏性土

$$\sigma_p = \gamma z K_p \tag{5.12}$$

式中:K_p——被动土压力系数,$K_p = \tan^2(45° + \dfrac{\varphi}{2})$;

γ——墙后土体重度(kN/m^3),地下水位以下用有效重度;

c——墙后土体的黏聚力(kPa);

z——计算点处距土面的深度(m);

φ——土的内摩擦角(°)。

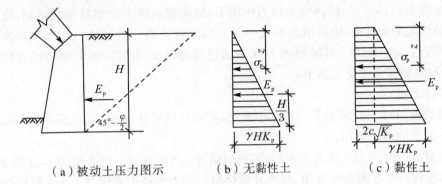

图 5.7 朗肯被动土压力分布

根据图 5.7(a)所示土压力的分布可以计算被动土压力的合力大小与作用点。对无黏性土,被动土压力强度沿墙高呈三角形分布(图 5.7(b)),则单位长度墙体上作用的主动土压力大小为

$$E_p = \frac{1}{2}\gamma H^2 K_p \tag{5.13}$$

E_p 通过三角形的形心,作用在距墙底 $H/3$ 高度处。

对黏性土,其土压力分布如图 5.7(c)所示,被动土压力呈梯形分布,单位长度墙体上作用的被动土压力大小为

$$E_p = \frac{1}{2}\gamma H^2 K_p + 2cH\sqrt{K_p} \tag{5.14}$$

它的作用点通过梯形的形心。

5.4 库仑土压力理论

库仑土压力理论是根据墙后土体处于极限平衡状态并形成一滑动楔体时,从楔体的静力平衡条件得出的土压力计算理论。其与朗肯土压力理论的区别在于:朗肯土压力理论只能计算挡土墙背直立、光滑,填土表面水平时的土压力,适用于黏性土和无黏性土。实际上,墙背不一定是直立、光滑的,墙后填土也不一定是水平的。基于这种情况,法国著名科学家库仑于 1773 年根据滑动土楔处于极限平衡状态时的静力条件,提出了库仑土压力理论。其基本假设如下:

(1)挡土墙是刚性体,墙后填土为均质无黏性砂土,$c = 0$;

(2)挡土墙产生主动或被动土压力时,墙后填土形成滑动土楔,其滑裂面为通过墙踵的平面;

(3)滑动楔体可视为刚体。

由此,库仑土压力理论可以解决不符合朗肯假设的墙后填土为砂类土的各种情况下挡土墙的土压力计算。

5.4.1 主动土压力的计算

一般挡土墙的土压力计算均属于平面问题,故在下述讨论中均沿墙长度方向取1 m进行分析。如图 5.8(a)所示,墙体在土压力作用下,背离墙后填土向前移动或转动,使墙后土体达到主动极限平衡状态,墙后填土形成一具有向下移动趋势的楔块 ABM,墙背所受的土压力称为库仑主动土压力。其破裂面 AM 为通过墙踵 A 的平面。如取单位墙长楔块为隔离体进行分析,则其上所受力如下:

(1) 楔体自重 G。

(2) 破裂面 AM 上的反力 F。其大小未知,方向与 AM 法向 N_1 的夹角为 φ,并位于 N_1 的下方。φ 为土的内摩擦角。

(3) 墙背处的反力 E。其大小未知,方向与墙背 AN 法向 N_2 的夹角为 δ,并位于 N_2 的下方。δ 为墙背与土之间的摩擦角,称为外摩擦角。此力为挡土墙所受土压力的反作用力。

土楔体 ABM 在上述三个力的作用下处于静力平衡状态,则三力构成的矢量三角形必然是闭合的,如图 5.8(b)所示。

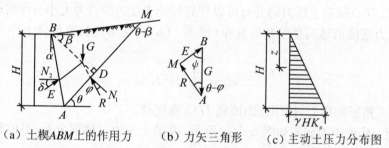

(a) 土楔 ABM 上的作用力　　(b) 力矢三角形　　(c) 主动土压力分布图

图 5.8　按库仑理论求主动土压力

现已知三力的方向和 R、G 的大小,根据正弦定理有

$$\frac{E}{\sin(\theta-\varphi)} = \frac{G}{\sin[180°-(\theta-\varphi+\psi)]} = \frac{G}{\sin(\theta-\varphi+\psi)}$$

$$E = G\frac{\sin(\theta-\varphi)}{\sin(\theta-\varphi+\psi)} \tag{5.15}$$

式中 $\psi = 90°-\alpha-\delta$。

式(5.15)中滑动面 AM 与水平面的夹角 θ 是任意假定的,如选定不同的 θ 值,可得一系列对应的 E 值。墙后土体破坏实际是沿抗力最小的滑动面滑动,所对应的 $E_{\min}$ 才是所求主动土压力 E_a 的反力。因此,令 $\dfrac{dE}{d\theta}=0$,求出最危险滑动面所对应的破坏角 θ_{cr} 为

$$\theta_{cr} = \arctan\left[\frac{\sin\beta S_q + \cos(\alpha+\varphi+\delta)}{\cos\beta S_q - \sin(\alpha+\varphi+\delta)}\right]$$

其中

$$S_q = \sqrt{\frac{\cos(\alpha+\delta)\sin(\varphi+\delta)}{\cos(\alpha-\beta)\sin(\varphi-\beta)}}$$

将 θ_{cr} 代入式(5.15)，经整理得库仑主动土压力计算公式为

$$E_a = \frac{1}{2}\gamma H^2 K_a \tag{5.16}$$

其中

$$K_a = \frac{\cos^2(\varphi-\alpha)}{\cos^2\alpha\cos(\alpha+\delta)\left[1+\sqrt{\dfrac{\sin(\varphi+\delta)\sin(\varphi-\beta)}{\cos(\alpha+\delta)\cos(\alpha-\beta)}}\right]^2} \tag{5.17}$$

式中：K_a——库仑主动土压力系数，通过上式计算或查表 5.1 取值；

γ——墙后填土重度；

α——墙背倾角，俯斜为正，倾斜为负；

β——墙后填土表面倾角；

δ——土对墙后的摩擦角，查表 5.2 取值。

若挡土墙满足朗肯理论的假设条件，将 $\alpha=0°, \beta=0°, \delta=0°$ 代入式(5.17)得

$$K_a = \tan^2\left(45°-\frac{\varphi}{2}\right)$$

因此，在此条件下库仑主动土压力公式与朗肯主动土压力公式相同。也就是说，若墙后填土为无黏性土，朗肯理论是库仑理论的特殊情况。

沿墙高 H 的主动土压力强度可由下式求得：

$$\sigma_a = \frac{dE_a}{dz} = \gamma z K_a$$

库仑主动土压力强度沿墙高呈三角形分布，合力作用点在距墙踵 $H/3$ 处，合力方向与墙背法线的夹角为 δ。

表 5.1 库仑主动土压力系数

δ	α	β \ φ	15°	20°	25°	30°	35°	40°	45°	50°
0°	0°	0°	0.589	0.490	0.406	0.333	0.271	0.217	0.172	0.132
		10°	0.704	0.569	0.462	0.374	0.300	0.238	0.186	0.142
		20°		0.883	0.573	0.441	0.344	0.267	0.204	0.154
		30°			0.750	0.436	0.318	0.235	0.172	
	10°	0°	0.652	0.560	0.478	0.407	0.343	0.288	0.238	0.194
		10°	0.784	0.655	0.550	0.461	0.383	0.318	0.261	0.211
		20°		1.015	0.685	0.548	0.444	0.360	0.291	0.231
		30°			0.925	0.566	0.433	0.337	0.262	
	20°	0°	0.736	0.648	0.569	0.498	0.434	0.375	0.322	0.274
		10°	0.896	0.768	0.663	0.572	0.492	0.421	0.358	0.302
		20°		1.205	2.834	0.688	0.576	0.484	0.405	0.337
		30°			1.169	0.740	0.586	0.474	0.385	
	−10°	0°	0.540	0.433	0.344	0.270	0.209	0.158	0.117	0.083
		10°	0.644	0.500	0.389	0.301	0.229	0.171	0.125	0.088
		20°		0.785	0.482	0.353	0.261	0.190	0.136	0.094
		30°			0.614	0.331	0.226	0.155	0.104	
	−20°	0°	0.497	0.380	0.287	0.212	0.153	0.106	0.070	0.043
		10°	0.595	0.439	0.323	0.234	0.166	0.114	0.074	0.045
		20°		0.707	0.401	0.274	0.188	0.125	0.080	0.047
		30°			0.498	0.239	0.147	0.090	0.051	

(续表)

δ	α	β \ φ	15°	20°	25°	30°	35°	40°	45°	50°
10°	0°	0° 10° 20° 30°	0.533 0.664	0.447 0.531 0.897	0.373 0.431 0.549	0.309 0.350 0.420 0.762	0.253 0.282 0.326 0.423	0.204 0.225 0.254 0.306	0.163 0.177 0.195 0.226	0.127 0.136 0.148 0.166
	10°	0° 10° 20° 30°	0.603 0.759	0.520 0.626 1.064	0.448 0.524 0.674	0.384 0.440 0.534 0.969	0.326 0.369 0.432 0.564	0.275 0.307 0.351 0.427	0.230 0.253 0.284 0.332	0.189 0.206 0.227 0.258
	20°	0° 10° 20° 30°	0.659 0.890	0.615 0.752 1.308	0.543 0.646 0.844	0.478 0.558 0.687 1.268	0.419 0.482 0.573 0.758	0.365 0.414 0.481 0.594	0.316 0.354 0.403 0.478	0.271 0.300 0.337 0.388
	−10°	0° 10° 20° 30°	0.477 0.590	0.385 0.455 0.773	0.309 0.354 0.450	0.245 0.275 0.328 0.605	0.191 0.211 0.242 0.313	0.146 0.159 0.177 0.212	0.106 0.116 0.127 0.146	0.078 0.082 0.088 0.098
	−20°	0° 10° 20° 30°	0.427 0.529	0.330 0.388 0.675	0.252 0.286 0.364	0.188 0.209 0.248 0.475	0.137 0.149 0.170 0.220	0.096 0.103 0.114 0.135	0.064 0.068 0.073 0.082	0.039 0.041 0.044 0.047
15°	0°	0° 10° 20° 30°	0.518 0.656	0.434 0.522 0.914	0.363 0.423 0.546	0.301 0.343 0.415 0.777	0.248 0.277 0.323 0.422	0.201 0.222 0.251 0.305	0.160 0.174 0.194 0.225	0.125 0.135 0.147 0.165
	10°	0° 10° 20° 30°	0.592 0.760	0.511 0.623 1.103	0.441 0.520 0.679	0.378 0.437 0.535 1.005	0.323 0.366 0.432 0.571	0.273 0.305 0.351 0.430	0.228 0.252 0.284 0.334	0.189 0.206 0.228 0.260
	20°	0° 10° 20° 30°	0.690 0.904	0.611 0.757 1.383	0.540 0.649 0.862	0.476 0.560 0.697 1.341	0.419 0.484 0.579 0.778	0.366 0.416 0.486 0.606	0.317 0.357 0.408 0.487	0.273 0.303 0.341 0.395
	−10°	0° 10° 20° 30°	0.458 0.576	0.371 0.422 0.776	0.298 0.344 0.441	0.237 0.267 0.320 0.607	0.186 0.205 0.237 0.308	0.142 0.155 0.174 0.209	0.106 0.114 0.125 0.143	0.076 0.081 0.087 0.097
	−20°	0° 10° 20° 30°	0.405 0.509	0.314 0.372 0.667	0.240 0.275 0.352	0.180 0.201 0.239 0.470	0.132 0.144 0.164 0.214	0.093 0.100 0.110 0.131	0.062 0.066 0.071 0.080	0.038 0.040 0.042 0.046

(续表)

δ	α	β \ φ	15°	20°	25°	30°	35°	40°	45°	50°
20°	0°	0°			0.357	0.297	0.245	0.199	0.160	0.125
		10°			0.419	0.340	0.275	0.220	0.174	0.135
		20°			0.547	0.414	0.322	0.251	0.193	0.147
		30°				0.798	0.425	0.306	0.225	0.166
	10°	0°			0.438	0.377	0.322	0.273	0.229	0.190
		10°			0.521	0.438	0.367	0.306	0.254	0.208
		20°			0.690	0.540	0.436	0.354	0.286	0.230
		30°				1.051	0.582	0.473	0.338	0.264
	20°	0°			0.543	0.479	0.422	0.370	0.321	0.277
		10°			0.659	0.568	0.490	0.423	0.363	0.309
		20°			0.891	0.715	0.592	0.496	0.417	0.349
		30°				1.434	0.807	0.624	0.501	0.406
	−10°	0°			0.291	0.232	0.182	0.140	0.105	0.076
		10°			0.337	0.262	0.202	0.153	0.113	0.080
		20°			0.437	0.316	0.233	0.171	0.124	0.086
		30°				0.614	0.306	0.207	0.142	0.096
	−20°	0°			0.231	0.174	0.128	0.090	0.061	0.038
		10°			0.266	0.195	0.140	0.097	0.064	0.039
		20°			0.344	0.233	0.160	0.108	0.069	0.042
		30°				0.468	0.210	0.129	0.079	0.045

表 5.2 土对挡土墙墙背的摩擦角

挡土墙的情况	摩擦角 δ
墙背平滑、排水不良	$(0\sim 0.33)\varphi$
墙背粗糙、排水良好	$(0.33\sim 0.50)\varphi$
墙背很粗糙、排水良好	$(0.50\sim 0.67)\varphi$
墙背与填土之间不可能滑动	$(0.67\sim 1.00)\varphi$

5.4.2 被动土压力的计算

挡土墙在外力作用下向后移动或转动,挤压土体使墙后土体达到被动极限平衡状态时,墙后形成具有向上移动趋势的楔体 ABM,如图 5.9(a)所示。

墙背所受土压力为被动土压力,滑裂面 AM 仍通过墙踵 A,用同样的方法分析土楔块的静力平衡,可导出库仑被动土压力公式为

$$E_\mathrm{p} = \frac{1}{2}\gamma H^2 K_\mathrm{p} \tag{5.18}$$

式中:K_p——库仑被动土压力系数,其余符号同前。

$$K_\mathrm{p} = \frac{\cos^2(\varphi+\alpha)}{\cos^2\alpha\cos(\alpha-\delta)\left[1-\sqrt{\dfrac{\sin(\varphi+\delta)\sin(\varphi+\beta)}{\cos(\alpha-\delta)\cos(\alpha-\beta)}}\right]^2} \tag{5.19}$$

同理,被动土压力沿墙高 H 的强度为

$$\sigma_p = \frac{dE_p}{dz} = \gamma z K_p$$

被动土压力沿墙高也呈三角形分布,如图 5.9(c)所示。

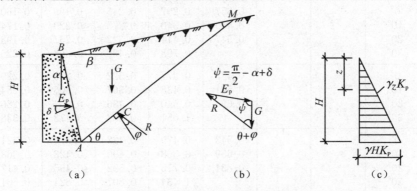

图 5.9　库仑被动土压力计算图

5.5　土压力计算的规范法

《建筑地基基础设计规范》(GB 5007—2011)根据库仑理论,并考虑了土的黏聚力 c 的影响,推荐主动土压力理论公式为

$$E_a = \psi_c \frac{1}{2} \gamma H^2 K_a \tag{5.20}$$

式中:K_a——主动土压力系数;

ψ_c——主动土压力增大系数,$H < 5\ m$ 时取 1.0,$5\ m \leqslant H \leqslant 8\ m$ 时取 1.1,$H > 8\ m$ 时,取 1.2。

$$K_a = \frac{\sin(\alpha+\beta)}{\sin^2\alpha \sin^2(\alpha+\beta-\varphi-\delta)} \{K_q[\sin(\alpha+\beta)\sin(\alpha-\delta) + \sin(\varphi+\delta)\sin(\varphi-\beta)]$$
$$+ 2\eta \sin\alpha \cos\varphi \cos(\alpha+\beta-\varphi-\delta)$$
$$- 2[(K_q \sin(\alpha+\beta)\sin(\varphi-\beta) + \eta \sin\alpha \cos\varphi)(K_q \sin(\alpha-\delta)\sin(\varphi+\delta) + \eta \sin\alpha \cos\varphi)]^{\frac{1}{2}}\}$$

$$K_q = 1 + \frac{2q\sin\alpha\cos\beta}{\gamma H \sin(\alpha+\beta)}$$

$$\eta = \frac{2c}{\gamma H}$$

《建筑地基基础设计规范》公式具有普遍性,但计算 K_a 系数较烦琐。

(1)当填土为无黏性土时,K_a 可按库仑土压力理论确定。

(2)当挡土墙满足朗肯条件时,K_a 可按朗肯土压力理论确定。

(3)对于高度小于或等于 5 m 的挡土墙,当排水条件和填土质量符合要求时,其主动土压力系数可由《建筑地基基础设计规范》中所规定的不同填土质量的主动土压力系数图查得,如表 5.3 和图 5.10 所示。

表 5.3 查主动土压力系数图的填土质量要求

类 别	填土名称	密 实 度	干密度/(t/m³)
1	碎石土	中密	$\rho_d \geqslant 2.0$
2	砂土(包括砾砂、粒砂、中砂)	中密	$\rho_d \geqslant 1.65$
3	黏土夹块石土		$\rho_d \geqslant 1.90$
4	粉质黏土		$\rho_d \geqslant 1.65$

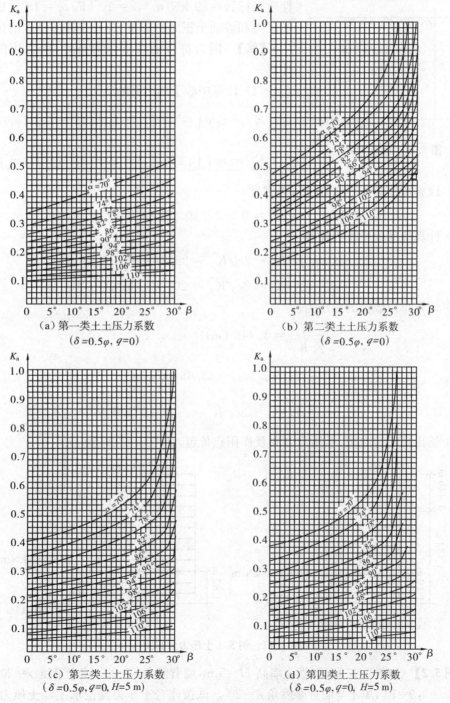

图 5.10 主动土压力系数图

5.6 土压力计算举例

【例 5.1】 已知一挡土墙(图 5.11)$H=5$ m,墙背垂直、光滑、填土面水平。填土的物理性质指标:$\gamma=19$ kN/m^3,$c=10$ kPa,$\varphi=18°$。试求主动土压力和被动土压力的分布、合力及其作用点的位置。

图 5.11 例 5.1 图

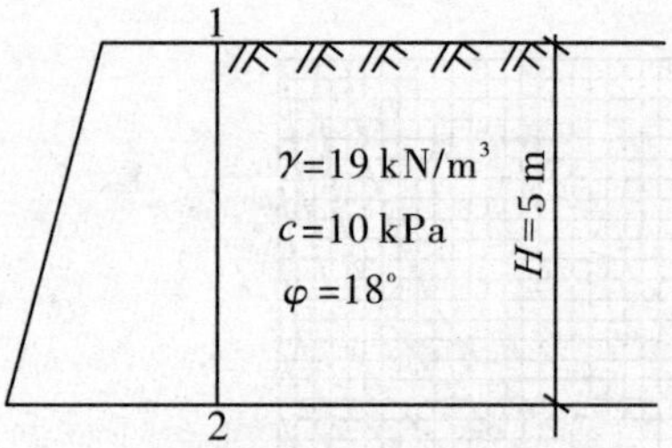

【解】 因为符合朗肯土压力条件,所以用朗肯理论计算。

(1) 计算中心土压力系数。

$$K_a = \tan^2\left(45° - \frac{\varphi}{2}\right) = \tan^2\left(45° - \frac{18°}{2}\right) = 0.53$$

$$K_p = \tan^2\left(45° + \frac{\varphi}{2}\right) = \tan^2\left(45° + \frac{18°}{2}\right) = 1.89$$

(2) 计算墙顶填土表面处土压力强度。

$$\sigma_{p1} = \gamma z_1 K_p + 2c\sqrt{K_p} = 0 + 2 \times 10\sqrt{1.89} = 27.53\ (\text{kPa})$$

(3) 计算墙底处土压力强度。

$$\sigma_{a2} = \gamma H K_a - 2c\sqrt{K_a} = 35.82\ (\text{kPa})$$

$$\sigma_{p2} = \gamma H K_p + 2c\sqrt{K_p} = 207.08\ (\text{kPa})$$

(4) 计算单位墙长的总压力。

$$z_c = \frac{2c}{\gamma\sqrt{K_a}} = 1.446\ (\text{m})$$

$$E_a = \frac{1}{2}(H - z_0)\sigma_{a2} = 63.65\ (\text{kN/m})$$

$$E_p = \frac{1}{2}\gamma H^2 K_p + 2c\sqrt{K_p} = 586.35\ (\text{kN/m})$$

(5) 给出压力分布图、总压力方向及作用点位置,如图 5.12 所示。

(a) 主动土压力分布　　(b) 被动土压力分布

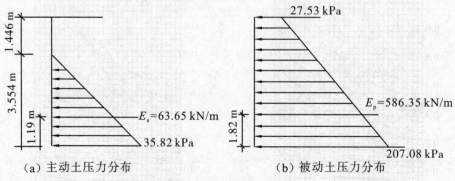

图 5.12 例 5.1 土压力分布图

【例 5.2】 如图 5.13 所示,挡土墙高 $H=5$ m,墙背倾角 $\alpha=20°$,填土重度 $\gamma=20$ kN/m^3,$\varphi=30°$,$c=0$,$\beta=10°$,填土与墙背摩擦角 $\delta=20°$。试按库仑土压力理论求主动土压力 E_a 及作

用点。

【解】 根据 $\delta=20°, \alpha=20°, \beta=10°, \varphi=30°$ 查表 5.1 得

$$K_a = 0.568$$

由式(5.16)计算主动土压力为

$$E_a = \frac{1}{2}\gamma H^2 K_a = \frac{1}{2} \times 20 \times 5^2 \times 0.568 = 142 \text{ (kN/m)}$$

作用点与墙底距离为

$$h_0 = \frac{H}{3} = 1.67 \text{ (m)}$$

方向：与墙背的夹角 $\delta=20°$。

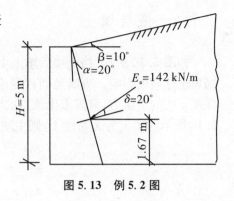

图 5.13 例 5.2 图

5.7 特殊情况下的土压力计算方法

5.7.1 填土表面有均布荷载作用时土压力的计算

挡土墙后填土表面有连续的均布荷载 q 作用时，也可用朗肯理论计算主动土压力和被动土压力。如图 5.14 所示的挡土墙，填土表面以下任意 z 处土的竖向应力为 $(\gamma z + q)$。以黏性土为例，主动土压力和被动土压力可按下式计算：

$$\sigma_a = (\gamma z + q)K_a - 2c\sqrt{K_a} \tag{5.21}$$

$$\sigma_p = (\gamma z + q)K_p + 2c\sqrt{K_p} \tag{5.22}$$

无黏性土的情况是式中第二项为 0。土压力分布图如图 5.15 所示。

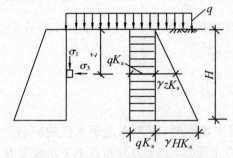
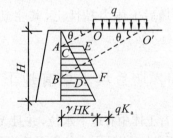

图 5.14 填土表面有均布荷载作用　　图 5.15 局部均布荷载作用

若填土表面有局部均载 q 作用，如图 5.15 所示，则 q 对墙背产生的附加土压力仍可用朗肯土压力理论计算，但其影响范围有限，一般可近似认为图 5.15 所示的四边形 $DCEF$，其沿墙高的分布深度范围为 AB，OA 和 $O'B$ 均与地面成 $\theta=45°+\varphi/2$ 角，产生的土压力强度可按式(5.21)或式(5.22)计算。

5.7.2 成层填土

如图 5.16 所示,挡土墙后填土由几种性质不同的土层组成,在计算土压力时将受到不同填土性质的影响。当满足朗肯理论的基本假设时,仍可用朗肯理论进行计算。若要求某深度 z 处的土压力,只需求出该点的竖向应力,再乘以该点所在土层的土压力系数。假设图 5.16 所示的填土为无黏性土,则主动土压力计算如下:

$$\sigma_{a1上} = \gamma_1 h_1 K_{a1}$$
$$\sigma_{a1下} = \gamma_1 h_1 K_{a2}$$
$$\sigma_{a2上} = (\gamma_1 h_1 + \gamma_2 h_2) K_{a2}$$
$$\sigma_{a2下} = (\gamma_1 h_1 + \gamma_2 h_2) K_{a3}$$
$$\sigma_{a3上} = (\gamma_1 h_1 + \gamma_2 h_2 + \gamma_3 h_3) K_{a3}$$

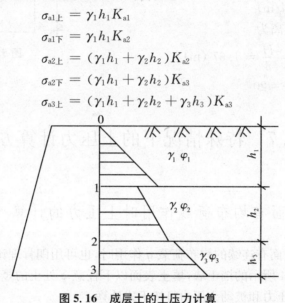

图 5.16 成层土的土压力计算

由于各层土的性质不同,其压力系数也不相同,因此在土层的分界面上,土压力强度有两个数值,即土压力在层面处有突变,若 $K_{a1} > K_{a2}$,$K_{a3} > K_{a2}$,则土压力分布如图 5.16 阴影部分所示。

若墙后土体为黏性土,其主动土压力强度应扣除 $2c\sqrt{K_a}$。同理可求被动土压力强度。

5.7.3 墙后填土中有地下水位时的土压力

墙背土体中有地下水位,并且无良好的排水设施时,要考虑地下水位的影响。一般来说,对于黏性土,地下水位以下按饱和重度计算土压力,土压力分布在地下水位处有一转折点,不再另计静水压力,称为"水土合算",如图 5.17(a)所示;对于无黏性土,地下水位以下按有效重度计算土压力,再另计算静水压力,两者叠加为挡土墙所受总侧压力,称为"水土分算",如图 5.17(b)所示。

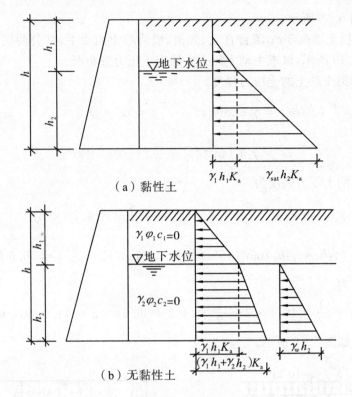

(a) 黏性土

(b) 无黏性土

图 5.17 墙后有地下水作用时

5.7.4 特殊情况下土压力计算举例

【例 5.3】 如图 5.18 所示的挡土墙,高为 6 m,填土的物理性质指标如下:$\varphi=34°,c=0$,$\gamma=19$ kN/m³,墙背直立、光滑,填土面水平并有均布荷载 $q=10$ kPa,试求挡土墙的主动土压力及作用点的位置,并绘出土压力的分布图。

【解】 将均布荷载换算成填土的当量土层厚度

$$h = \frac{q}{\gamma} = 0.526 \text{ (m)}$$

在 A 点处的土压力强度

$$\sigma_{a1} = \gamma h K_a + q K_a = 10 \times \tan^2(45° - \frac{\varphi}{2}) = 2.8 \text{ (kPa)}$$

在墙底处的土压力强度

$$\sigma_{a2} = \gamma(h+H)K_a = (q+\gamma H)\tan^2(45° - \frac{\varphi}{2}) = 35.1 \text{ (kPa)}$$

总主动土压力

$$E_a = \frac{1}{2}(2.8 + 35.1) \times 6 = 113.8 \text{ (kN/m)}$$

土压力作用点的位置

$$z = \frac{h}{3} \times \frac{2\sigma_{a1} + \sigma_{a2}}{\sigma_{a1} + \sigma_{a2}} = 2.15 \text{ (m)}$$

土压力分布如图 5.18 所示。

【例 5.4】 挡土墙高 5 m,墙背直立、光滑,墙后填土面水平,共分两层。各层上的物理力学指标如图 5.19 所示,试求主动土压力并绘出土压力分布图。

【解】 计算第 1 层土的土压力强度

$$\sigma_{a0} = \gamma_1 z \tan^2\left(45° - \frac{\varphi}{2}\right) = 0$$

$$\sigma_{a1} = \gamma_1 h_1 \tan^2\left(45° - \frac{\varphi_1}{2}\right) = 10.4 \text{ (kPa)}$$

第 2 层填土的土压力强度为

$$\sigma_{a1} = \gamma_1 h_1 \tan^2\left(45° - \frac{\varphi_2}{2}\right) - 2c_2 \tan\left(45° - \frac{\varphi_2}{2}\right) = 4.2 \text{ (kPa)}$$

$$\sigma_{a2} = (\gamma_1 h_1 + \gamma_2 h_2) \tan^2\left(45° - \frac{\varphi_2}{2}\right) - 2c_2 \tan\left(45° - \frac{\varphi_2}{2}\right) = 36.6 \text{ (kPa)}$$

主动土压力为

$$E_a = \frac{1}{2} \times 10.4 \times 2 + \frac{1}{2} \times (4.2 + 36.6) \times 3 = 71.6 \text{ (kN/m)}$$

土压力分布如图 5.19 所示。

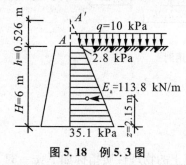
图 5.18 例 5.3 图

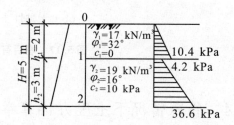
图 5.19 例 5.4 图

5.8 挡土墙设计

5.8.1 挡土墙类型

挡土墙按其结构形式可分为重力式、悬臂式、扶壁式、锚杆式及锚定板式和加筋挡土墙等。一般应根据工程需要、土质情况、材料供应、施工技术及造价等因素进行合理的选择。

1. 重力式挡土墙

此种类型的挡土墙,墙面暴露于外,墙背可以做成仰斜、直立和俯斜三种,如图 5.20 所示。它一般由块石或混凝土材料砌筑,墙身截面较大,墙高一般小于 8 m,当墙高 $h=8\sim12$ m 时,宜用衡重式(图 5.20(d))。重力式挡土墙依靠墙身自重抵抗土压力引起的倾覆弯矩。其结构简单,施工方便,能就地取材,在建筑工程中应用最广。

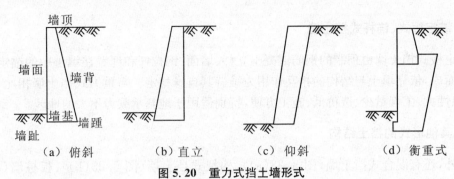

图 5.20 重力式挡土墙形式

2. 悬臂式挡土墙

悬臂式挡土墙一般由钢筋混凝土材料制成,主要依靠墙踵悬臂以上土重维持墙的稳定性。拉应力由墙体内的钢筋承受,故墙身截面较小,初步设计时可按图 5.21 所示选取截面尺寸。其优点是能充分利用钢筋混凝土的受力特点。多用于市政工程及厂矿贮料仓库。

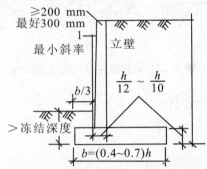

图 5.21 悬臂式挡土墙初步设计尺寸

3. 扶壁式挡土墙

当墙后填土较高时,挡土墙立壁挠度较大,为了增强立壁的抗弯性能,常沿墙的纵向每隔一定距离设置一道扶壁,故称为扶壁式挡土墙。扶壁间填土可增强抗滑和抗倾覆能力,它一般用于重要的大型土建工程。扶壁式挡土墙初步设计尺寸如图 5.22 所示。

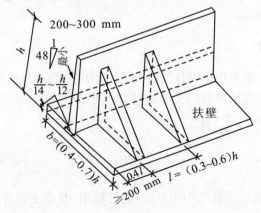

图 5.22 扶壁式挡土墙初步设计尺寸

4. 锚定板式、锚杆式挡土墙

锚定板式挡土墙由预制的钢筋混凝土立柱、墙面、钢拉杆和埋置在填土中的锚定板在现场拼装而成,依靠填土与结构的相互作用力维持其自身稳定。与重力式挡土墙相比,其结构轻、预想性大、工程量少、造价低、施工方便,特别适用于地基承载力不大的地区。

5. 其他形式的挡土结构

此外,还有混合式挡土墙(图 5.23(a))、构架式挡土墙(图 5.23(b))、板桩墙(图 5.23(c))、加筋挡土墙以及近年来发展的土工合成材料挡土墙(图 5.23(d))等。

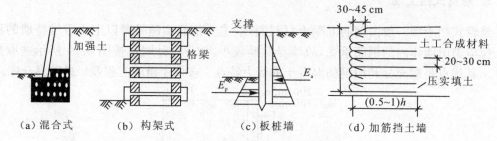

图 5.23 其他各种形式的挡土结构

5.8.2 重力式挡土墙设计

1. 埋置深度

挡土墙的基础埋置深度(如基底倾斜,基础埋置深度从最浅处的墙趾计算)应根据持力层土的承载力、冻结深度、岩石风化程度、流水冲刷等因素确定,一般应不小于 0.5 m。

2. 截面形式的选择

重力式挡土墙按前所述有三种形式,其中主动土压力最小的是仰斜式,最大的是俯斜式,所以从减小土压力因素来考虑,应优先选用仰斜式。若在填土方工程中造成填后填土压实困难,也可选用其他形式。

3. 截面尺寸的选择

采用试算法确定,一般先根据设计资料,由经验初选截面尺寸,然后进行验算,如不满足要求,再进行修改。一般规定块石挡土墙顶宽宜不小于 500 mm,混凝土挡土墙顶宽一般取 200～400 mm,底宽为 $\left(\frac{1}{3} \sim \frac{1}{2}\right)H$。

4. 构造要求

(1) 重力式挡土墙适用于高度小于 8 m、地层稳定、开挖土石方时不会危及相邻建筑物安全的地段。

(2) 重力式挡土墙可在基底设置逆坡。对于土质地基,基底逆坡坡度宜不大于 1∶10;对于岩质地基,基底逆坡坡度宜不大于 1∶5。

（3）块石挡土墙的墙顶宽度宜不小于 400 mm；混凝土挡土墙的墙顶宽度宜不小于 200 mm。

（4）重力式挡土墙的基础埋置深度应根据地基承载力、渤海湾冲刷、岩石裂隙发育及风化程度等因素进行确定。在特强冻胀、强冻胀地区应考虑冻胀的影响。在土质地基中，基础埋置深度宜不小于 0.5 m；在软质岩地基中，基础埋置深度宜不小于 0.3 m。

（5）重力式挡土墙应每间隔 10~20 m 设置一道伸缩缝。当地基有变化时宜加设沉降缝。在挡土结构的拐角处，应采取加强的构造措施。

5. 挡土墙稳定性验算

（1）抗滑移稳定性按下式验算，其安全系数 K_s 应满足：

$$K_s = \frac{(G_n + E_{an})\mu}{E_{at} - G_t} \geqslant 1.3 \tag{5.23}$$

式中：

$$G_n = G\cos\alpha_0$$
$$G_t = G\sin\alpha_0$$
$$E_{at} = E_a\sin(\alpha - \alpha_0 - \delta)$$
$$E_{an} = E_a\cos(\alpha - \alpha_0 - \delta)$$

其中：G——挡土墙每延米自重；

α_0——挡土墙基底的倾角；

α——挡土墙墙背的倾角；

δ——土对挡土墙墙背的摩擦角，可按表 5.2 选用；

μ——土对挡土墙基底的摩擦系数，由试验确定，也可由表 5.4 选用。

如验算不满足要求，可采取以下措施：

① 加大挡土墙截面，增大墙身自重。

② 在基底做砂、石垫层，增加摩擦系数。

③ 墙背做成仰斜或在墙背做卸载平台。

④ 加大墙底面逆坡，增加抗滑力。

⑤ 在墙踵后加拖板，利用拖板上的土重增加抗滑力。

表 5.4 土对挡土墙基底的摩擦系数

土 的 类 别		摩擦系数 μ
黏性土	可塑	0.25~0.30
	硬塑	0.30~0.35
	坚硬	0.35~0.45
粉土	$S_r \leqslant 0.5$	0.30~0.40
中砂、粗砂、砾砂		0.40~0.50
碎石土		0.40~0.60
软质岩石		0.40~0.60
表面粗糙的硬质岩石		0.65~0.75

注：① 对容易风化的软质岩石和塑性指数 I_P 大于 22 的黏性土，基底摩擦系数通过试验确定。

② 对碎石土，可根据其密实度、填充物状况、风化程度等确定。

(2) 抗倾覆稳定性应按下式验算（图 5.24）：

$$K_t = \frac{Gx_0 + E_{az}x_f}{E_{ax}Z_f} \geqslant 1.6 \tag{5.24}$$

$$E_{ax} = E_a\cos(\alpha + \delta)$$

$$E_{az} = E_a\sin(\alpha + \delta)$$

$$x_f = b - z\cot\alpha$$

$$z_f = z - b\tan\alpha_0$$

式中：z——土压力作用点离墙踵的高度；

x_0——挡土墙重心离墙趾的水平距离；

b——基底的水平投影宽度。

(3) 整体滑动稳定性验算可采用圆弧滑动面法。

(4) 地基承载力验算，除应符合《建筑地基基础设计规范》(GB 50007—2011)中的规定外，基底合力的偏心距应不大于基础宽度的 1/4。

(5) 墙身材料强度验算与一般砌体构件相同。

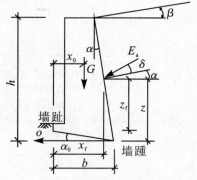

图 5.24 挡土墙的稳定性验算

5.9 边坡稳定性分析

5.9.1 影响土坡稳定的因素

土坡失稳（又称滑坡）是指土坡在一定范围内整体地沿某一浮动面向内或向外移动而丧失其稳定性。其原因是土体自重和水的渗透力等在土体内引起的剪应力大于土的抗剪强度。滑坡往往是在外界的不利因素影响下诱发和加剧的。影响土坡稳定的主要因素如下：

(1) 土坡作用力发生变化。如在坡顶堆放材料或建造建筑物使坡顶受荷，或由于一些振动改变了原来的平衡状态。

(2) 土体的抗剪强度低。如土中含水量和超静水压力的增加。

(3) 静水力的作用。如雨水或地面水流入土坡中的竖向裂缝，对土坡产生的侧向压力，致使土坡滑动。

5.9.2 边坡开挖要符合的规定

在山坡整体稳定的条件下，土质边坡的开挖应符合下列规定：

(1) 边坡的坡度允许值，应根据当地经验，参照同类土层的稳定坡度确定。土质良好且均匀、无不良地质现象、地下水不丰富时，可按表 5.5 确定。

表 5.5 土质边坡的坡度允许值

土的类别	密实度(状态)	坡度允许值(高宽比)	
		坡高为 5 m 内	坡高为 5~10 m
碎石土	密实	1：0.35~1：0.50	1：0.50~1：0.75
	中密	1：0.50~1：0.75	1：0.75~1：1.00
	稍密	1：0.75~1：1.00	1：1.00~1：1.25
黏性土	坚硬	1：0.75~1：1.00	1：1.00~1：1.25
	硬塑	1：1.00~1：1.25	1：1.25~1：1.50

(2) 土质边坡开挖时,应采取排水措施,边坡的顶部应设置截水沟。在任何情况下不允许在坡脚和坡面上积水。

(3) 边坡开挖时,应由上往下开挖,依次进行。弃土应分散处理,不得将弃土堆置在坡顶和坡面上。当必须在坡顶和坡面上设置弃土转运站时,应进行坡体稳定性验算,严格控制堆栈的土方量。

(4) 边坡开挖后,应立即对边坡进行防护处理。

在岩石边坡整体稳定的条件下,岩石边坡的开挖坡度允许值,应根据当地经验按工程类比的原则,参照本地区已有稳定边坡的坡度值加以确定。当地质条件良好时,按表 5.6 确定。

表 5.6 岩石边坡的坡度允许值

岩石类别	风化程度	坡度允许值(高宽比)	
		坡高为 8 m 内	坡高为 8~15 m
硬质岩石	微风化	1：0.10~1：0.20	1：0.20~1：0.35
	中等风化	1：0.20~1：0.35	1：0.35~1：0.50
	强风化	1：0.35~1：0.50	1：0.50~1：0.75
软质岩石	微风化	1：0.35~1：0.50	1：0.50~1：0.75
	中等风化	1：0.50~1：0.75	1：0.75~1：1.00
	强风化	1：0.75~1：1.00	1：1.00~1：1.25

注：遇到下列情况之一时,岩石边坡的坡度允许值应另行设计：
① 边坡的高度大于表 5.6 的规定；
② 地下裂隙比较发育或具有软弱结构面的倾斜地层；
③ 岩层主要结构面的倾斜方向与边坡的开挖面倾斜方向一致,两者走向的夹角小于 45°。

5.9.3 边坡稳定性分析

边坡稳定性分析,是指土力学中的稳定性问题,也是工程中非常重要和实际的问题。土质边坡,简称土坡。这里主要介绍简单土坡稳定性的分析方法。简单土坡是指土坡的坡度不变,顶面和底面水平,且土质均匀,没有地下水。

1. 无黏性土坡稳定性分析

无黏性土是指土中的 $c=0$。因此,位于坡面上的各个土粒如能保持稳定状态不下滑,则可认为土坡整体是稳定的。

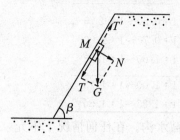

如图 5.25 所示是一坡角为 β 的简单土坡。设在坡面上任取一土颗粒 M,自重为 G,则沿坡面的下滑力 $T=G\sin\beta$,阻止滑动的力是 G 在坡面的法向分力 N 所引起的摩擦力 T',其值为

$$T' = N\tan\varphi = G\cos\beta\tan\varphi \tag{5.25}$$

式中 φ 为土的内摩擦角。

稳定安全系数为

图 5.25　无黏性土坡稳定分析

$$K = \frac{T'}{T} = \frac{G\cos\beta\tan\varphi}{G\sin\beta} = \frac{\tan\varphi}{\tan\beta} \tag{5.26}$$

当坡角 β 等于土的内摩擦角 φ 时,$K=1$,土坡处于极限平衡状态,此时的稳定坡角 ρ_0 称为砂土自然休止角。可见只要 $\beta \leqslant \varphi$,土坡就能稳定,而与土坡高 h 无关。工程中为保证土坡具有足够的安全储备,一般取 $K=1.1 \sim 1.5$。

2. 黏性土坡稳定性分析

黏性土坡发生滑动破坏时,破坏面的形状大多数为一近似于圆弧面的曲面,为了简化,在进行理论分析时通常采用圆弧面计算。

工程中黏性土坡稳定性分析的常用方法有条分法和稳定数法。应用最多的是条分法,它是由瑞典工程师费兰纽斯提出的。该方法概念清楚,分析简单,现简单介绍如下。

（1）基本假设:
① 土坡沿最危险圆弧面发生破坏。
② 各土条间的侧向作用力忽略不计。

（2）分析基本原理:将圆弧滑动体分成若干土条,计算各土条上的力系对弧心的滑动力矩和抗滑力矩,并求出安全系数 $K=$ 抗滑力矩/滑动力矩。选择多个滑动面进行分析,若 $K_{\min}=1.1 \sim 1.5$,可认为土坡稳定。

（3）分析过程:
① 将土坡按比例绘出剖面图(图 5.26(a))。
② 任选一点 o 作为圆心,以 oa 为半径作假想圆弧滑动面 ab,半径为 R。
③ 将滑动面以上土体竖直分成等宽的若干条。为计算方便,可取土条宽 $b=R/10$。
④ 分析任意土条 i 的受力情况,如图 5.26(b)所示。土条自重 G_i 在滑动面 ef 上的法向分力和切向分力分别为

$$N_i = G_i \cos\alpha_i \tag{5.27}$$
$$T_i = G_i \sin\alpha_i \tag{5.28}$$

抗滑力 $S_i = d_i + G_i\cos\alpha_i\tan\varphi$,在计算分析时认为土条两侧面 ce 和 df 上作用力 $p_i = p_{i+1}$,$D_i = D_{i+1}$,因而忽略不计。

⑤ 以圆心 o 为转动中心,各土条对 o 点的滑动力矩和抗滑力矩分别为

$$M_s = \sum_{i=1}^{n} T_i R = R \sum_{i=1}^{n} G_i \sin\alpha_i \tag{5.29}$$

$$M_v = \sum_{i=1}^{n} l_i R + \sum_{i=1}^{n} G_i \cos\alpha_i \tan\varphi R = l_{ab} R c + R \sum_{i=1}^{n} G_i \cos\alpha_i \tan\varphi \tag{5.30}$$

稳定安全系数为

$$K = \frac{M_v}{M_s} = \frac{c l_{ab} + \tan\varphi \sum_{i=1}^{n} G_i \cos\alpha_i}{\sum_{i=1}^{n} G_i \sin\alpha_i} \tag{5.31}$$

式中：φ——土的内摩擦角；

α_i——第 i 个土条 ef 面的倾角；

l_{ab}——圆弧滑动面 ab 的长度；

l_i——第 i 个土条 ef 的长度；

c——土体的黏聚力标准值(kPa)。

⑥ 假设若干可能滑动面，分别计算相应的 K 值，其中 K_{min} 所对应的是最危险滑动面。一般要求 $K_{min}=1.1\sim1.5$。

使用这种方法试算工作量很大。目前可采用电算法求解。著名学者陈惠发根据大量计算经验，于 1980 年提出了最危险滑动面的确定方法。他认为：土坡最危险滑动圆弧的两端距坡顶点和坡脚点各为 $0.1nh$ 处，但最危险滑弧中心在 ab 的垂直平分线上(图 5.26(a))。因此，只需在此垂直平分线上取若干点作为滑动中心，就可以按上述方法求出最小安全系数 K_{min}。

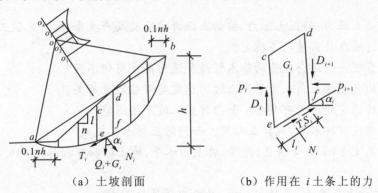

(a) 土坡剖面　　　　　(b) 作用在 i 土条上的力

图 5.26　土坡稳定分析的条分法

5.9.4　滑坡的防治

在建设场区内，由于施工或其他因素的影响，对有可能形成滑坡的地区必须采取可靠的预防措施，防止产生滑坡。对具有发展趋势并威胁建筑安全使用的滑坡，应及早整治，防止滑坡继续发展。滑坡的防治必须根据工程地质、水文地质条件及施工影响等因素，认真分析滑坡可能发生或发展的主要原因，可采取下列防治措施。

(1) 排水。应设置排水沟以防止地面水浸入滑坡地段，必要时应采取防渗措施。在地下水影响较大的情况下，应根据地质条件，做好地下排水工程。

(2) 支挡。根据滑坡推力的大小、方向及作用点，可选用重力式抗滑挡土墙、阻滑桩及其他抗滑结构。抗滑挡土墙的基底和阻滑桩的桩端应埋于滑动面以下的稳定土(岩)层中。必要时，应验算墙顶以上的土(岩)体从墙顶滑出的可能性。

（3）卸载。在保证卸载区上方及两侧岩土稳定的情况下，可在滑体主动区卸载，但不得在滑体被动区卸载。

（4）反压。在滑体的阻滑区增加竖向荷载以提高滑体的阻滑安全系数。

本 章 小 结

本章主要讲述了土压力的三种计算方法，即朗肯理论、库仑理论和规范法。其中，朗肯理论要求掌握其基本原理、基本假设，还有其对黏性土和无黏性土的土压力计算理论公式（包括主动土压力和被动土压力的计算）；对于库仑理论，要求掌握其基本原理和基本假设条件以及在黏性土和无黏性土的情况下主动土压力和被动土压力的计算，同时要求对两种理论进行对比；对于规范法，要求理解其解法和解决问题的过程。

本章还讲述了重力式挡土墙的设计分析过程和土坡稳定性分析的方法，并对滑坡防治问题进行了分析。要求学生对简单的重力式挡土墙能够独立进行分析，并理解挡土墙的整个设计过程；对于土坡稳定性问题，要求掌握并理解土坡稳定性的分析方法，即条分法；对于滑坡问题，要求了解滑坡的起因，理解对滑坡的分析过程，掌握滑坡的防治方法。

思 考 题

1. 试述主动土压力、静止土压力、被动土压力的定义及产生条件，并比较三者的大小。
2. 砂类土边坡在什么情况下稳定？
3. 比较朗肯理论与库仑理论的基本假设和适用条件有何不同？
4. 何谓土的自然休止角？无黏性土坡的稳定与哪些因素有关？
5. 影响土坡稳定的因素有哪些？如何防止土坡产生滑坡？
6. 挡土墙都设有排水孔，起什么作用？如何防止排水孔失效？
7. 挡土墙高 4.2 m，墙背垂直、光滑，填土面水平，填土的物理指标 $\gamma=18.5 \text{ kN/m}^3$，$c=8 \text{ kPa}$，$\varphi=24°$。

（1）计算主动土压力 E_a 及作用位置，并绘出强度分布图；

（2）计算地表作用有 20 kPa 均布荷载时的 E_a 及作用点，并绘出土压力强度的分布图。

8. 挡土墙高 5 m，墙背垂直、光滑，墙后填土为砂土，表面水平，$\varphi=30°$，地下水位距填土表面 2 m，水上填土重度 $\gamma=18 \text{ kN/m}^3$，水下土的饱和重度 $\gamma_{sat}=21 \text{ kN/m}^3$，试绘出主动土压力强度和静水压力分布图，并求出总侧压力的大小。

9. 某挡土墙墙后填土为中密粗砂，$\gamma_d=16.8 \text{ kN/m}^3$，$\omega=10\%$，$\varphi=36°$，$\delta=18°$，$\beta=15°$，墙高 4.0 m，墙背与竖直线的夹角 $\alpha=-8°$，试按规范方法计算该墙的主动土压力。

10. 挡土墙高 12 m，墙背垂直、光滑，填土面水平，其上作用有均布荷载 $q=50 \text{ kPa}$，墙后地下水位置、填

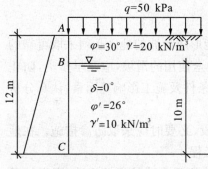

图 5.27　思考题 10 图

土的物理性质指标如图 5.27 所示。试求挡土墙所受的主动土压力。

第6章 天然地基上浅基础设计

能力目标

通过本章的学习,能根据建筑工程所在场地的地质条件和周边环境确定地基承载力,选择合理的地基基础类型和确定基础埋深;能够运用所学内容对一些简单的浅基础进行设计和施工。

学习目标

理解浅基础、基础埋深等基本概念;了解地基与基础的设计原则;掌握浅基础类型和基础底面积的确定;重点掌握刚性基础、墙下条形基础及柱下独立基础的设计计算及其构造;了解柱下条形基础的设计和构造;熟悉减少不均匀沉降的措施和基础施工监测。

6.1 概 述

地基基础设计是建筑物结构设计的重要组成部分,它对建筑物的安全和正常使用影响极大。基础是建筑物十分重要的组成部分,设计时必须结合工程地质条件、建筑材料及施工技术等因素,并将上部结构与地基基础综合考虑,使基础工程安全可靠、经济合理、技术先进、便于施工。基础按其埋置深度分为浅基础和深基础。一般埋深不超过 5 m 且能用一般方法施工的基础属于浅基础,其施工简单、比较经济;当需要埋置在较深的土层上,采用特殊施工方法的基础则属于深基础,如桩基础、沉井和地下连续墙等,这种基础往往造价较高,施工比较复杂。因此,在保证建筑物的安全和正常使用的条件下,应首先选用天然地基上浅基础方案。若满足设计要求的方案不止一个,则应进行经济和技术比较,以选择其中最优方案。在天然地基上的浅基础设计,其内容及一般步骤如下:

(1) 选择基础的材料、类型,进行基础平面布置。
(2) 确定地基的持力层和基础的埋置深度。
(3) 确定地基土的承载力设计值。
(4) 根据地基土的承载力设计值,确定基础的底面尺寸。
(5) 必要时进行地基变形与稳定性验算。
(6) 进行基础结构设计,根据基础类型、平面布置、上部结构传来的荷载大小及分布情况进行内力分析、强度计算及构造设计,确定基础的剖面尺寸,如为钢筋混凝土基础应进行配筋计算。

(7) 绘制基础施工图,编写施工说明。

6.2 浅基础类型

6.2.1 按基础材料分类

基础应具有承受荷载、抵抗变形和适应环境影响(如地下水侵蚀和低温冻胀等)的能力,即要求基础具有足够的强度、刚度和耐久性。选择基础材料,首先要满足这些技术要求,做到与上部结构相适应,同时注意因地制宜,便于施工和节省费用。常用基础材料有砖、毛石、灰土、三合土、混凝土和钢筋混凝土等。现分别介绍如下。

1. 砖基础

砖基础具有能就地取材、价格较低、施工简便的特点,在干燥和温暖的地区应用很广。砖基础多用做底层建筑物的墙下基础。砖基础的剖面为阶梯形,称为大放脚。每一阶梯挑出的长度为砖长的 1/4(60 mm)。大放脚从垫层上开始砌筑,为保证大放脚的刚度,大放脚的砌法应为两皮一收(称为等高式)或一皮一收与两皮一收相间隔(称为间隔式),基底处必须保证是砌筑为两皮砖。一皮即一层砖,标志尺寸为 60 mm(图 6.1(a))。

砖砌体具有一定的抗压强度,但抗拉强度和抗剪强度较低。砖基础所用的砖,强度等级不低于 MU10,砂浆不低于 M5。地下水位以下或地基土潮湿时应采用水泥砂浆砌筑。基础底面以下一般先做 100 mm 厚的不低于 C10 的混凝土垫层。砖基础一般可用做 6 层及 6 层以下的民用建筑和由墙体承重的厂房。

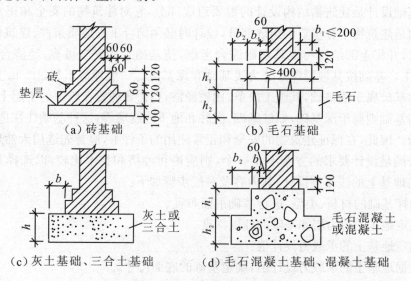

图 6.1 墙下刚性条形基础类型

砖基础所用材料的最低强度等级按照《砌体结构设计规范》(GB 50003—2011)的规定应符合表 6.1 的要求。

表 6.1 基础用石材及砂浆最低强度等级

湿度程度	烧结普通砖	混凝土普通砖、蒸压普通砖	混凝土砌块	石材	水泥砂浆
稍湿的	MU15	MU20	MU7.5	MU30	M5
很湿的	MU20	MU20	MU10	MU30	M7.5
饱和的	MU20	MU25	MU15	MU40	M10

注：① 冻胀地区，地面以下或防潮层以下的砌体，不宜采用多孔砖，如采用，其孔洞应采用不低于 M10 的水泥砂浆预先灌实。当采用混凝土空心砌体时，其孔洞应采用强度等级不低于 Cb20 的混凝土预先灌实。
② 对安全等级为一级或设计使用年限大于 50 年的房屋，表中材料强度等级应至少提高一级。

2. 毛石基础

毛石是指未经加工凿平的石料。毛石基础是用强度较高而未风化的毛石砌筑。石材及砌筑砂浆的最低强度等级应符合表 6.1 要求。毛石基础一般也做成阶梯形（如图 6.1(b)），每个台阶高度和墙厚度宜不小于 400 mm，每阶两边各伸出墙边宽度宜不大于 200 mm。当基础底面宽度小于 700 mm 时，可做成矩形截面基础。由于毛石尺寸较大，如果砂浆黏结性能较差，则不能用于多层建筑物，且不宜用于地下水位以下。但由于毛石基础的抗冻性能较好，北方也有的用做 6 层以下的建筑物基础。

3. 灰土基础

灰土是用石灰和黏性土混合而成的（图 6.1(c)）。石灰以块状生石灰为宜，经消化 1~2 天后，用 1~5 mm 筛子筛后使用。土料应以有机含量不大的黏性土为宜，使用前也要过 10~20 mm 的筛子。石灰和土的体积比为 3∶7 或 2∶8，一般多用 3∶7，通常称"三七灰土"。在灰土里加入适量水拌匀，然后铺入基槽内。每层虚铺 220~250 mm，夯至 150 mm 为 1 步，一般可铺 2~3 步。

灰土基础适用于 5 层及 5 层以下、地下水位较低的混合结构房屋和墙承重的轻型厂房。

4. 三合土基础

三合土基础是用石灰、砂、碎砖（或碎石、石子），按体积比 1∶2∶4~1∶3∶6 配制而成的，经加入适量水拌和后，均匀铺入基槽。每层虚铺 220 mm，夯至 150 mm。铺至设计标高后再在其上砌大放脚（图 6.1(c)）。

三合土基础在我国南方地区应用较为广泛，它的优点是施工简单、造价低廉，但强度较低，故常用于地下水位较低的 4 层及 4 层以下的民用建筑工程中。

5. 混凝土基础和毛石混凝土基础

混凝土基础是用水泥、砂和石子加水拌和浇筑而成的（图 6.1(d)）。混凝土基础可做成矩形、阶梯形和锥形截面。阶梯高度不得小于 300 mm。如果地下水质对普通硅酸盐水泥有侵蚀作用，则应采用矿渣水泥或火山灰水泥拌制混凝土。

混凝土基础水泥用量较大，造价也比砖基础、石基础高。如基础体积较大，为了节约混凝土用量，在浇灌混凝土时，可掺入基础体积 25%~30% 的毛石，做成毛石混凝土基础(图6.1(d))。毛石强度应符合表6.1要求,尺寸不得大于300 mm,使用前应冲洗干净。

混凝土基础的强度、耐久性、抗冻性都较好。当上部荷载较大、地基均匀性较差或位于地下水位以下,受冰冻影响时,常用混凝土基础。所采用的混凝土强度等级应不低于C15。

6. 钢筋混凝土基础

钢筋混凝土基础能承受较大的荷载。当建筑物的上部荷载较大或土质较软弱时,常采用钢筋混凝土基础(图6.2)。

钢筋混凝土基础强度大,具有良好的抗弯性能,在相同条件下,基础的厚度较薄。当采用钢筋混凝土基础时,如地下水对普通硅酸盐水泥有侵蚀作用,则需采用矿渣水泥或火山灰水泥拌制混凝土。

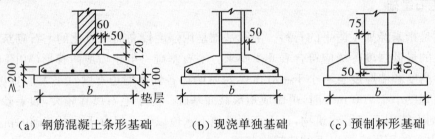

图6.2 钢筋混凝土基础

6.2.2 按构造分类

1. 条形基础

条形基础是指基础长度远大于其宽度的基础形式。按上部结构形式,它可分为墙下条形基础和柱下条形基础。

1) 墙下条形基础

墙下条形基础是承重墙基础的主要形式,常用砖、毛石、灰土、三合土或混凝土等材料建造(图6.1)。地基承载力较小、上部荷载较大的一些建筑的基础也常采用钢筋混凝土条形基础建造图(6.2(a))。

2) 柱下钢筋混凝土条形基础

当地基软弱而上部荷载较大时,为减少柱基之间的不均匀沉降;或柱距较小而荷载较大,使各柱基底面积靠近或重叠时,可在整排柱下做一条钢筋混凝土地梁,将各柱连通起来做成钢筋混凝土条形基础(图6.3)。一般设在房屋的纵向,可增强房屋的纵向基础刚度。柱下钢筋混凝土基础常在框架中采用。

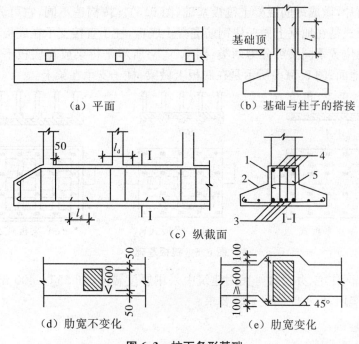

图 6.3 柱下条形基础

1—梁肋；2—翼板；3—下部受力筋；

4—上部受力筋；5—侧向构造筋

2. 独立基础

独立基础是柱基础的主要类型。它所用材料依柱的材料和荷载大小而定，常采用砖、石、混凝土和钢筋混凝土等。

现浇柱下钢筋混凝土基础如图 6.2(b)所示。预制柱下的基础一般做成杯形基础，如图 6.2(c)所示，待柱子插入杯口后，将柱子临时支撑，然后用比基础混凝土强度等级高一级的细石混凝土将柱周围的缝隙灌实。

3. 柱下十字形基础

荷载较大的高层建筑，如基础土质软弱，为了增强基础的整体刚度，减少不均匀沉降，可在柱网下纵横两方向设置钢筋混凝土条形基础(图 6.4)。这种基础的刚度要比单向条形基础大。

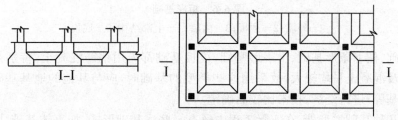

图 6.4 柱下十字交叉基础

4. 筏板基础

如果地基特别软弱而荷载又较大，采用十字形基础宽度会很大且又相互接近，这时可将基础底板连成两片,做成钢筋混凝土筏板基础(图 6.5)。按构造不同,它可分为平板和梁板两种形式。平板式是在地基上做一块钢筋混凝土底板,柱子直接支承在底板上(图 6.5(a))。梁板式按梁板的位置不同又可分为两类:图 6.5(b)所示是将梁放在底板下方,底板上面平整,可做建筑物地面;图 6.5(c)所示是在底板上做梁,柱子支承在梁上。

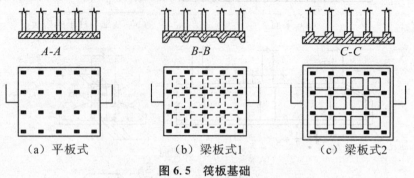

（a）平板式　　　　（b）梁板式1　　　　（c）梁板式2

图 6.5 筏板基础

我国有的地区住宅、办公楼等民用建筑中采用厚度较薄(如 250～400 mm)的墙下筏板基础,比较经济实用,但不能满足采暖要求。

5. 箱形基础

箱形基础是由钢筋混凝土底板、顶板和纵横内外隔墙组成的整体空间结构(图 6.6)。底板、顶板和隔墙共同工作,具有很大的整体刚度。基础中空部分可做地下室,与实体基础相比可减小自重和基底压力。箱形基础较适用于地基软弱、平面形状简单的高层建筑物。某些对不均匀沉降有严格要求的设备或构筑物,也可采用箱形基础(详见第 7 章)。

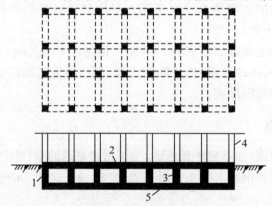

图 6.6 箱形基础

1—外墙;2—顶板;3—内墙;4—上部结构;5—底板

箱形基础、柱下条形基础、十字形基础、筏板基础都需用钢筋混凝土,特别是箱形基础,耗用的钢筋及混凝土量均较大,故采用这些类型的基础时,应与其他的地基基础方案(如桩基或人工地基等)进行经济、技术比较后确定。

除上述几种基础类型外,在实际工程中还有一些浅基础形式,如壳体基础,圆板、圆环基础等。

6.2.3 按受力性能分类

基础按受力性能分为刚性基础和柔性基础。

1. 刚性基础

刚性基础是指用受压极限强度较大,而受弯、受拉极限强度较小的材料建造的基础。砖、石、灰土、三合土、混凝土基础等都是此类基础。

2. 柔性基础

用钢筋混凝土建造的基础称为柔性基础。由于钢筋混凝土抗弯、抗拉的能力都很大,所以这种基础适用于地基较软、上部结构较大的情况。当刚性基础不能满足要求时,常采用由钢筋混凝土建造的柔性基础。

6.3 基础埋置深度的选择

基础的埋置深度一般是指室外设计地面至基础底面的距离。基础埋深的选择关系到地基基础的优劣、施工的难易和造价的高低,可根据以下影响基础埋置深度的主要因素综合比较确定。通常在满足地基稳定性和变形要求的情况下,基础宜浅埋,当上层地基的承载力大于下层地基时,宜采用上层土作为持力层。

6.3.1 建筑场地的土质及地下水的影响

不同的建筑场地,土质固然不同,就是同一地点深度不同,土质也有变化。因此,基础的埋置深度与场地的工程地质、水文地质条件有密切关系。如果上层土的承载力大于下层土时,一般取上层土作为基础的持力层,这样基础的埋深及底面积都可减小。当上层土软弱而在不深处有较好的土层时,可将基础埋置于下面较好的土层上,当上层软弱层较厚时,可考虑采用桩基、深基或人工地基。采用哪种方案,要从结构安全、施工难易和材料用量等因素比较确定。

有地下水存在时,基础应尽量埋置于地下水位以上,以避免地下水对基坑开挖、基础施工和使用期间的影响。如果基础埋深低于地下水位,则应考虑施工期间的基坑降水、坑壁支撑以及是否可能产生流砂、涌土等问题。对于具有侵蚀性的地下水,应采用抗侵蚀的水泥品种和相应的措施。对于具有地下室的厂房、民用建筑和地下贮罐,设计时还应考虑地下水的浮力和静水压力的作用以及地下结构抗渗漏问题。

6.3.2 建筑物用途及基础构造的影响

确定基础埋深时,应掌握建筑物的用途及使用要求。当有地下室、地下管道或设备基础时,常需将基础局部或整体加深;当地下管道穿过基础时,基础应预留孔洞。

为了保护基础不受人类和生物活动的影响,基础应埋置在地表以下,其最小埋深为0.5 m,且基础顶面应低于设计地面0.1 m,同时又要便于建筑物周围排水沟的布置。

6.3.3 基础上荷载大小及性质的影响

一般上部结构荷载大,则要求基础置于较好的土层上。对于承受较大水平荷载的基础,为了保证结构的稳定,也常将埋深加大。对某些受拔力的基础,需要有足够的埋深,才能保证必要的抗拔阻力,如输电塔基础。对于承受动力荷载的基础,不宜选择饱和疏松的细、粉砂作为持力层,以防止该持力层在动力荷载作用下产生液化而使基础出现失稳。

6.3.4 相邻建筑物基础埋深的影响

如果所设计的房屋附近有旧建筑物,为了保证原有建筑物的安全和正常使用,要求新建筑物基础的埋深小于或等于原有建筑物基础的埋深,并应考虑新加荷载对原有建筑物的影响。当新建的建筑物基础深于原有建筑物基础时,两基础之间应保持一定的距离,根据土质情况,一般为1~2倍两相邻基底标高差,即$l \geqslant (1 \sim 2)h$(图6.7)。当不能满足这项要求时,在施工过程中应采取有效措施,如分段施工、设置临时支撑、打板桩或采用地下连续墙等,以保证原有建筑物的安全。

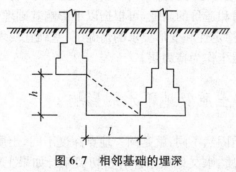

图6.7 相邻基础的埋深

6.3.5 地基土冻胀和融陷的影响

在高寒地区,当土层温度降至0 ℃时,土中的自由水首先结冰,随着土层温度继续下降,结合水的外层也开始冻结,因而结合水膜变薄,附近未冻结区土粒较厚的水膜便会迁移至水膜较薄的冻结区,并参与冻结。如地下水位较高,不断向冻结区补充积聚,将使冰晶体增大,形成冻胀。如果冻胀产生的上抬力大于作用在基底的竖向力,会引起建筑物开裂甚至破坏。当土层解冻时,土中的冰晶体融化,使土软化,含水量增加,强度降低,故产生附加沉陷,称为融陷。季节性冻土是一年内冻结与解冻交替出现的土层,在全国分布很广,有的厚度可达3 m。

季节性冻土的冻胀性与融陷性是相互关联的,故常以冻胀性加以概括。地基土的冻胀性分为4类:不冻胀土,对建筑物无危害;弱冻胀土,对浅埋基础的建筑物一般也无危害,或虽出现细微裂缝,也不影响建筑物的安全和使用;冻胀土,对浅埋基础的建筑物将产生裂缝,在冻深较大地区,非采暖建筑物因基础侧面受冻胀力作用而破坏;强冻胀土,对浅埋基础的建筑物将产生严重破坏,在冻深较大地区,即使基础埋深超过冻深,也会受残胀力作用而使建筑物破坏(表6.2)。

表6.2 地基土冻胀性分类

土的名称	冻前天然含水量ω	冻结期间地下水位距冻结面的最小距离 h_w/m	平均冻胀率 η	冻胀等级	冻胀类别
碎(卵)石、砾砂、粗砂、中砂(粒径小于0.075 mm颗粒含量大于15%)、细砂(粒径小于0.075 mm颗粒含量大于10%)	$\omega \leq 12\%$	>1.0	$\eta \leq 1\%$	I	不冻胀
		≤1.0	$1\% < \eta \leq 3.5\%$	II	弱冻胀
	$12\% < \omega \leq 18\%$	>1.0			
		≤1.0	$3.5\% < \eta \leq 6\%$	III	冻胀
	$\omega > 18\%$	>0.5			
		≤0.5	$6\% < \eta \leq 12\%$	IV	强冻胀
粉砂	$\omega \leq 14\%$	>1.0	$\eta \leq 1\%$	I	不冻胀
		≤1.0	$1\% < \eta \leq 3.5\%$	II	弱冻胀
	$14\% < \omega \leq 19\%$	>1.0			
		≤1.0	$3.5\% < \eta \leq 6\%$	III	冻胀
	$19\% < \omega \leq 23\%$	>1.0			
		≤1.0	$6\% < \eta \leq 12\%$	IV	强冻胀
	$\omega > 23\%$	不考虑	$\eta > 12\%$	V	特强冻胀
粉土	$\omega \leq 19\%$	>1.5	$\eta \leq 1\%$	I	不冻胀
		≤1.5	$1\% < \eta \leq 3.5\%$	II	弱冻胀
	$19\% < \omega \leq 22\%$	>1.5	$1\% < \eta \leq 3.5\%$	II	弱冻胀
		≤1.5	$3.5\% < \eta \leq 6\%$	III	冻胀
	$22\% < \omega \leq 26\%$	>1.5			
		≤1.5	$6\% < \eta \leq 12\%$	IV	强冻胀
	$26\% < \omega \leq 30\%$	>1.5			
		≤1.5			
	$\omega > 30\%$	不考虑	$\eta > 12\%$	V	特强冻胀
黏性土	$\omega \leq \omega_P + 2\%$	>2.0	$\eta \leq 1\%$	I	不冻胀
		≤2.0	$1\% < \eta \leq 3.5\%$	II	弱冻胀
	$\omega_P + 2\% < \omega \leq \omega_P + 5\%$	>2.0			
		≤2.0	$3.5\% < \eta \leq 6\%$	III	冻胀
	$\omega_P + 5\% < \omega \leq \omega_P + 9\%$	>2.0			
		≤2.0	$6\% < \eta \leq 12\%$	IV	强冻胀
	$\omega_P + 9\% < \omega \leq \omega_P + 15\%$	>2.0			
		≤2.0			
	$\omega > \omega_P + 15\%$	不考虑	$\eta > 12\%$	V	特强冻胀

注：① ω_P——塑限含水量；ω——在冻土层内冻前天然含水量的平均值；
② 盐渍化冻土不在表列；
③ 塑性指数大于22时,冻胀性降低一级；
④ 粒径小于0.005 mm的颗粒含量大于60%,为不冻胀土；
⑤ 碎石类土当充填物大于全部质量的40%时,其冻胀性按充填物土的类别判断；
⑥ 碎石土、砂砾、粗砂、中砂(粒径小于0.075 mm颗粒含量不大于15%)、细砂(粒径小于0.075 mm颗粒含量不大于10%)均按不冻胀考虑。

对于不冻土的基础埋深,可不考虑冻深的影响,对于弱冻胀、冻胀和强冻胀土的基础最小埋深可按下式确定:

$$d_{\min} = z_d - h_{\max} \tag{6.1}$$

式中:$h_{\max}$——基础底面下允许残留冻土层的最大厚度(m);
z_d——设计冻深(m),若当地有多年实测资料,可为

$$z_d = h' - \Delta_z \tag{6.2}$$

式中 h' 和 Δ_z 分别为实测冻土层厚度和地表冻胀量;若无实测资料,z_d 为

$$z_d = z_0 \cdot \Psi_{zs} \cdot \Psi_{zw} \cdot \Psi_{ze} \tag{6.3}$$

式中:z_0——标准冻深(m),系采用在地表平坦、裸露,城市之外的空旷场地中不少于10年实测最大冻深的平均值(m),当无实测资料时可按《建筑地基基础设计规范》(GB 50007—2011)附录 F 采用;
Ψ_{zs}——土的类别对冻深的影响系数,按表 6.3 查取;
Ψ_{zw}——土的冻胀性对冻深的影响系数,按表 6.4 查取;
Ψ_{ze}——环境对冻深的影响系数,按表 6.5 查取。

表 6.3 土的类别对冻深的影响系数

土的类别	影响系数 Ψ_{zs}
黏性土	1.00
细砂、粉砂、粉土	1.20
中砂、粗砂、砾砂	1.30
大块碎石土	1.40

表 6.4 土的冻胀性对冻深的影响系数

冻胀性	影响系数 Ψ_{zw}
不冻胀	1.00
弱冻胀	0.95
冻胀	0.90
强冻胀	0.85
特强冻胀	0.80

表 6.5 环境对冻深的影响系数

周围环境	影响系数 Ψ_{ze}
村、镇、旷野	1.00
城市近郊	0.95
城市市区	0.90

注:环境影响系数一项,当城市市区人口为20万~50万时,按城市近郊取值;当城市市区人口大于50万小于或等于100万时,只计入市区影响;当城市市区人口超过100万时,除计入市区影响外,还应考虑5 km以内的郊区近郊影响系数。

当冻深范围内地基由不同冻胀性土层组成时,基础最小埋深可按下层土确定,但不宜浅于下层土的顶面。

在有冻胀性土地区,除按上述要求选择基础埋深外,还应采取防冻害措施。

6.4 地基与基础的设计原则

6.4.1 地基基础设计等级

根据《建筑地基基础设计规范》(GB 50007—2011)规定,地基基础设计应根据地基复杂程度、建筑物规模和功能特征以及由于地基问题可能造成建筑物破坏或影响正常使用的程度分为三个设计等级,设计时应根据具体情况按表 6.6 选用。

表 6.6 地基基础设计等级

设计等级	建筑和地基类型
甲级	重要的工业与民用建筑物 30 层以上的高层建筑 体型复杂,层数相差超过 10 层的高低层连成一体建筑物 大面积的多层地下建筑物(如地下车库、商场、运动场等) 对地基变形有特殊要求的建筑物 复杂地质条件下的坡上建筑物(包括高边坡) 对原有工程影响较大的新建建筑物 场地和地基条件复杂的一般建筑物 位于复杂地质条件及软土地区的 2 层及 2 层以上地下室的基坑工程 开挖深度大于 15 m 的基坑工程 周边环境条件复杂、环境保护要求高的基坑工程
乙级	除甲级、丙级以外的工业与民用建筑物 除甲级、丙级以外的基坑工程
丙级	场地和地基条件简单、荷载分布均匀的 7 层及 7 层以下民用建筑及一般工业建筑;次要的轻型建筑物 非软土地区且场地地质条件简单、基坑周边环境条件简单、环境保护要求不高且开挖深度小于 5.0 m 的基坑工程

6.4.2 对地基与基础设计的要求

为了保证建筑物的安全与正常使用,根据建筑物地基基础设计等级和长期荷载作用下地基变形对上部结构的影响程度,地基基础设计应符合下列规定:
(1) 所有建筑物的地基计算均应满足承载力计算的有关规定。
(2) 设计等级为甲级、乙级的建筑物,均应按地基变形设计。
(3) 设计等级为丙级的建筑物有下列情况之一时应作变形验算:
① 地基承载力特征值小于 130 kPa,且体型复杂的建筑。
② 在基础上及其附近有地面堆载或相邻基础荷载差异较大,可能引起地基产生过大的不均匀沉降。

③ 软弱地基上的建筑物存在偏心荷载。
④ 相邻建筑距离近，可能发生倾斜。
⑤ 地基内有厚度较大或厚薄不均的填土，其自重固结未完成。

（4）对经常受水平荷载作用的高层建筑、高耸结构和挡土墙等，以及建造在斜坡上或边坡附近的建筑物和构筑物，应验算其稳定性。

（5）基坑工程应进行稳定性验算。

（6）建筑地下室或地下构筑物存在上浮问题时，应进行抗浮验算。

（7）表 6.7 所列范围内设计等级为丙级的建筑物可不作变形验算。

表 6.7 可不作地基变形验算的设计等级为丙级的建筑物范围

地基主要受力层情况	地基承载力特征值 f_{ak}/kPa		$80 \leq f_{ak}$ <100	$100 \leq f_{ak}$ <130	$130 \leq f_{ak}$ <160	$160 \leq f_{ak}$ <200	$200 \leq f_{ak}$ <300
	各土层坡度		$\leq 5\%$	$\leq 10\%$	$\leq 10\%$	$\leq 10\%$	$\leq 10\%$
建筑类型	砌体承重结构、框架结构（层数）		≤ 5	≤ 5	≤ 6	≤ 6	≤ 7
	单层排架结构（6m柱距）	单跨 吊车额定起重量/t	$10 \sim 15$	$15 \sim 20$	$20 \sim 30$	$30 \sim 50$	$50 \sim 100$
		单跨 厂房跨度/m	≤ 18	≤ 24	≤ 30	≤ 30	≤ 30
		多跨 吊车额定起重量/t	$5 \sim 10$	$10 \sim 15$	$15 \sim 20$	$20 \sim 30$	$30 \sim 75$
		多跨 厂房跨度/m	≤ 18	≤ 24	≤ 30	≤ 30	≤ 30
	烟囱	高度/m	≤ 40	≤ 50	≤ 75	≤ 100	
	水塔	高度/m	≤ 20	≤ 30	≤ 30	≤ 30	
		容积/m³	$50 \sim 100$	$100 \sim 200$	$200 \sim 300$	$300 \sim 500$	$500 \sim 1000$

注：① 地基主要受力层系指条形基础底面下深度为 $3b$（b 为基础底面宽度），独立基础下为 $1.5b$ 且厚度均不小于 5 m 的范围（2 层以下一般的民用建筑除外）。

② 地基主要受力层中如有承载力特征值小于 130 kPa 的土层，表中砌体承重结构的设计应符合有关要求。

③ 表中砌体承重结构和框架结构均指民用建筑，对于工业建筑可按厂房高度、荷载情况折合成与其相当的民用建筑层数。

④ 表中吊车额定起重量、烟囱高度和水塔容积的数值系指最大值。

6.4.3 荷载取值

（1）按地基承载力确定基础底面积及埋深或按单桩承载力确定桩数时，传至基础或承台底面上的作用效应应按正常使用极限状态下作用的标准组合。相应的抗力应采用地基承载力特征值或单桩承载力特征值。

（2）计算地基变形时，传至基础底面上的作用效应应按正常使用极限状态下作用的准永久组合，不应计入风荷载和地震作用。相应的限值应为地基变形允许值。

（3）计算挡土墙、地基或滑坡稳定以及基础抗浮稳定时，作用效应应按承载能力极限状态下作用的基本组合，但其分项系数均为 1.0。

（4）在确定基础或桩基承台高度、支挡结构截面，计算基础或支挡结构内力，确定配筋和验算材料强度时，上部结构传来的作用效应和相应的基底反力、挡土墙土压力及滑坡推力，应按承载能力极限状态下作用的基本组合，采用相应的分项系数。当需要验算基础裂缝宽度时，应按正常使用极限状态下作用的标准组合。

6.5 基础底面积的确定

在确定基础底面尺寸时，应首先算出作用在基础上的总荷载。

作用在结构上的荷载，现行《建筑结构荷载规范》(GB 50009—2012)分为永久荷载（恒荷载）、可变荷载（活荷载）、偶然荷载三类。恒荷载是作用在结构上的不变荷载，如梁、板、柱和墙的自重；活荷载是作用在结构上的可变荷载，如屋面雪荷载、楼面活荷载、风荷载等。

计算作用在基础上的总荷载设计值时，应根据《建筑结构荷载规范》规定的标准值从建筑物的屋顶开始计算：首先算出屋顶的恒荷载（屋面自重）和活荷载标准值，其次算出由上至下各层结构自重和楼面活荷载标准值，再算出墙和柱的自重标准值，然后根据《建筑结构荷载规范》规定求出上部结构作用在基础顶部的荷载效应组合标准值（外墙和外柱算至室内设计地面与室外设计地面平均标高处；内墙和内柱算至室内设计地面标高处，如图 6.8 所示），再加上基础自重和基础台阶上的回填土重标准值，便得到作用在地基上的全部设计荷载。

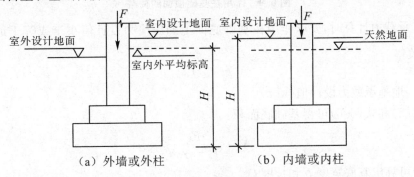

图 6.8 基础上的荷载计算

根据基础埋置深度，地基承载力特征值和作用在基础上的总荷载标准值，就可计算基础底面积。

6.5.1 按持力层地基承载力计算

上部结构作用在基础顶面处的荷载有如图 6.9 所示的几种情况：轴心荷载 F，轴心荷载 F 和弯矩 M，轴心荷载 F、弯矩 M 和水平荷载 V，轴心荷载 F 和水平荷载 V。下面归纳为两种情形对基础底面积的确定进行介绍。

1. 轴心荷载作用

在轴心荷载作用下，基础通常对称布置。作用在基底上的压力为

$$p_k = \frac{F_k + G_k}{A} = \frac{F_k + Ad\bar{\gamma}_G}{A} \tag{6.5}$$

式中：p_k——相应于作用的标准组合时，基础底面处的平均压力值(kPa)；
　　　F_k——相应于作用的标准组合时，上部结构传至基础顶面的竖向力值(kN)；
　　　G_k——基础自重和基础上的土重(kN)；
　　　A——基础底面面积(m²)；
　　　$\bar{\gamma}_G$——基础及其上回填土的平均重度，一般取 20 kN/m³；
　　　d——基础埋深(m)，对于室内外地面有高差的外墙、外柱，取基础平均埋深。

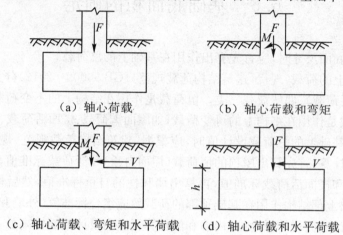

图 6.9　作用在基础顶面的荷载

按地基承载力计算时，要求作用在基础底面上的压应力设计值小于或等于地基承载力设计值，即

$$p_k \leqslant f_a \tag{6.6}$$

式中：f_a——地基承载力设计值(kPa)。

由式(6.5)和式(6.6)可得基础底面积：

$$A \geqslant \frac{F_k}{f_a - \gamma_G d} \tag{6.7}$$

然后进一步可算出基底宽度 b 和长度 l。

(1)墙下条形基础：沿墙纵向取 1 m 为计算单元，轴心荷载也为单位长度的数值(kN/m)，则

$$b \geqslant \frac{F_k}{f_a - 20d} \tag{6.8}$$

如取墙的纵向长度为 l（荷载也按相应长度考虑），则

$$b \geqslant \frac{F_k}{l(f_a - 20d)} \tag{6.9}$$

(2)方形柱下基础：

$$b \geqslant \sqrt{\frac{F_k}{f_a - 20d}} \tag{6.10}$$

(3)矩形柱下基础，取基础底面长度 l 与宽度 b 的比例为 $\dfrac{l}{b} = n$（一般取 $n \leqslant 2$），有 $A = lb = nb^2$，则

$$b = \frac{F_k}{n(f_a - 20d)} \tag{6.11}$$

【例6.1】 某黏性土重度 $\gamma=17.5$ kN/m³,孔隙比 $e=0.7$,液性指标 $I_L=0.78$,已确定其承载力特征值为 218 kPa。现修建一外柱基础,柱截面为 300 mm×300 mm,作用在-0.700 m 标高(基础顶面)处的轴心荷载标准值为 700 kN,基础埋深(自室外地面起算)为 1.0 m,室内地面(标高±0.000)高于室外 0.3 m,试确定基础底面宽度。

【解】 自室外地面起算的基础埋深为 1.0 m,先进行承载力深度修正,查表 4.7 得 $\eta_d=1.6$,承载力设计值为

$$f_a = f_{ak} + \eta_d \gamma_m (d - 0.5) = 218 + 1.6 \times 17.5 \times (1.0 - 0.5)$$
$$= 232 \text{ (kPa)}$$

计算基础和土重力时的基础埋深为

$$0.5 \times (1.0 + 1.3) = 1.15 \text{ (m)}$$

由式(6.10)得基础底宽为

$$b = \sqrt{\frac{700}{232 - 20 \times 1.15}} = 1.83 \text{(m)}$$

不必进行承载力宽度修正,取 $b=1.85$ m(取整数)。

2. 偏心荷载作用

图 6.9(b)、(c)和(d)所示各种情况,基础底面形心简化后,都属偏心荷载,在确定浅基础的基底尺寸时,可暂不考虑基础底面水平荷载的作用。

设基础底面压力按直线变化,则基底最大压力和最小压力设计值可按下式计算:

$$\begin{matrix} p_{kmax} \\ p_{kmin} \end{matrix} = \frac{F_k + G_k}{A} \pm \frac{M_k}{W} \qquad (6.12)$$

对矩形基础,也可按下式计算:

$$\begin{matrix} p_{kmax} \\ p_{kmin} \end{matrix} = \frac{F_k + G_k}{A} \left(1 \pm \frac{6e}{l}\right) \qquad (6.13)$$

式中 e 为偏心距(m),$e = \dfrac{M_k}{F_k + G_k}$。

偏心荷载作用时,所产生的基底压力 p_{kmax} 及 p_k 应满足地基承载力条件,即

$$p_k \leqslant f_a$$
$$p_{kmax} \leqslant 1.2 f_a \qquad (6.14)$$

根据承载力计算的要求,在确定基底尺寸时,可按下述步骤进行:

(1) 先按轴心荷载作用,初步计算基底面积(根据式(6.7)计算)。必要时先对地基土承载力进行深度修正。

(2) 根据偏心距的大小,把第一步计算得到的基底面积增大(可增加 10%～40%),或考虑增大基底宽度(可增加 5%～10%)。

(3) 对矩形基础选取基底长度 l 与宽度 b 的比值 n,于是基础宽为

$$b = (1.05 \sim 1.10) \sqrt{\frac{F_k}{n(f_a - 20d)}} \qquad (6.15)$$

(4) 考虑是否应对地基土承载力进行宽度修正。如需要,修正承载力后,重复上述步骤(1)～(4),使所取宽度前后一致。

(5) 计算基底最大压力设计值,应符合式(6.14)的要求。

（6）基底最小压力设计值一般不应出现负值，即要求偏心距 $e < \frac{1}{6}l$。

【例6.2】 已知条件同例6.1，但作用在基础顶面处的荷载标准值还有力矩 80 kN·m 和水平荷载 13 kN（图6.10），而柱截面改为 300 mm×400 mm。

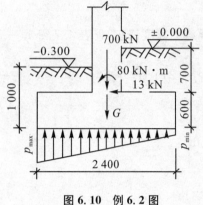

图6.10 例6.2图

【解】 $f_a = 232$ kPa，取矩形基础长短边之比 $n = \frac{l}{b} = 1.5$，由于偏心荷载不大，基础底宽初步增大10%，由式（6.15）得

$$b = 1.1 \times \sqrt{\frac{700}{1.5(232 - 20 \times 1.15)}} \approx 1.6 \text{ (m)}$$

$$l = nb = 1.5 \times 1.6 = 2.4 \text{ (m)}$$

$$A = bl = 1.6 \times 2.4 = 3.84 \text{ (m}^2)$$

基础及其上土重

$$G_k = 1.15 \times 1.6 \times 2.4 \times 20 = 88.32 \text{ (kN)}$$

基底平均压力

$$p_k = \frac{F_k + G_k}{A} = \frac{700 + 88.32}{3.84}$$
$$= 205.3 \text{(kPa)} < f_a = 232 \text{ (kPa)}$$

基底处力矩

$$M_k = 80 + 13 \times 0.6 = 87.8 \text{ (kN·m)}$$

上式右边第二项（13×0.6）为基础顶面处的水平荷载乘以基础高度（水平荷载对基础底面的力矩）。

$$e = \frac{M_k}{F_k + G_k} = \frac{87.8}{700 + 88.32} = 0.11$$

基底最大压力

$$p_{k\max} = \frac{F_k + G_k}{A}\left(1 + \frac{6e}{l}\right) = \frac{700 + 88.32}{3.84}\left(1 + \frac{6 \times 0.11}{2.4}\right)$$
$$= 261.75 \text{ (kPa)} < 1.2 f_a = 278.4 \text{ (kPa)}$$

满足设计要求。

故基底 $l = 2.4$ m，宽 $b = 1.6$ m，满足设计要求。

6.5.2 地基软弱下卧层承载力的验算

当地基受力层范围内有软弱下卧层时，除按持力层承载力确定基底尺寸，还需要验算下卧层顶面的地基强度：要求软弱下卧层顶面处的附加应力设计值 p_z 与土的自重应力 p_{cz} 之和不超过软弱下卧层的承载力设计值 f_{az}，即

$$p_z + p_{cz} \leqslant f_{az} \tag{6.16}$$

式中：p_z——相应于作用的标准组合时，软弱下卧层顶面处的附加压力值（kPa）；

p_{cz}——软弱下卧层顶面处土的自重压力值（kPa）；

f_{az}——软弱下卧层顶面处经深度修正后的地基承载力特征值（kPa），$f_{az} = f_{ak}$

$+\eta_d\gamma_m(d+z-0.5)$。

计算附加应力 p_z 时,一般按压力扩散角的原理考虑(图6.11)。当上部层与软弱下卧层的压缩模量比值大于或等于3时,p_z 可按下式计算:

条形基础

$$p_z = \frac{b(p_k - p_c)}{b + 2z\tan\theta} \qquad (6.17)$$

矩形基础

$$p_z = \frac{lb(p_k - p_c)}{(b + 2z\tan\theta)(l + 2z\tan\theta)} \qquad (6.18)$$

式中:b——矩形基础或条形基础底面宽度(m);

p_k——基础底面处平均压力设计值(kPa);

l——矩形基础底面长度(m);

p_c——基础底面处土的自重压力值(kPa);

z——基础底面至软弱下卧层顶面的距离(m);

θ——地基压力扩散线与垂直线的夹角(°),即地基压力扩散角,可按表6.8采用。

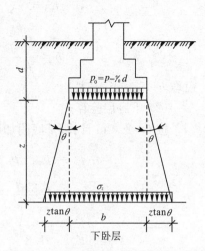

图6.11 验算软弱下卧层计算简图

表6.8 地基压力扩散角 θ

$a = \dfrac{E_{s1}}{E_{s2}}$	θ	
	$z/b = 0.25$	$z/b = 0.50$
3	6°	23°
5	10°	25°
10	20°	30°

注:① E_{s1} 为上层土压缩模量;E_{s2} 为下层土压缩模量。
② $z/b < 0.25$ 时取 $\theta = 0°$,必要时,宜由试验确定;$z/b > 0.50$ 时 θ 值不变。
③ z/b 在 0.25 与 0.50 之间可插值使用。

当 $E_{s1}/E_{s2} < 3$ 时,表示下层土的压缩模量 E_{s2} 与上层土的压缩模量 E_{s1} 差别不大,即下层土不"软弱"。如果 $E_{s1} = E_{s2}$,则不存在软弱下卧层了。

表6.8同时适用于条形基础和矩形基础,两者的压力扩散角差别一般小于2°。当基础底面为偏心受压(偏心距不超过偏心方向基础边长的1/6时),可以基础中点的压力作为扩散前平均压力。

如下卧层承载力验算不符合要求,基础的沉降可能较大,或者容易产生剪切破坏。这时应考虑增大基础底面积,有可能时宜改变基础类型,同时减小基础埋深(如采用砂石垫层、灰土层,减少下卧层顶面处的附加压力等)。

【例6.3】 地基土层分布情况如图6.12所示。上层为黏性土,厚度2.5 m,重度$\gamma = 18$ kN/m³,压缩模量 $E_{s1} = 9.0$ MPa,承载力特征值 $f_{ak1} = 190$ kPa。下层为淤泥质土,压缩模量为 $E_{s2} = 1.8$ MPa,承载力特征值 $f_{ak2} = 84$ kPa。现修建一条形基础,基础顶面轴心荷载标准值 $F_k = 300$ kN,暂取基础埋深0.5 m,底宽2 m,试验算所选截面是否合适。

【解】 (1) 先按上层(持力层)进行验算。取墙长1 m作为计算单元。则

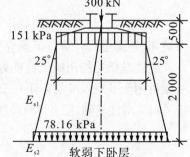

图6.12 软弱下卧层顶面的压力

$$f_a = f_{ak1} + \eta_b \gamma (b-3) + \eta_d \gamma_m (d-0.5)$$
$$= f_{ak1} = 190 \ (kN/m^2)$$
$$b = \frac{F_k}{f_a - 20d} = \frac{300}{190 - 20 \times 0.5} = 1.67 \ (m)$$

已取 $b=2.0$ m，偏大。

(2) 下卧层验算。

按 $b=2.0$ m 计算，基底附加压力设计值为

$$p_0 = p_k - p_c = \left(\frac{F_k + \gamma Ad}{A}\right) - \gamma d$$
$$= \left(\frac{300}{2 \times 1} + 20 \times 0.5\right) - 18 \times 0.5 = 151 \ (kN/m^2)$$

$$\frac{E_{s1}}{E_{s2}} = \frac{9}{1.8} = 5$$

$$z = 2.0 \ (m) > \frac{b}{2} = 1.0 \ (m)$$

由表 6.6 查得 $\theta = 25°$。

$$p_z = \frac{b(p_k - p_c)}{b + 2z\tan 25°} = \frac{2 \times 151}{2 + 2 \times 2 \times \tan 25°}$$
$$= 78.16 \ (kN/m^2)$$

下卧层顶面处土的自重应力

$$p_{cz} = \gamma(d+z) = 18 \times (0.5 + 2.0) = 45 \ (kN/m^2)$$

下卧层顶面处的承载力设计值

$$f_a = f_{ak2} + \eta_d \gamma_m (d-0.5)$$
$$= 84 + 1.1 \times 18 \times (2.5 - 0.5)$$
$$= 123.6 \ (kN/m^2)$$

验算为

$$p_z + p_{cz} = 78.16 + 45 = 123.16 \ (kN/m^2) < f_a$$
$$= 123.6 \ (kN/m^2)$$

故所选基础埋深及底面尺寸符合设计要求。

6.6 刚性基础设计

如前所述，基底面积的确定只能保证地基承载力满足要求。但基础本身材料是否会受力破坏，还需进行计算。下面介绍刚性基础剖面尺寸的确定方法。

刚性基础是指用抗压性能好而抗剪性能较差的材料建造的基础，也称无筋基础。刚性基础可用于 6 层及 6 层以下(三合土基础不宜超过 4 层)的民用建筑和墙承重的厂房。

(1) 刚性基础(图 6.13)高度 H_0 应满足下式的要求：

$$H_0 \geqslant \frac{b - b_0}{2\tan\alpha}$$

式中：b——基础底面宽度(m)；

b_0——基础顶面的墙体宽度或柱脚宽度(m);

H_0——基础高度(m);

$\tan\alpha$——基础台阶宽高比$b_2:H_0$,其允许值可按表6.9选用;

b_2——基础台阶宽度(m)。

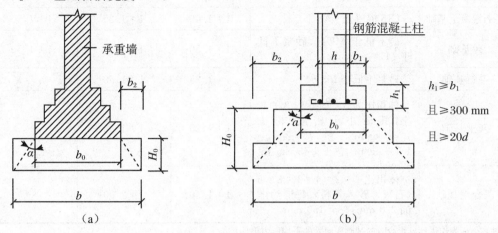

图6.13 刚性基础的计算

如图6.13所示的基础,实线轮廓表示刚性基础的计算剖面。基础台阶宽高比$b_2:H_0$数值愈大,则基础愈容易破坏。根据实验研究和建筑实践证明,当基础材料的强度和基础底面反力p确定后,只要$b_2:H_0$小于某一容许比值$[b_2:H_0]$,就可保证基础不会破坏。$b_2:H_0$的数值也可以用基础斜面与铅直线的夹角α来表示。与$[b_2:H_0]$相对应的角度$[\alpha]$称为基础的刚性角。

刚性基础台阶宽高比的容许值$[b_2:H_0]$见表6.10。为了保证基础的质量,基础台阶的尺寸除满足表中所规定的数值外,还需满足构造要求。

采用无筋扩展基础的钢筋混凝土柱,其柱脚高度h_1不得小于b_1(图6.13),并应不小于300 mm且不小于$20d$(d为柱中的纵向受力钢筋的最大直径)。当柱纵向钢筋在柱脚内的竖向锚固长度不满足锚固要求时,可沿水平方向弯折,弯折后的水平锚固长度应不小于$10d$且大于$20d$。

为了保证基础的砌筑质量,一般在砖基础底面以下先做灰土、三合土或混凝土垫层,垫层每边伸出基础底面50 mm,厚度为100 mm。这种垫层纯粹为了施工方便,不能作为基础的一部分。垫层的宽度和高度都不计入基础的底宽b和埋深d。

有时,刚性基础由两种材料叠合组成。例如,上层用砖砌体,下层用灰土或混凝土。下层灰土或混凝土的高度必须在200 mm以上,并且材料质量要符合要求。这样,这层灰土或混凝土就是基础的一部分,而不作为垫层看待。当然,这层灰土或混凝土的宽度和高度应计入基础底宽和埋深。由不同材料做成的刚性基础,每部分都必须满足相应材料的宽高比要求。

表 6.10　刚性基础台阶宽高比的容许值

基础材料	质量要求	台阶宽高比的容许值 $p_k\leqslant100$	$100<p_k\leqslant200$	$200<p_k\leqslant300$
混凝土基础	C15 混凝土	1∶1.00	1∶1.00	1∶1.25
毛石混凝土基础	C15 混凝土	1∶1.00	1∶1.25	1∶1.50
砖基础	砖不低于 MU10,砂浆不低于 M5	1∶1.50	1∶1.50	1∶1.50
毛石基础	砂浆不低于 M5	1∶1.25	1∶1.50	—
灰土基础	体积比为 3∶7 或 2∶8 的灰土,其最小干密度:粉土 1 550 kg/m³,粉质黏土 1 500 kg/m³,黏土 1 450 kg/m³	1∶1.25	1∶1.50	—
三合土基础	体积比 1∶2∶4～1∶3∶6 (石灰∶砂∶骨料),每层约虚铺 220 mm,夯至 150 mm	1∶1.50	1∶2.00	—

注:① p_k 为作用标准组合时的基础底面处的平均压力值(kPa);
② 阶梯形毛石基础的每阶伸出宽度宜不大于 200 mm;
③ 当基础由不同材料叠合组成时,应对接触部分作抗压验算;
④ 混凝土基础单侧扩展范围内基础底面处的平均压力超过 300 kPa 时,应进行抗剪验算;对基底反力集中于立柱附近的岩石地基,应进行局部受压承载力验算。

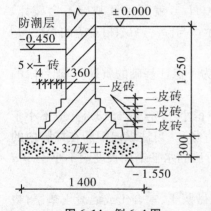

图 6.14　例 6.4 图

【例 6.4】　某办公楼外墙厚度 360 mm,从室内设计地面起算的埋深 1.55 m,上部结构荷载作用 $F_k=88$ kN/m(图 6.14)。地基土承载力特征值 $f_a=90$ kN/m²,室内外高差 0.45 m,试设计此外墙基础。

【解】　设采用两步灰土基础。基础埋深计算:

$$d=1.55-\frac{0.45}{2}=1.32\ (\text{m})$$

按式(6.8)算出基底宽度

$$b=\frac{F_k}{f_a-20d}=\frac{88}{90-20\times1.32}=1.38\ (\text{m})$$

取 $b=1.4$ m。

基础大放脚采用两皮一收与一皮一收相间的做法,每收一次其两边各收 1/4 砖长。大放脚每台阶数目可按下式计算:

$$n\geqslant\left(\frac{b}{2}-\frac{a}{2}-b_1\right)\times\frac{1}{60}$$

式中:b——基础宽度(mm);
　　　a——墙厚(mm);
　　　b_1——灰土基础的最大允许悬挑长度(mm)。

由表 5.10 查得,当基底应力 $p\leqslant100$ kN/m²(本例中 $p=f_a=90$ kN/m²)时,灰土基础台阶宽高比容许值 $[b_1\colon h_1]=1\colon1.25$($h_1$ 为灰土基础台阶高度)。本例灰土采用两步,即 $150\times2=300$ (mm),则灰土最大允许悬挑长度

$$b_1=\frac{1}{1.25}h_1=\frac{1}{1.25}\times300=240\ (\text{mm})$$

因为
$$b = 1\,400 \text{ mm}, \quad a = 360 \text{ mm}, \quad b_1 = 240 \text{ mm}$$
则
$$n = \left(\frac{1\,400}{2} - \frac{360}{2} - 240\right) \times \frac{1}{60} = 4.67$$
取 $n=5$。

6.7 墙下钢筋混凝土条形基础设计

墙下钢筋混凝土条形基础的截面设计必须确定基础高度和基础底板配筋。在这些计算中,可不考虑基础及其上面土的重力,因为由这些重力所产生的那部分地基反力将与重力相抵消。当然,在确定基础底面尺寸或计算基础沉降时,基础和土的重力是要考虑的。

仅由基础顶面的荷载设计值所产生的地基反力,称为地基净反力,用 p_j 表示。沿墙长度方向取 1 m 作为计算单元。

6.7.1 构造要求

(1) 通常采用梯形截面基础,其边缘高度宜不小于 200 mm(图 6.15)。当基础高度小于或等于 250 mm 时,基础可做成等厚平板式。

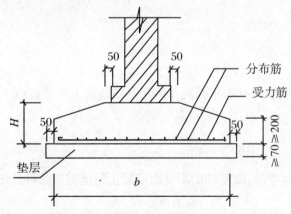

图 6.15 墙下条形基础构造

(2) 垫层的厚度宜不小于 70 mm,垫层混凝土强度等级宜不低于 C10。

(3) 纵向分布钢筋的直径应不小于 8 mm,间距应不大于 300 mm,每延米分布钢筋的面积应不小于受力钢筋面积的 15%。有垫层时钢筋保护层的厚度应不小于 40 mm;无垫层时应不小于 70 mm。

(4) 混凝土的强度等级应不低于 C20。

(5) 当基础的宽度大于或等于 2.5 m 时,底板受力钢筋的长度可取宽度的 9/10,并交错布置。

(6) 底板在 T 形和十字形交接处,底板横向受力钢筋仅沿一个主要受力方向通长布置,另一方向的横向受力钢筋可布置到主要受力方向底板宽度 1/4 处;在拐角处底板横向受力钢筋应沿两个方向布置(图6.16)。

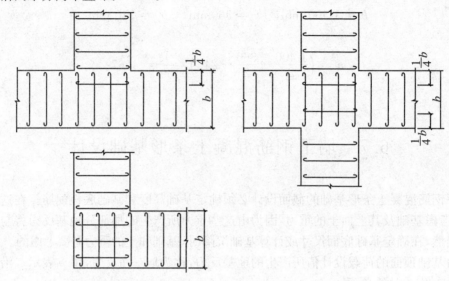

图6.16 墙下条形基础纵横交叉处底板受力钢筋布置

(7)当地基软弱时,为了减少不均匀沉降的影响,基础截面可采用带肋的板,肋的纵向钢筋和箍筋按经验确定。

6.7.2 轴心荷载作用

地基净反力 p_j 为

$$p_j = \frac{F}{b} \tag{6.19}$$

式中:F——相应于荷载效应基本组合时作用在基础顶面上的荷载(kN/m^2);
　　b——基础宽度(m)。

1. 基础高度

基础内不配箍筋和弯筋,故基础的高度由混凝土的抗剪切条件确定:

$$V \leqslant 0.7\beta_{hs} f_t l h_0 \tag{6.20}$$

$$V = p_j l b_1 \quad (p_j \text{ 以 } N/m^2 \text{ 为单位}) \tag{6.21}$$

式中:V——基础底板内产生的剪力设计值(N);

β_{hs}——受剪承载力截面高度影响系数,$\beta_{hs} = (800/h_0)^{\frac{1}{4}}$,当 $h_0 < 800$ mm 时,h_0 取 800 mm,当 $h_0 > 2\,000$ mm 时,h_0 取 $2\,000$ mm;

f_t——混凝土轴心抗拉强度设计值(N/mm^2);

b_1——基础悬臂部分挑出长度,如图6.17所示,当墙体材料为混凝土时,b_1 为基础边至墙脚的距离;当为砖墙且墙脚伸出1/4砖长时,b_1 为基础边至墙脚距离加上 0.06 m,即基础边缘至墙面的距离(m);

h_0——基础有效高度(mm),$h_0 = h - (c + \frac{d}{2})$,即基础高度 h 减去混凝土保护层 c 和板

内受力筋直径的 1/2；

f_c——混凝土轴心抗压强度设计值(N/mm^2)；

l ——通常沿基础截面长边方向取 1 m。

设计时，初选基础高度 $h = \dfrac{1}{8}b$。

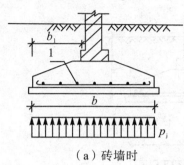
(a) 砖墙时

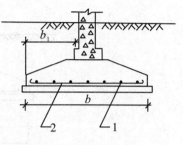
(b) 混凝土墙时

图 6.17　墙下条形基础
1—构造筋；2—受力筋

2. 基础底板配筋

悬臂根部的最大弯矩 $M(kN \cdot m)$ 为

$$M = \frac{1}{2} p_j l b_1^2 \tag{6.22}$$

当为条形基础时，$l = 1$ m，即

$$M = \frac{1}{2} p_j b_1^2$$

每米墙长的受力钢筋截面面积

$$A_s = \frac{M}{0.9 f_y h_0} \tag{6.23}$$

式中：A_s——条形基础每米长度受力钢筋的截面面积(mm^2)；

f_y——钢筋抗拉强度设计值(N/mm^2)；

h_0——基础有效高度(m)，$0.9 h_0$ 为截面内力臂的近似值。

6.7.3　偏心荷载作用

偏心荷载作用下，基底净反力一般呈梯形分布，基础底面积则按矩形考虑，现先计算基底偏心距：

$$e_0 = \frac{M}{F}$$

当偏心距 $e_0 \leqslant \dfrac{6}{b}$ 时，基础底边缘处的最大净反力和最小净反力为

$$\begin{matrix} p_{jmax} \\ p_{jmin} \end{matrix} = \frac{F}{b}\left(1 \pm \frac{6e_0}{b}\right) \tag{6.24}$$

悬臂根部截面Ⅰ-Ⅰ(图 6.18)处的净反力为

$$p_{jⅠ} = p_{jmin} + \frac{b - b_1}{b}(p_{jmax} - p_{jmin}) \tag{6.25}$$

$$M = \frac{1}{4}(p_{jmax} + p_{jI})b_1^2 \qquad (6.26)$$

$$V = \frac{1}{2}(p_{jmax} + p_{jI})b_1 \qquad (6.27)$$

基础的高度和配筋仍按式(6.21)和式(6.23)进行。

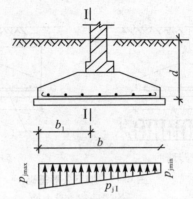

图 6.18 墙下条形基础承受偏心荷载作用

【例 6.5】 如图 6.19 所示,某砖墙厚 240 mm,作用在基础顶面的轴心荷载标准值 $F_k = 180$ kN/m,要求基础埋深 0.5 m,地基承载力特征值 $f_{ak} = 130$ kN/m²,试设计此基础。

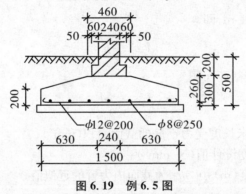

图 6.19 例 6.5 图

【解】 因基础要求埋深 0.5 m,故采用钢筋混凝土基础。混凝土强度等级 C20,查得 $f_c = 9.6$ N/mm², $f_t = 1.1$ N/mm²,用 I 级钢筋,查得 $f_y = 270$ N/mm²。

先计算基础底面宽度

$$f_a = f_{ak} + \eta_d \gamma_m (d - 0.5) = f_{ak} = 130 \ (kN/m^2)$$

$$b = \frac{F_k}{f_a - 20d} = \frac{180}{130 - 20 \times 0.5} = 1.5 \ (m)$$

初步选择基础高度 $h = 300$ mm,则有效高度 $h_0 = 260$ mm。

地基净反力

$$p_j = \frac{F}{bl} = \frac{1.35 F_k}{b \times 1} = 162 \ (kN/m^2)$$

基础边缘至砖墙面距离

$$b_1 = \frac{1}{2} \times (1.5 - 0.24) = 0.63 \ (m)$$

基础净反力产生的剪力
$$V = p_j l b_1 = 162 \times 1 \times 0.63 = 102.06 \text{ (kN)}$$
而
$$0.7\beta_{hs} f_t l h_0 = 0.7 \times 1.0 \times 1.1 \times 260 \times 10^3 = 200.2 \text{ (kN)} > V = 102.06 \text{ (kN)}$$
基础高度满足要求。
$$M = \frac{1}{2} p_j l b_1^2 = \frac{1}{2} \times 162 \times 1 \times 0.63^2 = 32.15 \text{ (kN·m)}$$
$$A_s = \frac{M}{0.9 f_y h_0} = \frac{32.15 \times 10^6}{0.9 \times 270 \times 260} = 509 \text{ (mm}^2\text{)}$$

配 $\phi 12@200$，$A_s = 565 \text{ mm}^2$，符合要求。

以上受力筋沿垂直于砖墙长度方向配置，在其上配置纵向分布筋 $\phi 8@250$。

6.8 柱下钢筋混凝土独立基础设计

柱下钢筋混凝土独立基础设计包括确定基础底面积、基础高度及底板配筋。

轴心受压基础底面积按式(6.7)确定，偏心受压基础底面积按式(6.6)、式(6.14)确定。

轴心受压基底两边长一般相等，偏心受压基底两边长一般取 $\dfrac{l}{b} \leqslant 2$。

下面介绍基础高度和底板配筋的设计计算。

6.8.1 轴心荷载作用

1. 基础高度

基础高度由混凝土抗冲切强度确定。在柱荷载作用下，如果基础高度(或阶梯高度)不足，则将沿柱周边(或阶梯高度变化处)产生冲切破坏，形成 45°斜裂面的角锥体(图 6.20)。因此，由冲切破坏锥体以外的地基净反力所产生的冲切力应小于冲切面处混凝土的抗冲切强度。矩形基础一般沿柱短边一侧先产生冲切破坏。所以，只需根据短边一侧的冲切破坏条件确定基础高度，即要求

$$F_l \leqslant 0.7 \beta_{hp} f_t b_m h_0 \tag{6.28}$$

式中：F_l——相应于作用的基本组合时作用在 A_l 上的地基土净反力设计值(kPa)；

β_{hp}——受冲切承载力截面高度影响系数，当 h 不大于 800 mm 时取 1.0，当 h 大于或等于 2 000 mm 时取 0.9，其间按线性内插法取用；

f_t——混凝土抗拉强度设计值(N/mm²)；

b_m——冲切破坏锥体斜裂面上、下边长 b_t、b_b 的平均值(mm)，如图 6.21 所示；

h_0——基础有效高度(mm)。

上式左边部分为冲切力

$$F_l = p_j A_l \tag{6.29}$$

式中：p_j——地基净反力(kN/m²)；

A_l——冲切力的作用面积(图 6.22 所示斜线面积，m²)。

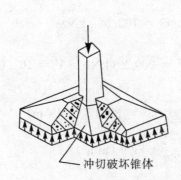
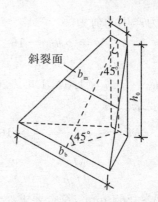

图 6.20 基础冲切破坏图 　　　图 6.21 冲切斜裂面边长

在式(6.28)中，F_l 的单位应换算成 N。

如果柱截面长边、短边分别用 a_c、b_c 表示，则沿柱边产生冲切时，有

$$b_t = b_c$$

当 $b \geq b_c + 2h_0$ 时，即冲切破坏锥体的底边落在基础底面积之内(图 6.22(b))：

$$b_b = b_c + 2h_0$$

则

$$b_m = \frac{b_c + b_b}{2} = b_c + h_0$$

$$b_m h_0 = (b_c + h_0)h_0$$

$$A_1 = \left(\frac{l}{2} - \frac{a_c}{2} - h_0\right)b - \left(\frac{b}{2} - \frac{b_c}{2} - h_0\right)^2$$

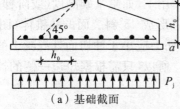
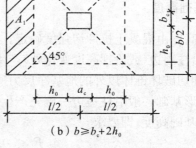

(a) 基础截面　　　　　　(b) $b \geq b_c + 2h_0$

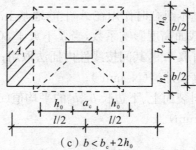

(c) $b < b_c + 2h_0$

图 6.22 基础冲切计算图

此时式(6.28)可写成

$$p_j\left[\left(\frac{l}{2}-\frac{a_c}{2}-h_0\right)b-\left(\frac{b}{2}-\frac{b_c}{2}-h_0\right)^2\right]\leqslant 0.7\beta_{hp}f_t(b_c+h_0)h_0 \qquad (6.30)$$

当 $b<b_c+2h_0$ 时(图6.22(c)),冲切力的作用面积 A_1 为一矩形,则

$$A_1=\left(\frac{l}{2}-\frac{a_c}{2}-h_0\right)b$$

因为

$$b_m h_0=(b_c+h_0)h_0-\left(\frac{b_c}{2}+h_0-\frac{b}{2}\right)^2$$

则式(6.28)可写成

$$F_l\leqslant 0.7\beta_{hp}f_t\left[(b_c+h_0)h_0-\left(\frac{b_c}{2}+h_0-\frac{b}{2}\right)^2\right] \qquad (6.31)$$

当基础有变阶时,需验算变阶处的冲切强度,此时可将上台阶底周边看作柱周边,计算方法同前。当基础底面全部落在45°冲切破坏底边以内时,则成为刚性基础,无须进行冲切验算。

2. 底板配筋

在地基净反力作用下,基础沿柱的周边向上弯曲。一般矩形基础的长宽比小于2,故为双向受弯。当弯曲应力超过了基础的抗弯强度时,就发生弯曲破坏。其破坏特征是裂缝沿柱边至基础边将基础底面分裂成四块梯形面积。故配筋计算时,将基础板看成四块固定在柱边的梯形悬臂板(图6.23)。

地基净反力 p_j 对柱边Ⅰ-Ⅰ截面产生的弯矩为

$$M_Ⅰ=p_j A_{1234}l_0$$

式中:A_{1234}——梯形1234的面积,

$$A_{1234}=\frac{1}{4}(b+b_c)(l-a_c)$$

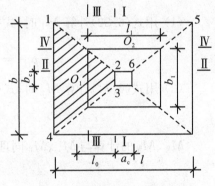

l_0——梯形1234的形心 O_1 至柱边的距离,

$$l_0=\frac{(l-a_c)(b_c+2b)}{6(b_c+b)}$$

则

$$M_Ⅰ=\frac{1}{24}p_j(l-a_c)^2(b_c+2b) \qquad (6.32)$$

图6.23 地基净反力作用面积

平行 l 方向(垂直于Ⅰ-Ⅰ截面)的受力筋面积为

$$A_{sⅠ}=\frac{M_Ⅰ}{0.9f_y h_0} \qquad (6.33)$$

同理,由面积1265的净反力可得柱边Ⅱ-Ⅱ截面的弯矩为

$$M_Ⅱ=\frac{1}{24}p_j(b-b_c)^2(2l+a_c) \qquad (6.34)$$

平行 b 方向(垂直于Ⅱ-Ⅱ截面)的受力钢筋面积为

$$A_{sⅡ}=\frac{M_Ⅱ}{0.9f_y h_0} \qquad (6.35)$$

阶梯形基础在变阶处也是抗弯的危险截面,按式(6.32)至式(6.35)可以分别计算阶底边Ⅲ-Ⅲ和Ⅳ-Ⅳ截面的弯矩 $M_Ⅲ$、钢筋面积 $A_{sⅢ}$ 和 $M_Ⅳ$、$A_{sⅣ}$,只要把各式的 a_c、b_c 换成上阶

的长边 l_1 和短边 b_1,把 h_0 换为下阶的有效高度 h_{01} 即可。然后由 A_{sI} 和 A_{sII} 中的较大值配置平行 l 方向的钢筋,由 A_{sIII} 和 A_{sIV} 中的较大值配置平行 b 边方向的钢筋。

当基底和柱截面均为正方形时,$M_I = M_{II}$,$M_{III} = M_{IV}$,此时只需计算一方向进行配筋即可。

6.8.2 偏心荷载作用

如果只在矩形基础长边方向产生偏心,即只有一个方向的偏心距且作用在基础底面形心处的弯矩为 M,则

$$e_0 = \frac{M}{F}$$

基底净反力的最大值和最小值为

$$\begin{matrix} p_{jmax} \\ p_{jmin} \end{matrix} = \frac{F}{lb}\left(1 \pm \frac{6e_0}{l}\right) \tag{6.36}$$

1. 基础高度

按式(6.30)或式(6.31)计算,此时应以 p_{jmax} 代替式中的 p_j。

2. 底板配筋

按轴心受压的相应公式计算,但计算弯矩时,地基净反力按下面方法确定:

(1) 用式(6.32)计算 M_I 时,式中的 p_j 改为 $\frac{1}{2}(p_{jmax} + p_{jI})$,其中 p_{jI} 为(图 6.24(a))

$$p_{jI} = p_{jmin} + \frac{l + a_c}{2l}(p_{jmax} + p_{jmin}) \tag{6.37}$$

(2) 用式(6.34)计算 M_I 时,式中 p_j 为(图 6.24(a))

$$p_j = \frac{1}{2}(p_{jmax} + p_{jmin}) = \frac{F}{lb} \tag{6.38}$$

M_{III}、M_{IV} 的计算与 M_I、M_{II} 同理。

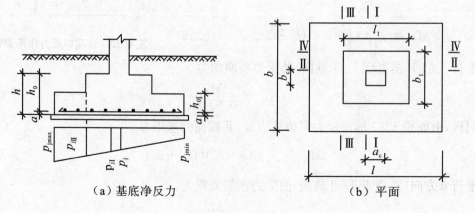

图 6.24 偏心荷载作用下独立基础

符合构造要求的杯形基础,在与预制柱结合形成整体后,其性能与现浇基础相同,故其高度和底板配筋仍按柱边和高度变化处的截面进行计算。此外,杯形基础的埋深和底面尺

寸的选择，也与现浇基础相同。

在前面已讨论了无筋或钢筋混凝土、承受轴心荷载或偏心荷载的墙下条形基础与柱下独立基础的设计，这些浅基础统称为扩展基础。这些基础较为简单经济，又能将墙、柱的荷载分布于基础底面，以满足建筑物对地基承载力和允许变形值的要求，故目前使用较广泛。

6.8.3 构造要求

1. 现浇柱基础构造要求

（1）柱下钢筋混凝土独立基础可采用阶梯形基础和锥形基础。当采用锥形基础时，锥形基础的边缘高度宜不小于 200 mm，且两个方向的坡度宜不大于 1∶3，顶部应做成平台，每边从柱边缘伸出不小于 50 mm，以便于支设模板（图 6.25(a)）；当采用阶梯形基础时，每阶高度宜为 300～500 mm，当基础高度大于或等于 600 mm 而小于 900 mm 时，阶梯形基础应分二级，当基础高度大于或等于 900 mm 时，则分三级（图 6.25(b)）。由于阶梯形基础施工过程质量更容易控制，宜优先考虑使用。

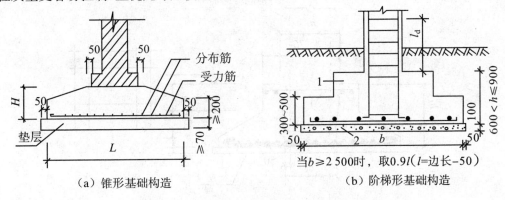

(a) 锥形基础构造　　(b) 阶梯形基础构造

图 6.25 现浇柱下钢筋混凝土基础的构造
1—混凝土（不低于 C20）；2—垫层（C10）

（2）混凝土强度等级应不低于 C20；垫层的厚度宜不小于 70 mm，垫层混凝土强度等级宜不低于 C10。

（3）柱下钢筋混凝土基础的受力钢筋应双向配置。受力钢筋最小配筋率应不小于 0.15%，底板受力钢筋的最小直径宜不小于 10 mm，间距宜不大于 200 mm 且不小于 100 mm。有垫层时钢筋保护层的厚度应不小于 40 mm；无垫层时应不小于 70 mm。

（4）当柱下钢筋混凝土独立基础的边长大于或等于 2.5 m 时，底板受力钢筋的长度可取边长或宽度的 9/10，并宜交错布置。

（5）钢筋混凝土柱纵向受力钢筋在基础内的锚固长度 l_a(m) 应根据现行国家标准《混凝土结构设计规范》(GB 50010—2010) 有关规定确定。

当设计有抗震设防烈度时，纵向受力钢筋的抗震锚固长度 l_{aE}(m) 应按下式计算：对于一、二级抗震等级，$l_{aE}=1.15l_a$；对于三级抗震等级，$l_{aE}=1.05l_a$；对于四级抗震等级，$l_{aE}=l_a$。

当基础高度小于 $l_a(l_{aE})$ 时,纵向受力钢筋的锚固总长度除符合上述要求外,其最小直锚段的长度应不小于 $20d$,弯折段的长度应不小于 150 mm。

(6) 基础与柱一般不同时浇灌,在基础内需预留插筋,其直径和根数与柱内纵向受力钢筋相同。插入基础的钢筋,上下至少应有两道箍筋固定。插筋与柱的纵向受力钢筋的搭接长度(l_1)应按现行的《混凝土结构设计规范》规定执行,插筋与柱筋的搭接位置一般在基础顶面,如需提前回填时,搭接位置也可在室内地面处。在搭接长度内的箍筋应加密,当柱内纵筋为受压时,箍筋间距应不大于 $10d$(d 为柱内纵向受力筋的最小直径);当柱内纵筋为受拉时,箍筋间距应不大于 $5d$。插筋的下端宜制作成直钩放置在基础地板的钢筋网上,当符合下列条件之一时,可仅将四角的插筋伸至底板钢筋网上,其余插筋锚固在基础顶面下 l_a 或 l_{aE} 处:

① 柱为轴心受压或小偏心受压,基础高度大于或等于 1 200 mm;
② 柱为大偏心受压,基础高度大于或等于 1 400 mm。

2. 预制柱基础构造要求

预制钢筋混凝土柱与杯形基础的连接,应符合下列构造要求(图 6.26):

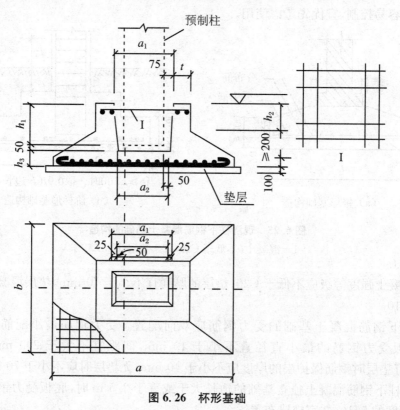

图 6.26 杯形基础

(1) 柱的插入深度 h_1,可按表 6.11 选用,并应满足钢筋锚固长度的要求(一般为 20 倍纵向钢筋直径)和吊装时柱的稳定性要求(不小于吊装柱长的 1/20)。

表 6.11　柱的插入深度 h_1 (mm)

矩形或工字形柱				双肢柱
$h<500$	$500\leqslant h<800$	$800\leqslant h\leqslant 1\,000$	$h>1\,000$	
$h\sim 1.2h$	h	$0.9h$ 且$\geqslant 800$	$0.8h$ 且$\geqslant 1\,000$	$(1/3\sim 2/3)h_a$ $(1.5\sim 1.8)h_b$

注：① h 为柱截面长边尺寸，h_a 为双肢柱全截面长边尺寸，h_b 为双肢柱全截面短边尺寸。
② 柱轴心受压或小偏心受压时，h_1 可适当减小；偏心距大于 $2h$ 时，h_1 应适当加大。

（2）基础的杯底厚度 h_3 和杯壁厚度 t，可按表 6.12 选用，并应使杯口基础边缘高度不小于 h_3。

表 6.12　基础的杯底厚度 h_3 和杯壁厚度 t

柱截面长边尺寸 h/mm	杯底厚度 h_3/mm	杯壁厚度 t/mm
$h<500$	$\geqslant 150$	$150\sim 200$
$500\leqslant h<800$	$\geqslant 200$	$\geqslant 200$
$800\leqslant h<1\,000$	$\geqslant 200$	$\geqslant 300$
$1\,000\leqslant h<1\,500$	$\geqslant 250$	$\geqslant 350$
$1\,500\leqslant h<2\,000$	$\geqslant 300$	$\geqslant 400$

注：① 双肢柱的杯底厚度值，可适当加大；
② 当有基础梁时，基础梁下的杯壁厚度，应满足其支承宽度的要求；
③ 柱子插入杯口部分的表面应凿毛，柱子与杯口之间的空隙，应用比基础混凝土强度等级高一级的细石混凝土充填密实，当达到材料设计强度的 70% 以上时，方能进行上部吊装。

（3）当柱为轴心受压或小偏心受压且 $t/h_2\geqslant 0.65$ 时（h_2 见图 6.26），或大偏心受压且 $t/h_2\geqslant 0.75$ 时，杯壁可不配筋；当柱为轴心受压或小偏心受压且 $0.5\leqslant t/h_2<0.65$ 时，杯壁可按表 6.13 构造配筋；其他情况下，应按计算配筋。对于双杯口基础（如伸缩缝处的基础），两杯口之间的杯壁厚度 $t<400$ mm 时，杯壁宜按构造配筋，杯壁配筋如图 6.27 所示。

表 6.13　杯壁构造配筋

柱截面长边尺寸/mm	$h<1\,000$	$1\,000\leqslant h<1\,500$	$1\,500\leqslant h\leqslant 2\,000$
钢筋直径/mm	$8\sim 10$	$10\sim 12$	$12\sim 16$

注：表中钢筋置于杯口顶部，每边两根（图 6.26）。

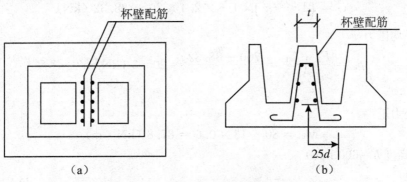

图 6.27　双杯口基础杯壁配筋示意图

【例 6.6】 试设计钢筋混凝土外柱独立基础(图 6.28)。现修建一外柱基础,柱截面尺寸 $a_c \times b_c = 400 \text{ mm} \times 300 \text{ mm}$,作用在基础顶面处的竖向荷载标准值 $F_k = 700 \text{ kN}$,弯矩 $M'_k = 80 \text{ kN·m}$,水平荷载 $V_k = 13 \text{ kN}$,基础埋深为 1.0 m(自室外地面起算),室内外高差为 0.3 m,经深度修正后的地基承载力特征值 $f_a = 240 \text{ kN/m}^2$。基础采用 Ⅰ 级钢筋,$f_y = 270 \text{ N/mm}^2$,混凝土等级为 C20,$f_t = 1.1 \text{ N/mm}^2$。

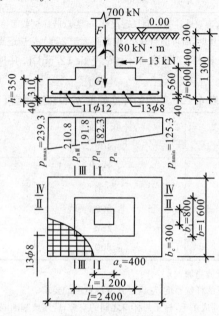

图 6.28 例 6.6 图

【解】 (1) 计算基础底面积。

取矩形基础长短边之比 $n = \dfrac{l}{b} = 1.5$,由于偏心荷载不大,基础底宽初步增大 10%,由式(6.15)得

$$b = 1.1 \times \sqrt{\frac{F_k}{n(f_a - 20d)}} = 1.1 \times \sqrt{\frac{700}{1.5[240 - 20 \times (1 + 0.5 \times 0.3)]}} \approx 1.6 \text{ (m)}$$

$l = 1.5b = 2.4 \text{ m}$

$A = bl = 1.6 \times 2.4 = 3.84 \text{ (m}^2\text{)}$

基础及其上土重

$$G = \left(1 + \frac{0.3}{2}\right) \times 1.6 \times 2.4 \times 20 = 88.32 \text{ (kN)}$$

基底平均压力

$$p_k = \frac{F_k + G_k}{A} = \frac{700 + 88.32}{3.84} = 205.3 \text{ (kN/m}^2\text{)} < f_a$$

满足要求。

基底处力矩

$$M_k = 80 + 13 \times 0.6 = 87.8 \text{ (kN·m)}$$

(暂时基础高度 $h = 600 \text{ mm}$)

偏心矩

$$e = \frac{M_k}{F_k + G_k} = \frac{87.8}{700 + 88.32} \text{m} = 0.11 \text{ m} < \frac{l}{6} = 0.4 \text{ m}$$

符合要求。

基底最大压力

$$p_{kmax} = \frac{F_k + G_k}{A}\left(1 + \frac{6e}{l}\right) = \frac{700 + 88.32}{3.84}\left(1 + \frac{6 \times 0.11}{2.4}\right) \text{ kN/m}^2$$
$$= 261.75 \text{ kN/m}^2 < 1.2f_a = 288 \text{ kN/m}^2$$

符合要求。

故基础底面尺寸 $l \times b = 2.4 \text{ m} \times 1.6 \text{ m} = 3.84 \text{ (m}^2\text{)}$。

(2) 计算基底净反力。

$$p_j = \frac{F}{bl} = \frac{1.35 \times 700}{1.6 \times 2.4} \text{ kN/m}^2 = 246.1 \text{ kN/m}^2$$

由于自重 G 产生的均布压力与其地基反力相抵消,故偏心距

$$e_0 = \frac{M}{F} = \frac{1.35 \times 87.8}{1.35 \times 700} = 0.125 \text{ (m)}$$

基底最大净反力和最小净反力

$$\begin{matrix} p_{jmax} \\ p_{jmin} \end{matrix} = \frac{F}{bl}\left(1 \pm \frac{6e_0}{l}\right) = 246.1 \times \left(1 \pm \frac{6 \times 0.125}{2.4}\right) = \begin{matrix} 323.0 \\ 169.2 \end{matrix} \text{ (kN/m}^2\text{)}$$

(3) 计算基础高度。

① 求柱边截面。

取 $h = 600 \text{ mm}, h_0 = 560 \text{ mm}$,则

$$b_c + 2h_0 = (0.3 + 2 \times 0.56)\text{m} = 1.42 \text{ m} < b = 1.6 \text{ m}$$

因偏心受压,按式(6.30)计算时,p_j 取 p_{jmax}。

式(6.30)左边

$$p_{jmax}\left[\left(\frac{l}{2} - \frac{a_c}{2} - h_0\right)b - \left(\frac{b}{2} - \frac{b_c}{2} - h_0\right)^2\right]$$
$$= 323.0 \times \left[\left(\frac{2.4}{2} - \frac{0.4}{2} - 0.56\right) \times 1.6 - \left(\frac{1.6}{2} - \frac{0.3}{2} - 0.56\right)^2\right]$$
$$= 224.8 \text{ (kN)}$$

式(6.30)右边

$$0.7\beta_{hp}f_t(b_c + h_0)h_0 = [0.7 \times 1.0 \times 1\,100 \times (0.3 + 0.56) \times 0.56] \text{ kN}$$
$$= 370.8 \text{ kN} > 224.8 \text{ kN}$$

符合要求。

基础分两级,下阶 $h_1 = 350 \text{ mm}, h_{01} = 310 \text{ mm}$,取 $l_1 = 1.2 \text{ m}, b_1 = 0.8 \text{ m}$。

② 变阶边截面

$$b_1 + 2h_{01} = (0.8 + 2 \times 0.31) \text{ m} = 1.42 \text{ m} < 1.60 \text{ m}$$

冲切力

$$p_{jmax}\left[\left(\frac{l}{2} - \frac{l_1}{2} - h_{01}\right)b - \left(\frac{b}{2} - \frac{b_1}{2} - h_{01}\right)^2\right]$$
$$= 323.0 \times \left[\left(\frac{2.4}{2} - \frac{1.2}{2} - 0.31\right) \times 1.6 - \left(\frac{1.6}{2} - \frac{0.8}{2} - 0.31\right)^2\right]$$
$$= 147.3 \text{ (kN)}$$

抗冲切力

$$0.7\beta_{hp}f_t(b_1 + h_{01})h_{01}$$

$$= [0.7 \times 1.0 \times 1\,100 \times (0.8 + 0.31) \times 0.31] \text{kN}$$
$$= 265.0 \text{ kN} > 147.3 \text{ kN}$$

符合要求。

(4) 配筋计算。

① 计算基础长边方向的弯矩。

取 I - I 截面：

先计算悬臂部分净反力平均值(图 6.28)。

$$p_{jI} = p_{jmin} + \frac{l + a_c}{2l}(p_{jmax} - p_{jmin})$$

$$= 169.2 + \frac{2.4 + 0.4}{2 \times 2.4}(323.0 - 169.2)$$

$$= 258.9 \text{ (kN/m}^2\text{)}$$

$$\frac{1}{2}(p_{jmax} + p_{jI}) = \frac{1}{2} \times (323.0 + 258.9) = 291.0 \text{ (kN/m}^2\text{)}$$

$$M_I = \frac{1}{24} \times \frac{(p_{jmax} + p_{jI})}{2}(l - a_c)^2(2b + b_c)$$

$$= \frac{1}{24} \times 291.0 \times (2.4 - 0.4)^2 \times (2 \times 1.6 + 0.3)$$

$$= 169.8 \text{ (kN} \cdot \text{m)}$$

$$A_{sI} = \frac{M_I}{0.9 f_y h_0} = \frac{169.8 \times 10^6}{0.9 \times 270 \times 560} = 1\,247.8 \text{ (mm}^2\text{)}$$

取 III - III 截面：

$$p_{jIII} = p_{jmin} + \frac{l + l_1}{2l}(p_{jmax} - p_{jmin})$$

$$= 169.2 + \frac{2.4 + 1.2}{2 \times 2.4}(323.0 - 169.2)$$

$$= 284.6 \text{ (kN/m}^2\text{)}$$

$$M_{III} = \frac{1}{24} \frac{(p_{jmax} + p_{jIII})}{2}(l - l_1)^2(2b + b_1)$$

$$= \frac{1}{24} \times \frac{323.0 + 284.6}{2} \times (2.4 - 1.2)^2 \times (2 \times 1.6 + 0.8)$$

$$= 72.8 \text{ (kN} \cdot \text{m)}$$

$$A_{sIII} = \frac{M_{III}}{0.9 f_y h_{01}} = \frac{72.8 \times 10^6}{0.9 \times 270 \times 310} = 966.4 \text{ (mm}^2\text{)}$$

比较 A_{sI} 和 A_{sIII}，应按 A_{sI} 配筋，现在 1.6 m 宽范围内配 $11\phi14$，$A_s = 1\,693 \text{ mm}^2 > 1\,247.8 \text{ mm}^2$，符合要求。

② 计算基础短边方向的弯矩。

取 II - II 截面：

前面已算得 $p_j = 246.1 \text{ kN/m}^2$，按式(6.34)得

$$M_{II} = \frac{p_j}{24}(b - b_c)^2(2l + a_c)$$

$$= \frac{1}{24} \times 246.1 \times (1.6 - 0.3)^2 \times (2 \times 2.4 + 0.4)$$

$$= 90.11 \text{ (kN·m)}$$

$$A_{sⅡ} = \frac{M_Ⅱ}{0.9 f_y h_0} = \frac{90.11 \times 10^6}{0.9 \times 270 \times 560} = 662.2 \text{ (mm}^2\text{)}$$

取Ⅳ-Ⅳ截面：

$$M_Ⅳ = \frac{p_j}{24}(b-b_1)^2(2l+l_1)$$

$$= \frac{1}{24} \times 246.1 \times (1.6-0.8)^2 \times (2 \times 2.4 + 1.2)$$

$$= 39.42 \text{ (kN·m)}$$

$$A_{sⅣ} = \frac{M_Ⅳ}{0.9 f_y h_{01}} = \frac{39.42 \times 10^6}{0.9 \times 270 \times 310} = 523.3 \text{ (mm}^2\text{)}$$

比较 $A_{sⅡ}$ 和 $A_{sⅣ}$，应按 $A_{sⅡ}$ 配筋，按 $A_{sⅡ}$ 在 2.4 m 范围内构造配 $13\phi10$，$A_s = 1\,021 \text{ mm}^2 > 662.2 \text{ mm}^2$，符合要求。

6.9 柱下钢筋混凝土条形基础设计

当基础下的地基较软弱而荷载较大时，采用柱下独立基础不能满足承载力要求，同时为了防止基础产生过大的不均匀沉降，可将同一排柱下基础连通成柱下钢筋混凝土条形基础。

柱下钢筋混凝土条形基础是指布置成单向或双向的钢筋混凝土条状基础，也称为基础梁(图 6.3)。柱下钢筋混凝土条形基础是由肋梁及其横向伸出的翼板组成的，其断面呈倒 T 形。

这种基础形式通常在下列情况下采用：

(1) 上部结构荷载较大，地基土的承载力较低，采用独立基础不能满足要求时；
(2) 采用独立所需的基底面积因邻近建筑物或设备基础的限制而无法扩展；
(3) 需要增加基础的刚度，以减少地基变形，防止过大的不均匀沉降；
(4) 基础需跨越局部软弱地基以及场地中的暗塘、沟槽、洞穴等。

6.9.1 构造要求

柱下条形基础埋深的选择和底面尺寸的确定与一般浅基础相同，翼板的构造要求与墙下条形基础相同。因此，柱下钢筋混凝土条形基础的构造应满足一般扩展基础的要求，同时也应符合下列规定：

(1) 柱下条形基础梁的高度宜为柱距的 1/8~1/4。翼板厚度应不小于 200 mm。当翼板厚度大于 250 mm 时，宜采用变厚度翼板，其顶面坡度宜小于或等于 1∶3。

(2) 条形基础的端部宜向外伸出，其长度宜为第一跨距的 1/4 倍。

(3) 现浇柱与条形基础梁的交接处，基础梁的平面尺寸应大于柱的平面尺寸，且柱的边缘至基础梁边缘的距离不得小于 50 mm(图 6.29)。

(4) 条形基础梁顶部和底部的纵向受力钢筋除应满足计算要求外，顶部钢筋应按计算配筋全部贯通，底部通长钢筋应不少于底部受力钢筋截面总面积的 1/3。

(5) 柱下条形基础的混凝土强度等级应不低于 C20。

(6)基础梁的截面应满足正截面强度特别是斜截面抗剪强度的要求。梁内支座受力钢筋布置在基础梁底面,而跨中则布置在顶面。底面纵向受力钢筋的搭接位置宜在跨中,顶面纵向受力钢筋则宜在支座,且满足锚固长度 l_d 要求。

(7)基础梁受力复杂,梁的顶面和底面的受力纵筋应有 2~4 根通长配筋,且其面积不得少于受力纵筋总面积的 1/3。梁的顶面及底面纵向受力钢筋配筋率均不小于 0.2%。

(8)当梁高不小于 450 mm 时,应在梁的两侧加配纵向构造钢筋,每侧纵向构造钢筋的间距宜不大于 200 mm,截面面积应不小于腹板截面面积的 0.1%,并用 S 形构造拉筋固定。梁中箍筋直径应不小于 8 mm,箍筋肢数由计算确定。箍筋应采用封闭式的。

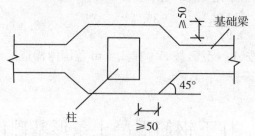

图 6.29 现浇柱与基础梁交接处平面尺寸

6.9.2 内力的简化计算

根据《建筑地基基础设计规范》(GB 50007—2011)规定,在比较均匀的地基上,上部结构刚度较好,荷载分布比较均匀,且条形基础梁的高度不小于 1/6 柱距时,地基反力可按直线分布,条形基础梁的内力可按连续梁计算,此时边跨跨中弯矩和第一内支座的弯矩值宜乘以系数 1.2;当不满足上述条件要求时,宜按弹性地基梁计算。此处仅简要介绍静定分析法和倒梁法进行柱下条形基础的设计思路。

1. 静定分析法

静定分析法是假定柱下条形基础的基底反力呈直线分布,按整体平衡条件求出基底净反力后,将其与柱荷载一起作用于基础梁上,然后按一般静定梁的内力分析方法计算基础各截面的弯矩和剪力。静定分析法适用于上部为柔性结构且基础本身刚度较大的条形基础。该方法未考虑基础与上部结构的相互作用,计算所得的不利截面上的弯矩绝对值一般较大。

2. 倒梁法

倒梁法是假定柱下条形基础的基底反力为直线分布,以柱脚为条形基础的固定铰支座,将基础视为倒置的连续梁,以地基净反力及柱脚处的弯矩作为基础梁上的荷载,用弯矩分配法来计算其内力,如图 6.30 所示。由于按这种方法计算的支座反力一般不等于柱荷载,因此应通过逐次调整的方法来消除这种不平衡力。

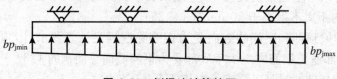

图 6.30 倒梁法计算简图

倒梁法适用于基础或上部结构刚度较大,柱距不大且接近等间距,相邻柱荷载相差不大的情况。这种计算模式只考虑出现于柱间的局部弯曲,忽略了基础的整体弯曲,计算出的柱位处弯矩与柱间最大弯矩较均衡,因此所得的不利截面上的弯矩绝对值一般较小。

3. 柱下条形基础的设计计算步骤

(1) 计算荷载合力作用点位置。

柱下条形基础的柱荷载分布如图 6.31(a)所示,其合力作用点与 F_1 的距离为

$$x = \frac{\sum F_i x_i + \sum M_i}{\sum F_i}$$

(2) 确定基础梁的长度和悬臂尺寸,如图 6.31(b)所示。

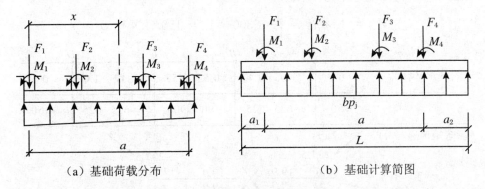

(a) 基础荷载分布　　　　　　　(b) 基础计算简图

图 6.31　柱下条形基础内力计算

(3) 根据地基承载力特征值计算基础底面宽度 b。

(4) 根据墙下钢筋混凝土条形基础的设计计算方法确定基底翼板厚度及横向受力钢筋。

(5) 计算基础梁的纵向内力与配筋。

【**例 6.7**】　如图 6.32 所示的柱下条形基础,已选取基础埋深为 1.5 m,经过深度修正后的地基土承载力特征值 $f_a = 160 \text{ kN/m}^2$,试确定基础底面尺寸,并用倒梁法计算基础内力。

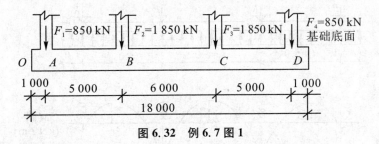

图 6.32　例 6.7 图 1

【**解**】　(1) 基础底面宽度

设基础端部伸出边跨距的 1/5,即 1.0 m,则基础总长度 $l = 2 \times (1+5) + 6 = 18$ (m),沿基础纵向的地基净反力 p_j 为

$$p_j = \frac{\sum F}{bl} + 0$$

即

$$bp_j = \frac{\sum F}{l} = \frac{5\,400}{18} = 300 \text{ (kN/m)}$$

(2) 用弯矩分配法计算基础弯矩边跨固端弯距为

$$M_{BA} = \frac{1}{12}bp_j l_1^2 = \frac{1}{12} \times 300 \times 5^2$$
$$= 625 \text{ (kN·m)}$$

中跨固端弯距为

$$M_{BC} = \frac{1}{12}bp_j l_2^2 = \frac{1}{12} \times 300 \times 6^2$$
$$= 900 \text{ (kN·m)}$$

A 截面(左端)伸出端弯矩为

$$M_A^l = \frac{1}{12}bp_j l_0^2 = \frac{1}{12} \times 300 \times 1^2 = 150 \text{ (kN·m)}$$

节点		A		B		C		D
分配系数	0	1.0	0.47	0.53	0.53	0.47	1.0	0
固端弯矩	150	−625	625	−900	900	−625	625	−150
弯矩传递与分配		475 237.5				−475 −237.5		
		17.6 −9.9	19.9	−19.9 +9.9	−17.6			
		4.7 −2.6	5.2	−5.2 2.6	−4.7			
		1.2	1.4	−1.4	−1.2			
$M/(\text{kN·m})$	150	−150	886	−886	886	−886	150	−150

由图 6.32 可知,竖向荷载和基础都对称于基底形心,上述的弯矩分配法过程还可进一步简化(略)。由上述弯矩分配法已得出基础梁的支座弯矩,可由弯矩计算支座剪力(图 6.33)。

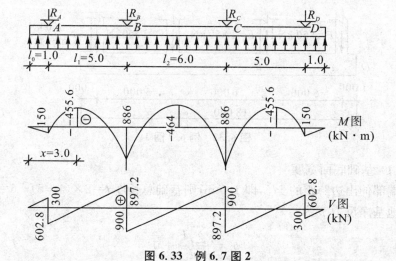

图 6.33 例 6.7 图 2

(3) 基础剪力计算

A 截面左边的剪力为

$$V_A^l = bp_j l_0 = 300 \times 1.0 = 300 \text{ (kN)}$$

取 OB 段作脱离体,计算 A 截面的支座反力(图 6.34(a))

$$R_A = \frac{1}{l_1}\left[\frac{1}{2}bp_j(l_0+l_1)^2 - M_B\right]$$

$$= \frac{1}{5} \times \left(\frac{1}{2} \times 300 \times 6^2 - 886\right)$$

$$= 902.8 \text{ (kN)}$$

A 截面右边的剪力为

$$V_A^r = bp_j l_0 - R_A = 300 \times 1 - 902.8 = -602.8 \text{ (kN)}$$

$$R_B' = bp_j(l_0+l_1) - R_A = 300 \times 6 - 902.8 = 897.2 \text{ (kN)}$$

取 BC 段作脱离体(图 6.34(b)):

$$R_B'' = \frac{1}{l_2}\left(\frac{1}{2}bp_j l_2^2 + M_B - M_C\right) = \frac{1}{6}\left(\frac{1}{2} \times 300 \times 6^2 + 886 - 886\right) = 900 \text{ (kN)}$$

$$R_B = R_B' + R_B'' = 897.2 + 900 = 1\,797.2 \text{ (kN)}$$

$$V_B^l = R_B' = 897.2 \text{ (kN)}$$

$$V_B^r = -R_B'' = -900 \text{ (kN)}$$

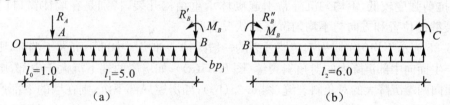

图 6.34 6.7 图 3

按跨中剪力为零的条件来求跨中最大负弯矩。

OB 段:

$$bp_j x - R_A = 300x - 902.8 = 0$$

$$x = \frac{902.8}{300} = 3.0 \text{ (m)}$$

则

$$M_1 = \frac{1}{2}bp_j x^2 - R_A \times 2 = \frac{1}{2} \times 300 \times 3^2 - 902.8 \times 2 = -455.6 \text{ (kN·m)}$$

BC 段为对称,最大负弯矩在中间截面:

$$M_2 = -\frac{1}{8}bp_j l_2^2 + M_B = -\frac{1}{8} \times 300 \times 6^2 + 886 = -464 \text{ (kN·m)}$$

由以上计算结果可作出柱下条形基础的弯矩图和剪力图(图 6.33,图中弯矩画在受拉侧)。

倒梁法又称刚性基础法,这种计算方法仅适用于上部结构刚度很大的情况。例如具有与梁柱结合很好的有填充墙的现浇多层框架结构。

6.10 减少不均匀沉降的措施和基础施工的验槽

地基基础设计只是建筑物设计的一部分,因此应从建筑物整体上考虑,以确保安全。建筑物一般总会产生一定的沉降或不均匀沉降,在软弱地基上的建筑物更是如此。在软弱地基上建造建筑物,一方面要采用必要的地基处理(详见第10章)。同时也要采取合理的建筑措施、结构措施及有关施工措施,以减少不均匀沉降,防止不均匀沉降过大对建筑物造成危害。

地基的过量变形将使建筑物损坏或影响其使用功能。特别是高压缩性土、膨胀土、湿陷性黄土以及软硬不均等不良地基上的建筑物,如果考虑欠周,就更易因不均匀沉降而开裂损坏。如何防止或减轻不均匀沉降造成的损害,是设计中必须认真考虑的问题。通常采用的方法有以下几种。

(1) 选用条形基础、筏板基础、箱形基础等结构刚度较大、整体性较好的浅基。
(2) 采用桩基础或其他深基础。
(3) 采用各种地基处理方法(采用人工地基)。
(4) 从地基、基础和上部结构共同工作的观点出发,对于多层砖砌体结构,由于砖砌体的抗拉、抗剪强度较低,不均匀沉降常引起砌体承重结构开裂,特别是在墙体窗口门洞的角位处。裂缝的位置和方向与不均匀沉降的状况有关。

图 6.35 表示不均匀沉降引起砖墙开裂的一般规律。如房屋中部下沉大于端部,则底层窗口首先产生面向中部沉降大的对角斜裂缝(图 6.35(a));如房屋两端下沉大于中部,则顶层窗口出现面向两端沉降大的对角斜裂缝(图 6.35(b));如房屋局部下沉,则在墙的下部产生面向局部沉降的斜裂缝(6.35(c));如房屋高差较大时,由于高层房屋下沉而引起在低层房屋的窗口产生面向高层的对角斜裂缝(图 6.35(d))。房屋的倾斜也是面向地基沉降较大方向。

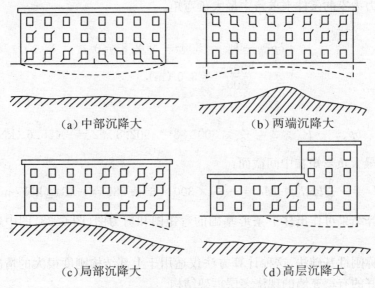

(a) 中部沉降大　　　　(b) 两端沉降大

(c) 局部沉降大　　　　(d) 高层沉降大

图 6.35　地基不均匀沉降引起砖墙开裂

对于框架等超静定结构来说,各柱的沉降差必将在梁柱等构件中产生附加内力。当这些附加内力和设计荷载作用下的内力超过构件的承载能力时,梁、柱端和楼板将出现裂缝。

掌握了上述规律,将有助于事前采取措施和事后分析裂缝产生原因。

墙面产生裂缝的原因是多方面的,要区别由于温度变形、材料收缩变形以及砌体强度不足而引起的裂缝。如现浇钢筋混凝土屋盖因温度变化也会使顶层两端部的窗口产生对角斜裂缝。又如砌体与圈梁之间因两种材料的收缩变形不同而产生的水平裂缝。不要把这些裂缝误认为是地基沉降产生的。

6.10.1 建筑措施

1. 建筑物的体型应力求简单

在软弱地基上建造的建筑物,在满足使用和其他要求的前提下,建筑体型应力求简单,避免凹凸拐角。这些部位基础交叉,应力集中,产生相邻荷载影响,使局部沉降量增加,易产生较大沉降。当建筑体型比较复杂时(如"工"形、T形、L形、E形等和有凹凸部位),宜根据其平面形状和高度差异情况,在适当部位用沉降缝将其划分成若干个刚度较好的单元;当高度差异或荷载差异较大时,可将两者隔开一定距离,当拉开距离后的两单元必须连接时,应采用能自由沉降的连接构造。

2. 控制建筑物的长高比

建筑物在平面上的长度 L 和从基础底面起算的高度量 H_f 之比,称为建筑物的长高比。它是决定砌体结构房屋刚度的一个主要因素。L/H_f 越小,建筑物的刚度就越好,调整地基不均匀沉降的能力就越大。对3层和3层以上的房屋,L/H_f 宜小于或等于 2.5;当房屋的长高比满足 $2.5<L/H_f \leqslant 3.0$ 时,应尽量做到纵墙不转折或少转折,其内横墙间距不宜过大,且与纵墙之间的连接应牢靠,同时纵横墙开洞不宜过大。必要时还应增强基础的刚度和强度。当房屋的预估最大沉降量少于或等于 120 mm 时,在一般情况下砌体结构的长高比可不受限制。

3. 设置沉降缝

沉降缝把建筑物从基础底面直至屋盖垂直断开成各自独立的单元。每个单元一般应体型简单、长高比较小以及地基比较均匀。沉降一般设置在建筑物的下列部位:

(1) 平面形状复杂的建筑物转折处;
(2) 建筑物高差或荷载差异变化处;
(3) 长高比不合要求的砌体结构以及钢筋混凝土框架结构的适当部位;
(4) 地基土的压缩性有显著变化之处;
(5) 建筑结构或基础类型不同处;
(6) 分期建造房屋的交接处。

沉降缝应有足够的宽度,以防止缝两侧的结构相向倾斜而互相挤压。沉降缝结合伸缩缝设置,在抗震地区,还应符合抗震缝要求。缝内一般不得填塞材料。砌体结构或框架结构在沉降缝处的基础构造见图 6.36。沉降缝的常用宽度见表 6.14。

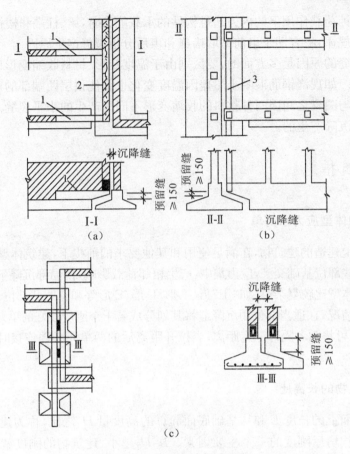

图 6.36 沉降缝构造示意图
(a)、(b)适用于混合结构房屋；(c)适用于框架结构房屋
1—挑梁；2—支承在挑梁上的梁；3—连系梁

表 6.14 建筑物沉降缝的宽度

建筑物层数	沉降缝宽度/mm
2～3	50～80
4～5	80～120
5 层以上	不小于 120

注：当沉降缝两侧单元层数不同时，缝宽按高层者取用。

4. 相邻建筑物之间应有一定距离

相邻建筑物太近，由于地基应力扩散作用，会互相影响，使相邻建筑物产生附加不均匀沉降，可能导致建筑物的开裂或互倾。所以，建造在软弱地基上的建筑物，应考虑同期建造的两相邻建筑物，低（或轻）者受高（或重）者的影响；不同期建造的两相邻建筑物，原有建筑物受邻近新建高（或重）的建筑物的影响。应将高低悬殊部分（或新旧建筑物）隔开一定距离。如隔开一段距离的两个单元之间需要连接，应设置简支或悬臂结构。相邻建筑物基础净距见表 6.15（L/H_f 为被影响建筑的长高比）。

表 6.15 相邻建筑物基础间的净距(m)

影响建筑的预估平均沉降量 S/mm	相邻建筑物基础间的净距/m	
	$2.0 \leqslant L/H_f < 3.0$	$3.0 \leqslant L/H_f < 5.0$
70～150	2～3	3～6
160～250	3～6	6～9
260～400	6～9	9～12
>400	9～12	≥12

注：① 表中 L 为建筑物长度或沉降缝分隔的单元长度(m)，H_f 为自基础底面标高算起的建筑物高度(m)；
② 当被影响建筑的长高比为 $1.5 < L/H_f \leqslant 2.0$ 时，其间净距可适当缩小。

5. 调整建筑物标高

建筑物各部分的标高，应考虑沉降引起的变化，这时可采取下列措施进行调整：
（1）室内地坪和地下设施的标高，应根据预估的沉降量予以提高。
（2）将互有联系的建筑物各部分中沉降较大者的标高提高。
（3）建筑物与设备之间，应留足够的净空；当建筑物有管道通过时，应预留足够尺寸的孔洞，或者采用柔性的管道接头。

6.10.2 结构措施

在软弱地基上，减小建筑物的基底压力和调整基底的附加应力是减小基础不均匀沉降的首要措施；加强结构的刚度和强度是调整不均匀沉降的重要措施；将上部结构做成静定体系是适应地基不均匀沉降的有效措施。

1. 减小建筑物的基底压力

传到地基上的荷载包括上部结构和基础、基础台阶上土的永久荷载及可变荷载，其中上部结构和基础、基础台阶上土的永久荷载占总荷载的比重很大，即建筑物的自重在基底压力中占有重要的比例。工业建筑中估计占 50%，民用建筑中可占 60%～70%。因此，减少沉降量应设法减轻结构自重，其方法如下：
（1）减轻墙体的质量。对于砖石承重结构的房屋，墙体的质量占结构总质量的一半以上。故宜选用轻质材料，如轻质混凝土墙板、空心砌块、空心砖或其他轻质墙等。
（2）采用轻型结构。如预应力钢筋混凝土结构、轻钢结构以及各种轻型空间结构。
（3）选用覆土少而自重轻的基础。例如，采用浅埋钢筋混凝土基础、空心基础、空腹沉井基础等。需要大量抬高室内地面时，可采用架空地板，以减轻室内覆土的质量。
（4）对不均匀沉降要求严格的建筑物，可选用较小的基底压力。

2. 增强建筑物的刚度和强度

增强建筑物的刚度和整体性，必须控制建筑物的长高比，适当加密横墙。同时，还应在砌体中设置圈梁或增强基础的刚度和强度，这样即使建筑物发生较大的沉降，也不致产生过大的挠曲变形。

圈梁的作用在于提高砌体结构抵抗弯曲的能力,即增强建筑物的抗弯刚度。它是防止砖墙出现裂缝和阻止裂缝开展的一项有效措施。当建筑物产生中部下沉大于端部时,墙体产生正向弯曲,下层的圈梁将起作用;当墙体产生反向弯曲时,上层的圈梁则起作用。

圈梁必须与砌体结合成整体,每道圈梁要贯通全部外墙、承重内纵墙和主要内横墙,即在平面上形成封闭系统。当没法连通(如某些楼梯间的窗洞处)时,应按图 6.37 所示的要求利用加强圈梁进行搭接。必要时,洞口上下的钢筋混凝土加强圈梁可和两侧的小柱形成小框。

墙体内宜设置钢筋混凝土圈梁或钢筋砖圈梁。圈梁的截面尺寸,一般均按构造考虑(图 6.38)。钢筋混凝土圈梁的宽度一般为 240 mm,高度不小于 120 mm,混凝土强度等级为 C20,纵筋不少于 $4\phi 10$,箍筋间距宜不大于 300 mm。如兼作过梁,钢筋应按计算确定。钢筋砖圈梁的截面一般为 4~6 皮砖高,用 M5 水泥砂浆砌筑,上下灰缝中各配 2 根 $\phi 6$ 钢筋,钢筋间距离不小于 120 mm。

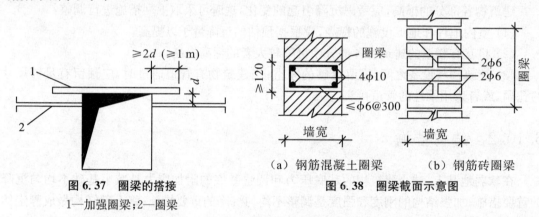

图 6.37　圈梁的搭接
1—加强圈梁;2—圈梁

图 6.38　圈梁截面示意图
(a) 钢筋混凝土圈梁　(b) 钢筋砖圈梁

圈梁的布置:单层砌体结构一般做在基础顶面附近;2~3 层砌体结构,下层圈梁做在基础顶面附近,上层圈梁做在顶层门窗顶处;在多层房屋的基础和顶层处应各设置一道,其他各层可隔层设置在楼板下或窗顶处,必要时也可逐层设置。对于工业厂房、仓库,可结合地梁、连系梁和门窗过梁等适当设置。在顶层圈梁上应有足够质量的砌体,使圈梁和砌体起整体作用。

3. 调整基础底面应力或附加应力

(1) 设置地下室或半地下室,以减小基底附加应力。基底附加应力 $p_0 = p - \gamma_0 d$,如果埋深增加,基底自重应力 $\gamma_0 d$ 也会增加。虽然随着埋深加大,基底应力 p 也增大,但由于采用地下室,p_0 值将随埋深加大而减小,因而沉降也随之减小。另外,在建筑物高低层之间荷载不均会引起沉降差,可在高层部分设地下室或半地下室,以减小该处的基底附加应力 p_0 值,使两者沉降趋于一致。

(2) 改变基底尺寸,调整基础沉降。上部结构荷载大的基础,采用较大的基底面积,以调整基底应力,使沉降趋于均匀。

4. 使用能适应不均匀沉降的结构

如排架、三铰拱(架)等铰接结构在支座产生相对变位时,结构内力的变化较小,故可避免不均匀沉降对结构的危害,但必须注意所产生的不均匀沉降是否影响建筑物的使用;油罐、水池等基础地板做成柔性结构时,基础也常采用柔性底板,以适应不均匀沉降。

6.10.3 基础施工的验槽

浅基础施工主要程序包括:基础的定位放线、基坑开挖(必要时需加支撑或降低地下水位)、验槽、基底土的处理、基础的砌筑和基坑的回填。这里重点讨论验槽问题。

当基坑(槽)挖至设计标高后,应组织设计、监理、施工、勘察人员和业主共同检查坑底土层是否与设计要求、勘察资料相符,是否存在填井、填塘、暗沟、墓穴等不良情况,这就是所谓的"验槽"。

验槽的方法以细致观察为主,辅以夯、拍或轻便勘探。

1. 观察验槽

观察验槽应重点注意柱基、墙角、承重墙下受力较大的部位。仔细观察基底土的结构、孔隙、湿度、所含有机物等,并与设计勘察资料相比较,确定是否已控制到设计的土层。对于可疑之处应局部深挖检查。夯、拍验槽是用木夯、蛙式打夯机或其他施工工具对干燥的基坑进行夯、拍(对潮湿和软土地基不宜夯、拍,以免破坏基底土层),从夯、拍声音判断土中是否存在土洞或墓穴。

2. 钎探或轻便触探

钎探或轻便触探可以了解槽底以下主要受力层范围的土层的情况。

钎探:用$\phi 22 \sim \phi 25$ mm 的钢筋做钢钎,钎尖呈 60°锥状(图 6.39(a)),长度为 1.8~2.0 m,每 300 mm 作一刻度。钎探时,用质量为 4~5 kg 的大锤将钢钎打入土中,落锤高度为 500~700 mm,记录每打入 300 mm 的锤击数,据此可判断土质的软硬情况。

钎孔的布置应根据槽宽和地质情况确定。土质均匀时孔距可取 1~2 m,对于较软弱的人工填土及软土,钎孔间距应不大于 1.5 m。柱基处可布置在基坑的四角和中点,墙基处可按 1~3 排列。发现洞穴等应加密探点,以确定洞穴的范围。钎孔的平面布置可采用行列式和错开的梅花形。钎孔的深度为 1.5~2.0 m。钎探点依次编号。在整幢建筑物钎探完成后,再在锤击数过少的钎孔附近进行重点检查。

手摇小螺纹钻是一种小型的轻便钻具(图 6.39(b)),钻头呈螺旋形,上接一 T 形把手,由人力旋入土中。钻杆可接长,钻探深度一般为 6 m,在软土中可达 10 m,孔径约 70 mm。每钻入土中 300 mm(钻杆上有刻度)后将钻竖直拔出,由附在钻头上的土了解土层情况。

根据检验结果,如基底土层与设计不符,需对原设计进行修改,例如加大埋深、增加基底面积等。如遇局部软土、古墓、暗沟等不良情况,要根据局部软弱土层的范围和厚度,采取相应措施。如局部软土较薄(小于 3 m)且下卧层较好,可将软土挖去,加大基础埋深至下层好土;若局部软弱层面积较大、下卧层不能做持力层,则可用换土垫层处理(详见第 9 章),回填的材料要与周围天然好土的压缩性相近;若局部软弱层很厚,也可打短桩处理,如局部软土范围较小,可用钢筋混凝土基础梁跨越。总之,根据具体情况采用的方法,其原则是使基础不均匀沉降减少至容许范围之内。如果在施工中不慎扰动了基底土,则应设法补救,对于湿度不大的土,可作表面夯实处理;如系软黏土,需掺入砂、碎石或碎砖,才能夯打,或将扰动的

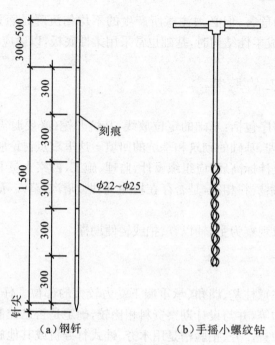

图 6.39 两种轻便勘探工具

土清除,另填入好土夯实。

在安排基础施工计划时,宜考虑可能引起不均匀沉降的问题。为此,宜先建高、重部分,后建轻、低部分;先建主体结构部分,后建附属建筑部分。

本 章 小 结

本章重点要掌握天然地基上浅基础的设计基本原理和方法。

砖、毛石、灰土、三合土、混凝土基础等是刚性基础,钢筋混凝土是条形基础,应具有足够的强度、刚度和耐久性。

基础的埋置深度一般是指室外设计地面至基础底面的距离。埋深的选择受到土质、地下水、基础构造、基础荷载大小、相邻建筑基础埋深、地基基础冻胀和融陷的影响。

墙下钢筋混凝土基础的截面设计必须确定基础高度和基础底板配筋。柱下钢筋混凝土独立基础设计应确定基础底面积、基础高度及底板配筋,同时应满足构造要求。

减少不均匀沉降的措施有建筑措施和结构措施。

基础施工的验槽应由建设、勘察、设计、监理、施工等单位及建设行政主管部门参加,是勘察工作的最后一个环节。验槽方法有观察验槽、钎探或轻便触探。根据验槽查出的土质与设计不符的地基,应根据不同情况妥善处理。

思 考 题

1. 如何确定基础的底面尺寸?
2. 如何确定浅基础的地基承载力?

3. 天然地基上浅基础的设计步骤包括哪些内容?
4. 什么是浅基础?浅基础有哪些类型?并叙述它们的应用范围。
5. 怎样选择基础的埋置深度?
6. 刚性基础的剖面尺寸及高度是如何确定的?
7. 简述降低建筑物不均匀沉降危害的措施.
8. 某地基为中密的碎石,其承载力标准值为 500 kN/m², 地下水位以上重度 γ = 19.8 kN/m², 地下水位以下的饱和重度 γ_{sat} = 21.0 kN/m², 地下水距地表为 1.3 m。基础埋深 d = 1.8 m, 基底宽 b = 3.5 m。试求地基土承载力设计值。
9. 已知墙传来轴向力标准值 F_k = 100 kN/m², 墙厚 240 mm, 基础埋深 d = 1.0 m, 地基承载力特征值 f_{ak} = 120 kN/m², M5 水泥砂浆砖基础, 试设计条形基础台阶尺寸, 并绘图表示。
10. 砂土的重度为 18 kN/m³, 地基承载力特征值 f_{ak} = 280 kN/m², 现需设计一方形截面柱基础, 作用在基础顶面的轴心荷载标准值为 1 050 kN, 取基础埋深为 1.0 m, 试确定方形基础底面边长。
11. 某墙下条形基础, 轴向力设计值 200 kN/m, 埋深 d = 1.5 m, 经深度修订后的地基承载力特征值 f_a = 120 kN/m², 试设计墙下钢筋混凝土基础, 并绘图表示。
12. 某现浇柱基础顶面内力设计值 F = 1 000 kN, M = 100 kN·m, V = 20 kN, 柱截面 400 mm×800 mm, 基础埋深 1.5 m, 经深度修订后的地基承载力特征值 f_a = 200 kN/m², 基础采用 I 级钢筋, f_y = 270 N/mm²; 混凝土强度等级 C20, f_t = 1.1 N/mm²(图 6.40), 已知基础短边 b = 2 m, 求基础长边(平行 M 方向)及基础底板配筋。

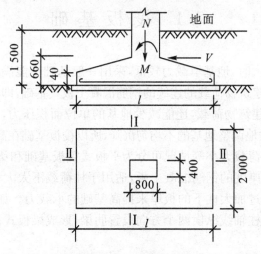

图 6.40 思考题 12 图

第 7 章　筏板基础与箱形基础

能力目标

能认识到筏板基础与箱形基础的作用,清楚筏板基础与箱形基础需计算强度、变形及稳定性等;能够根据工程具体情况确定筏板基础与箱形基础的方案;掌握筏板基础的构造;了解筏板基础与箱形基础的设计计算。

学习目标

理解筏板基础与箱形基础的概念及作用;熟悉筏板基础与箱形基础的构造要求;了解筏板基础与箱形基础的设计计算内容。

7.1　筏 板 基 础

当上部结构荷载较大时,地基承载力较低,采用一般基础不能满足设计要求时,可将基础底面扩大形成支承整个建筑物荷载的连续的钢筋混凝土板式基础,即筏板基础(图 6.5)。筏板基础不仅能承受较大的建筑物荷载,还能减少地基的单位面积压力,显著提高地基承载力,增强基础的整体刚度,有效地调整地基的不均匀沉降,所以筏板基础在高层建筑中被广泛运用。

筏板基础根据所受荷载大小等情况可分为平板式筏板基础和梁板式筏板基础。平板式筏板基础常做成一块等厚度的钢筋混凝土板,适用于柱荷载不太大、柱距较小且等柱距的情形;当荷载较大时,可通过加大柱下的板厚来提高基础的承载力。如果柱荷载非常大且不均匀,同时柱距较大,可沿柱轴线纵横两个方向设置肋梁,形成梁板式筏板基础。

7.1.1　筏板基础构造要求

(1) 筏板基础的混凝土强度等级应不低于 C30。若采用防水混凝土刚性防水,则防水混凝土的抗渗等级应不低于 P6。对于重要建筑,宜采用自防水并设置架空排水层。

(2) 筏板基础的平面尺寸应根据工程地质条件、上部结构的布置、地下结构底层平面及荷载分布等因素确定。对单幢建筑物,在地基土比较均匀的条件下,基底平面形心宜与结构竖向永久荷载重心重合。当不能重合时,在作用的准永久组合下,偏心距 e 宜符合下式规定:

$$e \leqslant 0.1W/A \tag{7.1}$$

式中：W——与偏心距方向一致的基础底面边缘抵抗矩(m^3)；

　　　A——基础底面积(m^2)。

(3) 在确定高层建筑的基础埋置深度时，应考虑建筑物的高度、体型、地基土质、抗震设防烈度等因素，并应满足抗倾覆和抗滑移的要求。抗震设防区天然土质地基上的箱形基础和筏板基础，其埋深宜不小于建筑物高度的1/15。

(4) 平板式筏板基础的板厚除应符合受弯承载力要求外，还应符合受冲切承载力的要求，计算时应考虑作用在冲切临界截面重心上的不平衡弯矩所产生的附加剪力。平板式筏板基础的板厚宜不小于500 mm。当柱荷载较大，等厚度筏板的受冲切承载力不能满足要求时，可在筏板上面增设柱墩或在筏板下局部增加板厚或采用抗冲切箍筋来提高受冲切承载能力。

(5) 梁板式筏板基础底板厚度应符合受弯、受冲切和受剪承载力的要求，且应不小于400 mm。当底板区格为矩形双向板时，底板厚度与最大双向板格的短边净跨之比应不小于1/14。梁板式筏板基础的基梁的高跨比宜不小于1/6。

(6) 地下室底层柱、剪力墙与梁板式筏板基础的基础梁连接的构造应符合下列规定：

① 柱、墙的边缘至基础梁边缘的距离应不小于50 mm(图7.1)。

② 当交叉基础梁的宽度小于柱截面的边长时，交叉基础梁连接处应设置八字角，柱角与八字角之间的净距宜不小于50 mm(图7.1(a))。

③ 单向基础梁与柱的连接，可按图7.1(b)、(c)所示采用。

④ 基础梁与剪力墙的连接，可按图7.1(d)所示采用。

(7) 筏板与地下室外墙的接缝、地下室外墙沿高度处的水平接缝应严格按施工缝要求施工，必要时可设通长止水带。

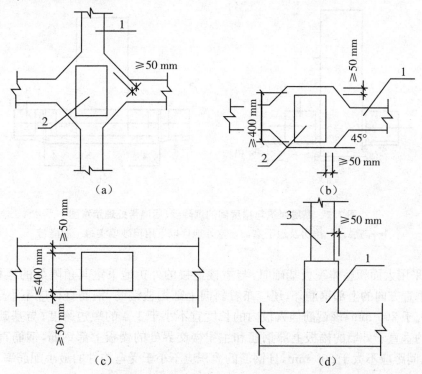

图7.1　地下室底层柱或剪力墙与梁板式筏板基础的基础梁连接的构造要求

1—基础梁；2—柱；3—墙

(8) 采用筏板基础的地下室,钢筋混凝土外墙厚度应不小于250 mm,内墙厚度宜不小于200 mm。墙的截面设计除满足承载力要求外,还应考虑变形、抗裂及外墙防渗等要求。墙体内应设置双面钢筋,钢筋不宜采用光面圆钢筋,水平钢筋的直径应不小于12 mm,竖向钢筋的直径应不小于10 mm,间距应不大于200 mm。当筏板的厚度大于2 000 mm时,宜在板厚中间部位设置直径不小于12 mm、间距不大于300 mm的双向钢筋网。

(9) 对于梁板式筏板基础的底板和基础梁的配筋除满足计算要求外,纵横方向的底部钢筋还应有不少于1/3贯通全跨,顶部钢筋按计算配筋全部连通,底板上下贯通钢筋的配筋率应不小于0.15%。对于平板式筏板基础,柱下板带和跨中板带的底部支座钢筋应有不少于1/3贯通全跨,顶部钢筋按计算配筋全部连通,上下贯通钢筋的配筋率应不小于0.15%。

(10) 带裙房的高层建筑筏板基础应符合下列规定:

① 当高层建筑与相连的裙房之间设置沉降缝时,高层建筑的基础埋深应大于裙房基础的埋深至少2 m。地面以下沉降缝的缝隙应用粗砂填实(图7.2(a))。

② 当高层建筑与相连的裙房之间不设置沉降缝时,宜在裙房一侧设置用于控制沉降差的后浇带,当沉降实测值和计算确定的后期沉降差满足设计要求后,方可进行后浇带混凝土浇筑。当高层建筑基础面积满足地基承载力和变形要求时,后浇带宜设在与高层建筑相邻裙房的第一跨内。当需要满足高层建筑地基承载力、降低高层建筑沉降量、减小高层建筑与裙房间的沉降差而增大高层建筑基础面积时,后浇带可设在距主楼边柱的第二跨内,此时应满足以下条件:地基土质较均匀;裙房结构刚度较好且基础以上的地下室和裙房结构层数不少于2层;后浇带一侧与主楼连接的裙房基础底板厚度与高层建筑的基础底板厚度相同(图7.2(b))。

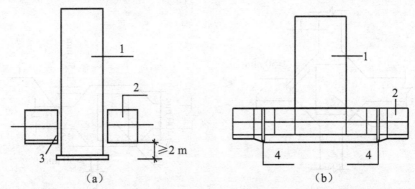

图7.2 高层建筑与裙房间的沉降缝、后浇带处理示意图
1—高层;2—裙房及地下室;3—室外地坪以下用粗砂填实;4—后浇带

(11) 采用大面积整体筏板基础时,与主楼连接的外扩地下室其角隅处的楼板板角,除配置两个垂直方向的上部钢筋外,还应布置斜向上部构造钢筋,钢筋直径应不小于10 mm、间距应不大于200 mm,该钢筋伸入板内的长度宜不小于1/4的短边跨度;与基础整体弯曲方向一致的垂直于外墙的楼板上部钢筋和主裙楼交界处的楼板上部钢筋,钢筋直径应不小于10 mm,间距应不大于200 mm,且钢筋的面积应不小于受弯构件的最小配筋率,钢筋的锚固长度应不小于30d。

(12) 采用筏板基础带地下室的高层和低层建筑,地下室四周外墙与土层紧密接触且土层为非松散填土、松散粉细砂土、软塑流塑黏性土,上部结构为框架、框剪或框架—核心筒结构,当地下一层结构顶板作为上部结构嵌固部位时,应符合下列规定:

① 地下一层的结构侧向刚度大于或等于与其相连的上部结构底层楼层侧向刚度的1.5倍。

② 地下一层结构顶板应采用梁板式楼盖,板厚应不小于180 mm,其混凝土强度等级宜不小于C30;楼面应采用双层双向配筋,且每层每个方向的配筋率宜不小于0.25%。

③ 地下室外墙和内墙边缘的板面不应有大洞口,以保证将上部结构的地震作用或水平力传递到地下室抗侧力构件中。

7.1.2 筏板基础设计计算

1. 筏板基础承载力

对于天然地基上的筏板基础,应验算持力层的地基承载力,其验算方法与天然地基上的浅基础大体相同。

当轴心荷载作用时,

$$p_k \leqslant f_a \tag{7.2}$$

式中:p_k——相应于作用的标准组合时,基础底面处的平均压力值(kPa);

f_a——修正后的地基承载力特征值(kPa)。

当偏心荷载作用时,除符合式(7.2)要求外,还应符合下式规定:

$$p_{kmax} \leqslant 1.2 f_a \tag{7.3}$$

$$p_{kmin} \geqslant 0 \tag{7.4}$$

式中:p_{kmax}——相应于作用的标准组合时,基础底面边缘的最大压力值(kPa);

p_{kmin}——相应于作用的标准组合时,基础底面边缘的最小压力值(kPa)。

验算天然地基地震作用下的竖向承载力时,按地震作用效应标准组合的基础底面平均压力和边缘最大压力应符合下列各式要求:

$$p_E \leqslant f_{aE} \tag{7.5}$$

$$p_{Emax} \leqslant 1.2 f_{aE} \tag{7.6}$$

式中:f_{aE}——调整后的地基抗震承载力,可依据《建筑抗震设计规范》(GB 50011—2010)计算;

p_E——地震作用效应标准组合的基础底面平均压力;

p_{Emax}——地震作用效应标准组合的基础边缘的最大压力。

高宽比大于4的高层建筑,在地震作用下基础底面不宜出现脱离区(零应力区);其他建筑,基础底面与地基土之间脱离区(零应力区)面积应不超过基础底面面积的15%。

在强震、强台风地区,当建筑物比较软弱、高耸、偏心较大、埋深较浅时,有必要作水平抗滑稳定性和整体倾覆稳定性验算。

2. 基底压力

当轴心荷载作用时,

$$p_k = \frac{F_k + G_k}{A} \tag{7.7}$$

式中：F_k——相应于作用的标准组合时，上部结构传至基础顶面的竖向力值(kN)；
　　　G_k——基础自重和基础上的土重(kN)；
　　　A——基础底面面积(m^2)。

当偏心荷载作用时，

$$\left.\begin{array}{l}p_{kmax}\\p_{kmin}\end{array}\right\}=\frac{F_k+G_k}{A}\pm\frac{M_k}{W} \tag{7.8}$$

式中：M_k——相应于作用的标准组合时，作用于基础底面的力矩值(kN·m)；
　　　W——基础底面的抵抗矩(m^3)。

3. 筏板基础内力

在比较均匀地基上的筏板基础，当上部结构刚度较大，柱距和柱荷载比较均匀时，可按简化法计算。

与倒梁法相似，片筏板基础简化计算法也假定地基反力按直线分布，再将筏板基础倒置，柱底作为刚性不动支座，地基净反力作为外荷载，按一般楼盖计算筏板基础的内力，故此法常称倒楼盖法。梁板式的筏板基础常采用此法计算。底板按双向或单向板计算，纵、横梁按连续梁计算。

当上部结构和基础刚度较小，筏板基础面积又较大时，应按弹性板计算。其计算方法可按有限单元法求解。

4. 筏板基础强度

(1) 平板式筏板基础内筒下的板厚应满足受冲切承载力的要求，并应符合下列规定：

$$F_l/u_m h_0 \leqslant 0.7\beta_{hp}f_t/\eta \tag{7.9}$$

式中：F_l——相应于作用的基本组合时，内筒所承受的轴力设计值减去内筒下筏板冲切破坏锥体内的基底净反力设计值(kN)；
　　　u_m——距内筒外表面 $h_0/2$ 处冲切临界截面的周长(m)(图7.3)；
　　　β_{hp}——受冲切承载力截面高度影响系数，当 $h \leqslant 800$ mm 时，取 $\beta_{hp}=1.0$；当 $h \geqslant 2\,000$ mm 时，取 $\beta_{hp}=0.9$，其间按线性内插法取值；
　　　h_0——距内筒外表面 $h_0/2$ 处筏板的截面有效高度(m)；
　　　η——内筒冲切临界截面周长影响系数，取1.25；
　　　f_t——混凝土轴心抗拉强度设计值(kPa)。

(2) 平板式筏板基础受剪承载力应按下式验算：

$$V_s \leqslant 0.7\beta_{hs}f_t b_w h_0 \tag{7.10}$$

式中：V_s——相应于作用的基本组合时，基底净反力平均值产生的距内筒或柱边缘 h_0 处筏板单位宽度的剪力设计值(kN)；
　　　b_w——筏板计算截面单位宽度(m)；
　　　β_{hs}——受剪切承载力截面高度影响系数，当 $h_0<800$ mm 时，取 $h_0=800$ mm；当 $h_0>2\,000$ mm 时，取 $h_0=2\,000$ mm；
　　　h_0——距内筒或柱边缘 h_0 处筏板的截面有效高度(m)。

第7章 筏板基础与箱形基础

图 7.3 筏板受内筒冲切的临界截面位置

(3) 梁板式筏板基础底板受冲切、受剪切承载力计算应符合下列规定:

① 梁板式筏板基础底板受冲切承载力应按下式进行计算:

$$F_l \leqslant 0.7\beta_{hp} f_t u_m h_0 \tag{7.11}$$

式中:F_l——相应于作用的基本组合时,图 7.4 中阴影部分面积上的基底平均净反力设计值(kN);

u_m——距基础梁边 $h_0/2$ 处冲切临界截面的周长(m)(图 7.4)。

② 当底板区格为矩形双向板时,底板受冲切所需的厚度 h_0 应按下式进行计算:

$$h_0 = \frac{(l_{n1}+l_{n2}) - \sqrt{(l_{n1}+l_{n2})^2 - \frac{4p_n l_{n1} l_{n2}}{p_n + 0.7\beta_{hp} f_t}}}{4} \tag{7.12}$$

式中:l_{n1}、l_{n2}——计算板格的短边和长边的净长度(m);

p_n——扣除底板及其上填土自重后,相应于作用的基本组合时的基底平均净反力设计值(kPa)。

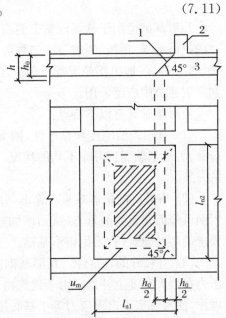

图 7.4 筏板基础底板冲切计算示意图
1—冲切面锥体斜截面;2—梁;3—底板

(4) 梁板式筏板基础双向底板斜截面受剪承载力应按下式进行计算:

$$V_s \leqslant 0.7\beta_{hs} f_t (l_{n2} - 2h_0) h_0 \tag{7.13}$$

式中：V_s——距梁边缘 h_0 处，作用在图 7.5 中阴影部分面积上的基底平均净反力产生的剪力设计值（kN）。

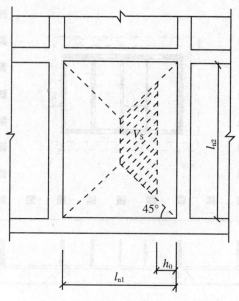

图 7.5　筏板基础底板剪切计算示意图

7.2　箱形基础

箱形基础适用于软弱地基上的高层、重型或对不均匀沉降有严格要求的建筑物。箱形基础是由底板、顶板、侧墙及一定数量内隔墙构成的整体刚度较好的单层或多层格式空间结构（图 7.6），一般由钢筋混凝土建造，部分可结合建筑使用功能设计成地下室，在国内外多层和高层建筑中广泛采用。

箱形基础具有以下特点：

（1）有很大的刚度和整体性，因而能有效地调整基础的不均匀沉降。常用于上部结构荷载大、地基软弱且分布不均的情况，当地基特别软弱且复杂时，可采用箱形基础下桩基础的方案。

（2）有较好的抗震效果。箱形基础将上部结构较好地嵌固于基础，基础埋置得又较深，因而可降低建筑物的重心，从而增加建筑物的整体性。在地震区，对抗震、人防和地下室有要求的高层建筑，宜采用箱形基础。

（3）有较好的补偿性。箱形基础的埋置深度一般较大，基础底面处的土自重应力和水压力在很大程度上补偿了由于建筑物自重和荷载产生的基底压力。如果箱形基础有足够的埋深，使得基底土自重应力等于基底接触压力。从理论上讲，基底附加压力等于 0，在地基中就不会产生附加应力，因而也就不会产生地基沉降，也不存在地基承载力问题。按照这种概念进行地基基础设计的称为补偿性设计。但在施工过程中，基坑开挖解除了土自重，使坑底发生回弹，当建造上部结构和基础时，土体会因再次受荷而发生沉降。在这一过程中，地基中的应力发生一系列变化。因此，实际上不会存在那种完全不引起沉降和强度问题的理想情况，但如果能精心设计、合理施工，就能有效地发挥箱形基础的补偿作用。

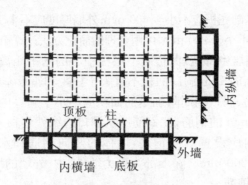

图 7.6　箱形基础

箱形基础的设计与计算比一般基础要复杂得多,长期以来没有统一的计算方法,箱体的设计应考虑上部结构、基础和地基的共同作用。我国于 20 世纪 70 年代在北京、上海等地的高层建筑中进行了测试研究工作,对箱形基础的基底反力和内力分析等问题取得了重要成果,随着技术的发展,在原有 JGJ 6—99 基础上编制了现行的《高层建筑箱形与筏形基础技术规范》(JGJ 6—2011),为箱形基础的设计与施工提供了有效的依据。

7.2.1　箱形基础的构造要求

(1) 箱形基础的混凝土强度等级应不低于 C25,当采用防水混凝土刚性防水时防水混凝土的抗渗等级应不低于 P6。

(2) 箱形基础的平面尺寸应根据地基强度、上部结构的布局和荷载分布等条件确定。在地基土比较均匀的条件下,箱形基础的基础平面形心宜与上部结构竖向永久荷载重心重合。当不能重合时,偏心距 e 宜符合式(7.1)。

当偏心较大时,可使箱形基础底板四周伸出不等长的短悬臂以调整底面形心位置,如不可避免偏心。

(3) 箱形基础的高度应满足结构承载力和刚度的要求,并根据建筑使用要求确定。其值一般宜不小于箱形基础长度的 1/20,且宜不小于 3 m,箱形基础的长度不包括墙外底板悬挑部分。

(4) 箱形基础在确定埋置深度时,应考虑建筑物的高度、体型、地基土质、抗震设防烈度等因素,箱形基础埋深必须满足地基承载力和稳定性的要求。在地震区,箱基埋深 d 为从室外地坪算至基础底面的高度,应满足下式要求:

$$d \geqslant H_g/15 \tag{7.14}$$

式中:H_g——自室外地面算起的建筑物高度。

高层建筑同一结构单元内,箱形基础的埋置深度宜一致,且不得局部采用箱形基础。

(5) 箱形基础的高度应满足结构的承载力和刚度要求,并根据建筑使用要求确定。一般宜不小于箱形基础长度的 1/20,且不小于 3 m。此处箱形基础长度不计墙外悬挑板部分。

(6) 外墙宜沿建筑物周边布置,内墙沿上部结构的柱网或剪力墙位置纵横均匀布置,墙体水平截面总面积不宜小于箱形基础外墙外包尺寸的水平投影面积的 1/10;当上部结构为框架或框剪结构时,墙体水平截面总面积不宜小于箱形基础水平投影面积的 1/12。对基础平面长宽比大于 4 的箱形基础,其纵墙水平截面面积应不小于箱基外墙外包尺寸水平投影面积的 1/18。计算墙体水平截面面积时,不扣除洞口部分。

(7) 箱形基础的顶板、底板及墙体的厚度,应根据受力情况、整体刚度和防水要求确定。无人防设计要求的箱形基础,基础底板应不小于 400 mm;外墙厚度应不小于 250 mm,内墙的厚度应不小于 200 mm;顶板厚度应不小于 200 mm,可用合理的简化方法计算箱形基础的承载力。

(8) 门洞宜设在柱间居中部位,洞边至上层柱中心的水平距离不宜小于 1.2 m,洞口上过梁的高度不宜小于层高的 1/5,洞口面积不宜大于柱距和箱形基础全高乘积的 1/6。墙体洞口周围应设置加强钢筋,洞口四周附加钢筋面积应不小于洞口内被切断钢筋面积的一半,且不少于两根直径为 14 mm 的钢筋,此钢筋应从洞口边缘处延长 40 倍钢筋直径。

(9) 箱形基础墙体内应设置双面钢筋,墙体的竖向钢筋和水平钢筋直径均应不小于 10 mm,间距均应不大于 200 mm。除上部为剪力墙外,内、外墙的墙顶处宜配置两根直径不小于 20 mm 的通长构造钢筋。

(10) 箱形基础的顶板和底板钢筋配置除符合计算要求外,箱形基础的顶板、底板及墙体均应采用双层双向配筋。纵、横方向支座钢筋还应有 1/3~1/2 的钢筋连通,且连通钢筋的配筋率分别不小于 0.15%(纵向)、0.10%(横向),跨中钢筋按实际需要的配筋全部连通。钢筋接头宜采用机械连接;采用搭接接头时,搭接长度应按受拉钢筋考虑。

(11) 底层柱与箱形基础交接处,柱边和墙边或柱角和八字角之间的净距不宜小于 50 mm,并应验算底层柱下墙体的局部受压承载力;当不能满足时,应增加墙体的承压面积或采取其他有效措施。

(12) 上部结构底层柱纵向钢筋伸入箱形基础墙体的长度应符合:柱下三面或四面有箱形基础墙的内柱,除柱四角纵向钢筋直通到基底外,其余钢筋可伸入顶板底面以下 40 倍纵向钢筋直径处;外柱、与剪力墙相连的柱及其他内柱的纵向钢筋应直通到基底。

7.2.2 箱形基础设计计算

1. 箱形基础承载力

对于天然地基上的箱形基础,应验算持力层的地基承载力,其验算方法与天然地基上的浅基础大体相同。当轴心荷载作用时,应按式(7.2)计算;当偏心荷载作用时,除符合式(7.2)要求外,还应符合式(7.3)、式(7.4)规定。

2. 基底压力

当轴心荷载作用时,应按式(7.7)计算;当偏心荷载作用时,可按式(7.8)计算。

3. 箱形基础内力分析

(1) 当地基压缩层深度范围内的土层在竖向和水平方向较均匀,且上部结构为平立面布置较规则的剪力墙、框架剪力墙体系时,箱形基础的顶板和底板可仅按局部弯曲计算,计算时底板反力应扣除板的自重。

(2) 对不符合上述要求的箱形基础,应同时考虑局部弯曲和整体弯曲的作用,底板局部弯曲产生的弯矩应乘以 0.8 的折减系数;计算整体弯曲时,应考虑上部结构与箱形基础的共同作用;对框架结构,箱形基础的自重应按均布荷载处理。

4. 地基变形

由于箱形基础埋深较大,随着施工的进展,地基的受力状态和变形十分复杂。在基坑开挖前大多用井点降低地下水位,以便进行基坑开挖和基础施工,因此降低地下水位使地基压缩。在基础开挖阶段,卸去土重引起地基回弹变形,根据某些工程的实例,回弹变形不容忽视。当基础施工时,逐步增加荷载使地基产生再压缩变形。基础施工完后可停止降低地下水位,地基又回弹。最后在上部结构施工和使用阶段继续增加荷载,使地基继续产生压缩变形。

为了使地基变形计算所取用的参数尽可能与地基实际受力状态相吻合,可以在室内进行模拟实际施工过程的压缩一回弹试验。但由于模拟条件与真实情况不尽符合,故目前实际上仍以《建筑地基基础设计规范》(GB 50007—2011)推荐的分层总和法计算箱形基础的沉降,具体运作时作一些修正。

5. 箱形基础底板强度验算

(1) 底板除了应满足正截面受弯承载力的要求外,还应满足受冲切承载力的要求。当底板区格为矩形双向板(图 7.4),且板厚与最大双向板格的短边净跨之比不小于 1/14 时,底板的载面有效高度 h_0 应符合式(7.12)要求。

(2) 箱形基础底板除计算正截面受弯承载力外,其斜截面受剪承载力应符合要求,当地板板格为矩形双向板时,其斜截面受剪承载力可按式(7.13)计算。

7.3 施工与检测

1. 地下水控制

(1) 当地下水位影响基坑施工时,应采取人工降低地下水位或隔水措施。

(2) 对未设置隔水帷幕的基坑,宜将地下水位降低至基坑底面以下 0.5~1.0 m。

(3) 严禁施工用水、废旧管道渗漏的水及雨水等积聚在坑外土体中并严禁其流入基坑。

(4) 降水方案可选用轻型井点、喷射井点、深井井点和真空深井井点。轻型井点的降水深度不宜超过 6 m,大于 6 m 时可采用多级轻型井点。

(5) 喷射井点可在降水深度不超过 8 m 时采用。喷射井点的喷射器应放到井点管的滤管中,直接在滤管附近形成真空。

(6) 深井井点的井管宜用外径为 250~300 mm 的钢管,井孔直径宜不小于 700 mm。管壁与孔壁之间应回填不小于 200 mm 的洁净砾砂滤层。

(7) 放坡开挖的基坑,井点管至坑边的距离应不小于 1 m。机房距坑边应不小于 1.5 m,地面应夯实填平。抽吸设备排水口应远离边坡,防止排水渗入坑内。

2. 基坑开挖与支护

(1) 对重要建(构)筑物附近的基坑、工程地质条件复杂的基础基坑及深度超过 5 m 的基坑的施工方案应组织专家进行可行性和安全性论证。

(2) 基坑支护的设计使用期限应满足基础施工的要求,且应不少于一年。

(3) 基坑内外地基土加固处理应与支护结构统一进行设计。

(4) 基坑周边的施工荷载严禁超过设计规定的限值,施工荷载至基坑边的距离不得小于 1 m。当有重型机械需在基坑边作业时,应采取确保机械和基坑安全的措施。

(5) 在基坑开挖过程中,严禁损坏支护结构、降水设施和工程桩;应避免挖土机械直接压在支撑上,对工程监测设施宜设置醒目的提示标志和可靠的保护构架进行保护。

(6) 采用钢筋混凝土内支撑的基坑,当支撑长度大于 50 m 时,宜分析支撑混凝土收缩和昼夜温差变化引起的热胀冷缩对支撑结构的影响。当基坑的长度和宽度均大于 100 m 时,宜采用中心法、逆作法等方法,减小混凝土收缩的不利影响。

(7) 基坑开挖宜分块、分层进行,严禁超挖,在软土中挖土的分层厚度不宜大于 3 m,并应采用措施防止土体流动造成桩基损坏。

(8) 挖土机械宜放置在高于挖土标高的台阶上,向下挖土,边挖边退,减少挖土机械对刚挖土面的扰动。当挖到坑底时,应在基坑设计底面以上保留 200~300 mm 的土层,由人工挖除。

(9) 基坑开挖至设计标高并经验收合格后,应立即进行垫层施工,防止暴晒和雨水浸泡造成基土破坏。

(10) 当用于基坑支护的钢板桩需回收时,应逐根拔除,并及时用土将拔桩所留下的孔洞回填密实。

3. 筏板基础与箱形基础施工

(1) 当筏板基础与箱形基础的长度超过 40 m 时,应设置永久性的沉降缝和温度收缩缝。当不设置永久性的沉降缝和温度收缩缝时,应采取设置沉降后浇带、温度后浇带、诱导缝或用微膨胀混凝土、纤维混凝土浇筑基础等措施。

(2) 后浇带的宽带不宜小于 800 mm,在后浇带处,钢筋应贯通,后浇带两侧应采用钢筋支架和钢丝网隔断,保持带内的清洁,防止钢筋锈蚀或被压弯、踩弯,并应保证后浇带两侧混凝土的浇筑质量。

(3) 后浇带浇筑混凝土前,应将缝内的杂物清理干净,做好钢筋的除锈工作,并将两侧混凝土凿毛,涂刷界面剂。后浇带混凝土应采用微膨胀混凝土,且强度等级应比原结构混凝土强度等级增大一级。

(4) 温度后浇带从设置到浇筑混凝土的时间不宜少于两个月。

(5) 当地下室有防水要求时,地下室后浇带不宜留成直槎,并应做好后浇带与整体基础连接处的防水处理。

(6) 基础混凝土应采用同一品种水泥、掺和料、外加剂和同一配合比。

(7) 大体积混凝土施工应符合下列规定:

① 宜采用掺和料和外加剂改善混凝土和易性,减少水泥用量,降低水化热,其用量应通过试验确定。

② 宜连续浇筑,少设施工缝,宜采用斜面式薄层浇筑,利用自然流淌形成斜坡,浇筑时应采用防止混凝土将钢筋推离设计位置的措施。当用分仓浇筑时,相邻仓块浇筑的间隔时间不宜少于 14 d。

③ 宜采用蓄热法或冷却法养护,其内外温差不宜大于 25 ℃。

④ 必须进行二次抹面,减少表面收缩裂缝,必要时可在混凝土表面设置钢丝网。

4. 检测与监测

(1) 高层建筑筏板基础与箱形基础应进行沉降观测。

(2) 基坑开挖时,应对支护结构的位移、变形和内力进行监测。

(3) 在进行筏板基础与箱形基础大体积混凝土施工时,应对其表面和内部的温度进行监测。

(4) 建筑物沉降观测应设置永久性高程基准点,每个场地设置永久性高程基准点的数量不得少于3个。高程基准点应设置在变形影响范围之外,高程基准点的标石应埋设在基岩或稳定的底层中,并应保证在观测期间高程基准点的标高不发生变动。

(5) 沉降观测点的布设,应根据建筑物的体形、结构特点、工程地质条件等确定,宜在建筑物中心点、角点及周边每隔10~15 m或每隔2~3根柱处布设观测点,并应在基础类型、埋深和荷载有明显变化及可能发生差异沉降的两侧布设观测点。

(6) 沉降观测应从完成基础底板施工时开始,在施工和使用期间连续进行长期观测,直至沉降稳定终止。

(7) 沉降稳定的控制标准宜按沉降观测期间最后100 d的平均沉降速率(不大于0.01 mm/d)采用。

本章小结

本章对于筏板基础和箱形基础主要从以下几个方面进行讲述:

(1) 针对筏板基础和箱形基础的构造要求进行介绍。对于这部分内容要求学生理解并熟练掌握,尤其是其中有些规范发生变动的数值,要求必须按新规范加以记忆理解。

(2) 针对筏板基础和箱形基础的特点作简单介绍。例如,筏板基础和箱形基础具有刚度大、较好的抗震效果、较好的补偿性等特点。

(3) 针对筏板基础和箱形基础的设计计算进行介绍。在这一部分中主要学习筏板基础和箱形基础整个设计过程中的验算,如验算地基强度的问题、地基变形的计算、构件强度验算等。在计算过程中需要注意这样几个问题:① 由于筏板基础和箱形基础埋深较大,计算平均附加压力时应扣除水的浮力;② 地基变形的计算建议按《建筑地基基础设计规范》(GB 50007—2011)中的简化经验公式确定;③ 地基规范的分层总和法适用于软土地基和箱形基础的回弹再压缩模量占总沉降的比例较小的情况。当筏板基础和箱形基础的补偿量较大时,应采用其他有效的方法估算回弹再压缩量。

思 考 题

1. 筏板基础类型有哪些?
2. 筏板基础构造主要有哪些内容?
3. 筏板基础底板的强度验算需要验算哪些内容?
4. 箱形基础由哪几部分组成?
5. 箱形基础构造主要有哪些内容?
6. 箱形基础的特点有哪些?
7. 箱形基础的变形应如何计算?

第8章 桩 基 础

能力目标

通过本章学习,能够依据地基勘察报告、建筑场地的工程地质条件、上部结构类型及施工条件等,选择合理的桩基础类型和施工工艺。能依据工程实际初步地校核和评价所选桩的安全性、可行性及经济性。

学习目标

熟悉桩基的分类;重点掌握单桩承载力的确定;掌握群桩、承台、抗拔桩和负摩擦桩的设计及构造;了解其他深基础类型。

当基础浅层土质不良,采用浅基础已无法满足建筑物对地基变形和强度要求时,可利用深层坚硬的土层或岩层作为持力层而设计成深基础。深基础主要有桩基础、沉井和地下连续墙等基础类型,其中桩基础是一种常用的基础。本章重点讲述桩基础构造及施工内容,对沉井及地下连续墙仅作简要介绍。

桩基础作为深基础应用最多的一种基础形式,它由若干个沉入土中的桩和连接桩顶的承台或承台梁组成。其作用是将上部建筑物的荷载传递到深处承载力较强的土层上,或将软弱土层挤密实以提高地基土的承载能力和密实度。

8.1 桩基础的分类

8.1.1 按荷载的传递方式分类

1. 端承型桩

端承型桩是指在承载力极限状态下,桩顶荷载主要由桩端阻力承受(图8.1)。这种桩通过软弱土层到达深层坚硬土层中,桩顶竖向荷载主要由桩端阻力承受;桩侧摩擦阻力很小,可不计。它可分为端承桩和摩擦端承桩两种。摩擦端承桩是指在承载能力极限状态下,桩顶竖向荷载由摩擦阻力和桩端阻力共同承担,主要由桩端阻力承受。

2. 摩擦型桩

摩擦型桩是指在承载力极限状态下,桩顶荷载主要由桩侧阻力承受(图8.2)。这种桩是当软弱土层较深厚,桩未到达坚硬土层或岩层,桩上荷载是由桩侧摩擦阻力和桩端阻力共同承受。它可分为摩擦桩和端承摩擦桩两种。端承摩擦桩是指在承载能力极限状态下,桩顶竖向荷载主要由桩侧阻力承受和一定的桩端阻力共同承担。

端承型桩适用于表层软弱土层不太厚,而下部为坚硬土层的情形;摩擦型桩适用于软弱土层较厚,下部有中等压缩性土层,而坚硬土层距地表很深的情形。

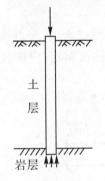

图 8.1 端承型桩

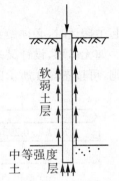

图 8.2 摩擦型桩

8.1.2 按桩的施工方法分类

1. 预制桩

这种桩是在工厂或工地预先制作,就位后用打桩机打入土中。预制桩刚度好,适宜用在新填土的地基。根据所用材料的不同,常用的预制桩有混凝土预制桩、预应力混凝土空心桩和钢桩等。

1)混凝土预制桩

混凝土预制桩的截面边长应不小于 200 mm;预应力混凝土预制实心桩的截面边长不宜小于 350 mm。工厂预制桩桩长一般不超过 12 m,现场预制桩的长度为 25~30 m。

预制桩的混凝土强度等级不宜低于 C30;预应力混凝土实心桩的混凝土强度等级应不低于 C40;预制桩纵向钢筋的混凝土保护层厚度不宜小于 30 mm。

预制桩的桩身配筋应按吊运、打桩及桩在使用中的受力等条件计算确定。采用锤击法沉桩时,预制桩的最小配筋率不宜小于 0.8%。采用静压法沉桩时,最小配筋率不宜小于 0.6%,主筋直径不宜小于 14 mm,打入桩桩顶以下 4~5 倍桩身直径长度范围内箍筋应加密,并设置钢筋网片。由于桩尖直接承受土的正面阻力,因此应将所有主筋用一根芯棒焊在一起,加强桩尖抵抗入土阻力(图8.3)。

预制桩的分节长度应根据施工条件及运输条件确定;每根桩的接头数量不宜超过 3 个。预制桩的桩尖可将主筋合拢焊在桩尖辅助钢筋上,对于持力层为密实砂和碎石类土时,宜在桩尖处包以钢钣桩靴,加强桩尖。

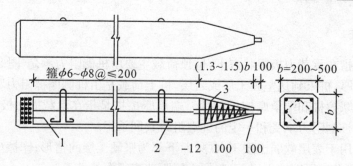

图 8.3 钢筋混凝土预制桩
1—网片；2—吊环；3—螺旋筋

桩在起吊搬运时，必须做到平稳，避免冲击和振动，吊点应同时受力，且吊点位置应符合设计规定。如无吊环，设计又未作规定，绑扎点的数量及位置按桩长而定，应符合起吊弯矩最小的原则，可按图 8.4 所示的位置捆绑。

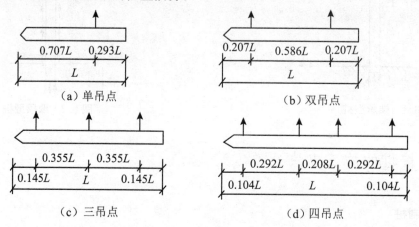

图 8.4 吊点的合理位置

2) 预应力混凝土空心桩

预应力混凝土空心桩按截面形式可分为管桩和空心方桩，按混凝土强度等级可分为预应力高强混凝土(PHC)桩和预应力混凝土(PC)桩。预应力混凝土空心桩桩尖形式宜根据地层性质选择闭口型或敞口型；闭口型分为平底十字型和锥型。预应力混凝土桩的连接可采用端板焊接连接、法兰连接、机械啮合连接、螺纹连接。每根桩的接头数量不宜超过 3 个。

桩端嵌入遇水易软化的强风化岩、全风化岩和非饱和土的预应力混凝土空心桩，沉桩后，应对桩端以上 2 m 左右范围内采取有效的防渗措施，可采用微膨胀混凝土填芯或在内壁预涂柔性防水材料。

3) 钢桩

钢桩可采用管形、H 形或其他异形钢材。钢桩的分段长度宜为 12～15 m。钢桩焊接接头应采用等强度连接。

钢桩的端部形式，应根据桩所穿越的土层、桩端持力层性质、桩的尺寸、挤土效应等因素综合考虑确定。管形钢桩的桩端形式有敞口和闭口两种形式。敞口的管形钢桩易打入，但端部承载力比闭口的管钢桩小。H 形钢桩的桩端形式有带端板和不带端板两种形式。

钢桩防腐处理可采用外表面涂防腐层、增加腐蚀余量及阴极保护；当钢管桩内壁同外界隔绝时,可不考虑内壁防腐。

预制桩在选择打桩机时,必须注意锤重要与桩重相适应,否则不是桩打不下去,就是把桩打坏。预制桩施工简便,容易保证质量。但造价较高,打桩时振动也较大,应注意对邻近房屋的影响。

2. 灌注桩

灌注桩是采用机具在现场钻孔,然后向孔内浇灌混凝土,或在孔内配置一定数量的钢筋。

灌注桩身混凝土强度等级不得小于C25,混凝土预制桩尖强度等级不得小于C30;灌注桩主筋的混凝土保护层厚度应不小于35 mm,水下灌注桩的主筋混凝土保护层厚度不得小于50 mm。

当灌注桩桩身直径为300～2 000 mm时,其正截面配筋率可取0.2%～0.65%(小直径桩取高值)。端承型桩和位于坡地岸边的基桩应沿桩身等截面或变截面通长配筋;摩擦型灌注桩配筋长度应不小于2/3桩长。对于受水平荷载的桩,主筋应不小于8ϕ12;对于抗压桩和抗拔桩,主筋应不少于6ϕ10;纵向主筋应沿桩身周边均匀布置,其净距应不小于60 mm。

箍筋应采用螺旋式,直径应不小于6 mm,间距宜为200～300 mm;受水平荷载较大的桩基、承受水平地震作用的桩基以及考虑主筋作用计算桩身受压承载力时,桩顶以下5d范围内的箍筋应加密,间距应不大于100 mm(d为桩身直径);当桩身位于液化土层范围内时箍筋应加密。

常见的灌注桩有以下几种:

(1) 打入式灌注桩。这种桩又称沉管桩,将带有活瓣桩尖钢管或套住预制混凝土桩头的钢管用锤击式或振动式打桩机击入土中,向管中灌注混凝土,边振动边拔管成桩。其中振动式灌注桩的质量较好。拔管时应满灌慢拔,随拔随振。当桩管长度不够或在处理颈缩事故时,在该桩灌注后,立即在原位重新沉管再灌注混凝土。

(2) 钻孔灌注桩。这种桩的施工方法是使用钻机在桩位上钻孔,然后向孔内浇灌混凝土(图8.5)。其优点是在施工时振动小,但缺点是成孔后清除孔底虚土较困难,影响桩的承载力。

(3) 钻孔扩底灌注桩。这种桩采用机具挖孔,利用装在钻杆底部的特制扩刀使孔再扩大,但扩底直径应不大于2.5倍桩身直径。扩孔后,清除孔底虚土,安放钢筋笼、分层振捣密实。由于扩大的形状和装置的角度不同而出现不同的扩大头形状(图8.6)。其特点是在于它可以对持力层进行直观的检查和试验,容易保证承载力。可用于高层建筑或重型结构物,是近年采用较多的桩基。

(4) 爆扩灌注桩。这种桩是利用钻机钻孔,再在孔底放炸药爆炸,使桩头扩大,孔内灌入混凝土成型(图8.7)。其特点是扩大了桩的底面积,能提高桩的承载力。它适用于在距地表不深处有较好持力层的情况。

(5) 人工挖孔灌注桩。人工挖孔灌注桩是采用人工挖掘成孔的一种方法。采用人工挖孔时,孔径(不含护壁)不得小于0.8 m,且不宜大于2.5 m,孔深不宜大于30 m。为防止坍孔,每挖约1 m深,制作一节混凝土护壁,护壁一般应高出地表100～200 mm,呈斜阶形。支护的方法通常是用现浇混凝土围圈。在人工成孔后,安装钢筋笼,浇筑混凝土。其施工工艺主要包括:人工挖掘成孔→安装钢筋笼→浇筑混凝土。挖孔桩端部分可以形成扩大头,以提高承载能力,但限制扩底端直径与桩身直径之比应不大于3.0。

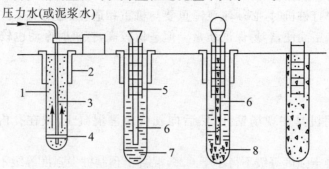

(a)钻孔 (b)下导管及钢筋笼 (c)灌注混凝土 (d)成型

图8.5 钻孔灌注桩

1—泥浆;2—护筒;3—钻杆;4—钻头;5—钢筋笼;
6—导管;7—泥土;8—混凝土

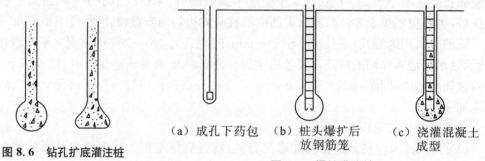

图8.6 钻孔扩底灌注桩

(a)成孔下药包 (b)桩头爆扩后放钢筋笼 (c)浇灌混凝土成型

图8.7 爆扩灌注桩

8.1.3 按成桩方法分类

按成桩方法可分为挤土桩、部分挤土桩和非挤土桩。

挤土桩是在成桩过程中,大量排挤周围土,桩周围土受到严重扰动,对土的工程性质有很大的改变。挤土桩所引起的挤土效应会造成地面隆起及土体侧移,产生的噪声较大,对周围环境的损害严重,但不存在泥浆和外运土的问题。挤土桩主要有打入或压入的实心桩、闭口预制混凝土管桩、闭口钢管桩及沉管灌注桩等。

部分挤土桩是在成桩过程中,部分排挤周围土,桩周围土受到轻微的扰动,周围土的性质变化不明显。部分挤土桩有打入(静压)式敞口钢管桩、敞口预应力混凝土空心桩和H形钢桩、预钻孔打入(静压)预制桩、冲孔灌注桩等。

非挤土桩是采用钻孔或挖孔等方式将土体成孔,对周围土没有挤压扰动,但存在泥浆及外排土,对环境有所影响。非挤土桩主要有干作业法钻(挖)孔灌注桩、泥浆护壁法钻(挖)孔灌注桩、套管护壁法钻(挖)孔灌注桩等。

8.1.4 按桩径分类

按桩径大小可分为小直径桩、中等直径桩及大直径桩。

小直径桩的直径通常为小于或等于250 mm,如树根桩。小直径桩的施工方法和施工机械较为简单,在基础托换、支护结构、地基处理及复合桩基都有运用。

中等直径桩是指直径大于250 mm 而小于800 mm 的桩,它广泛运用在工业与民用建筑的基础中。

大直径桩是指直径大于或等于800 mm 的桩。它多为钻、挖孔灌注桩,也存在大直径钢管桩,通常用于高大建筑物基础中,单桩承载力大。

8.2 单桩竖向承载力的确定

单桩竖向承载力计算是桩基设计的主要内容,而单桩竖向承载力则是桩基设计最重要的设计参数。单桩竖向承载力是指单桩所具有的承受竖向荷载的能力,其最大的承载力称为单桩极限承载力,可由单桩竖向静载荷试验测定,也可用其他的方法(如规范经验参数法、静力触探法等)估算。

单桩竖向承载力包括地基土对桩的支承能力和桩的结构强度所允许的最大轴向荷载两个方面的含义,以两者中较小的那个值控制桩的承载性能。当地基土对桩的支承能力小于桩的结构强度所允许的最大轴向荷载时,地基土的支承能力已经达到极限状态;如果结构强度先于地基土的支承能力达到极限状态,则桩的结构强度对桩的承载力起控制作用。

在设计桩基时,首先要知道一根桩能承受多大荷载,即单桩竖向承载力。一般通过现场试桩确定,若无条件,可按桩侧摩擦力及桩端阻力确定,最后再按桩身强度验算。

8.2.1 桩的荷载试验

1. 按静荷载试验确定

静荷载试验能较好地反映单桩的实际承载力,因此单桩竖向承载力特征值应通过现场静荷载试验确定。在同一条件下的试桩数量,不宜小于总桩数的1%,且应不少于3根。对竖向静载荷试验的具体规定如下:

(1) 开始试验时间。预制桩在砂土中入土7天后;黏性土不得少于15天;对于饱和软黏土不得少于25天。灌注桩应在桩身混凝土达到设计强度后,才能进行。

(2) 加载试验。静荷载试验通常采用油压千斤顶加载,逐级加荷,加荷分级应不小于8级,每级加载为预估极限荷载的 $1/10 \sim 1/8$。测读桩沉降量的间隔时间:每级加载后,间隔5、10、15 min 各测读一次,以后每隔15 min 测读一次。累计1 h 后每隔30 min 读1次。在每级荷载作用下,桩的每小时沉降小于0.1 mm,并连续出现两次,认为达到相对稳定,可加下一级荷载。

(3) 可终止加载条件。当出现下列情况之一时,即可终止加载:

① 荷载-沉降(Q-s)曲线上有可判定极限承载力的陡降段,且桩顶总沉降量超过40 mm。

② $\Delta s_{n+1}/\Delta s_n \geqslant 2$,且经24 h 尚未达到稳定($\Delta s_n$、$\Delta s_{n+1}$分别为第$n$级、第$n+1$级荷载的沉降增量)。

③ 25 m 以上的非嵌岩桩，$Q-s$ 曲线呈缓变型时，桩顶总沉降量大于 60~80 mm。

④ 在特殊条件下，可根据具体要求加载至桩顶总沉降量大于 100 mm。

(4) 卸载观测。终止加载后进行卸载，每级卸载值为加载值的 2 倍；每级卸载后隔 15 min 测读一次残余沉降，读两次后，隔 30 min 再读一次，即可卸下一级荷载；全部卸载后，隔 3 h 再测读一次。

(5) 单桩竖向极限承载力应按下列方法确定：

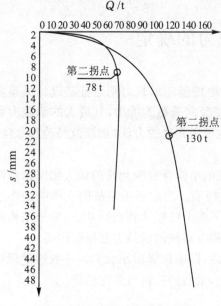

图 8.8 单桩垂直静荷载试验

① 作荷载-沉降($Q-s$)曲线和其他辅助分析所需的曲线，然后根据 $Q-s$ 曲线确定单桩竖向极限承载力。例如，在 $Q-s$ 曲线上取发生明显陡降的起始点(第二拐点)所对应的荷载为极限荷载(图 8.8)。

② 不陡降段明显时，取相应于陡降段起点的荷载值。

③ 当出现 $\Delta s_{n+1}/\Delta s_n \geqslant 2$，且经 24 h 尚未达到稳定的情况，取前一级荷载值。

④ $Q-s$ 曲线呈缓变型时，取桩顶总沉降量 $s=40$ mm 所对应的荷载值，当桩长大于 40 m 时，宜考虑桩身的弹性压缩。

(6) 参加统计试桩，当满足其极差不超过平均值的 30% 时，可取其平均值为单桩竖向极限承载力。极差超过平均值的 30% 时，宜增加试桩数量并分析离差过大的原因，结合工程具体情况确定极限承载力。对桩数为 3 根及 3 根以下的柱下桩台，取最小值。

(7) 将单桩竖向极限承载力除以安全系数 2 为单桩竖向承载力特征值(R_a)。

2. 按动力试验确定

动力试桩一般结合打桩工程进行。桩在动力冲击下的入土难易程度，一般能反映地基土的承载力，我们把一次锤击下桩的入土深度称为贯入度。通过试桩可建立适合于一定土质、桩型、施工机具的贯入度与承载力的关系公式。根据设计承载力，提出控制贯入度。施工时的最后贯入度应小于控制贯入度。

8.2.2 按经验公式确定

若不具备现场试验确定单桩承载力或设计等级为丙级的建筑物，根据《建筑地基基础设计规范》(GB 50007—2011)，初步设计时单桩竖向承载力特征值可按下式进行估算：

$$R_a = q_{pa}A_p + u_p\Sigma q_{sia}l_i \tag{8.1}$$

式中：R_a——单桩竖向承载力特征值；

q_{pa}、q_{sia}——桩端端阻力、桩侧阻力特征值(kPa)，由当地静载荷试验结果统计分析算得；

A_p——桩底端横截面面积(m^2)；

u_p——桩身周边长度(m);

l_i——第 i 层岩土的厚度(m)。

桩端嵌入完整及较完整的硬质岩中,当桩长较短且入岩较浅时,可按下式估算单桩竖向承载力特征值:

$$R_a = q_{pa} A_p \tag{8.2}$$

式中:q_{pa}——桩端岩石承载力特征值。

8.2.3 按桩身材料强度确定

桩身混凝土强度应满足桩的承载力设计要求。按桩身混凝土强度计算桩的承载力时,应按桩的类型和成桩工艺的不同将混凝土的轴心抗压强度设计值乘以工作条件系数 ψ_c,桩轴心受压时桩身强度应符合式(8.3)的规定。当桩顶以下 5 倍桩身直径范围内螺旋式箍筋间距不大于 100 mm 且钢筋耐久性得到保证的灌注桩,可适当计入桩身纵向钢筋的抗压作用。

$$Q \leqslant A_p f_c \Psi_c \tag{8.3}$$

式中:f_c——混凝土轴心抗压强度设计值(kPa),按现行国家标准《混凝土结构设计规范》(GB 50010—2010)取值;

Q——相应于荷载效应基本组合时的单桩竖向力设计值(kN);

A_p——桩身横截面积(m^2);

Ψ_c——工作条件系数,非预应力预制桩取 0.75,预应力桩取 0.55~0.65,灌注桩取 0.6~0.8(水下灌注桩、长桩或混凝土强度等级高于 C35 时用低值)。

8.3 群　　桩

建筑物的桩基是由若干单桩组成的群桩来共同承受荷载的,因此确定群桩承载力是桩基设计中的重要问题之一,由于在野外很难对群桩作静荷载试验,所以只能通过了解群桩的承载力与单桩承载力的关系来解决桩基的承载力问题。

8.3.1 群桩的承载力

如果桩基础是由端承桩组成的,则桩的承载力主要是桩端土的支承力,受压面积较小,各单桩之间认为不发生应力叠加,桩基础的承载力就是全部单桩承载力之和。如果桩之间发生应力叠加(图 8.9),由于应力增加,群桩的沉降量比单桩大,也就是说,由摩擦桩组成的群桩承载力小于各单桩承载力之和,那么,当符合桩距等构造要求时,符合下列情况的桩基竖向承载力即为各单桩竖向承载力之和:端承桩基;桩数不超过 3 根的非端承群桩。

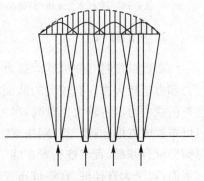

图 8.9　群桩应力

8.3.2 桩的布置

桩的布置包括桩的中心距、桩的合理排列以及桩端进入持力层的深度等内容。

1. 桩的中心距

为了避免桩基施工可能引起土的松弛效应和挤土效应对相邻桩基的不利影响,以及群桩效应对桩基承载力的不利影响,布桩应该根据土类、成桩工艺和桩端排列按表 8.1 和表 8.2 确定桩的最小中心距。布置过密的桩群,施工时相互干扰很大,灌注桩成孔可能会相互打通,锤击桩打预制桩会使相邻桩上抬。当荷载较大而单桩承载力不足时,可采用放大底板尺寸的方法布桩。

表 8.1 桩的最小中心距

土类与成桩工艺		排数不少于 3 排且桩数不少于 9 根的摩擦型桩桩基	其他情况
非挤土灌注桩		$3.0d$	$3.0d$
部分挤土桩		$3.5d$	$3.0d$
挤土桩	非饱和土	$4.0d$	$3.5d$
	饱和黏性土	$4.5d$	$4.0d$
钻、挖孔扩底桩		$2D$ 或 $D+2.0$ m(当 $D>2$ m)	$1.5D$ 或 $D+1.5$ m(当 $D>2$ m)
沉管夯扩、钻孔挤扩桩	非饱和土	$2.2D$ 且 $4.0d$	$2.0D$ 且 $3.5d$
	饱和黏性土	$2.5D$ 且 $4.5d$	$2.2D$ 且 $4.0d$

注:① d 为圆桩直径或方桩边长,D 为扩大端设计直径。
② 当纵横向桩距不相等时,其最小中心距应满足"其他情况"一栏的规定。
③ 当为端承型桩时,非挤土灌注桩的"其他情况"一栏可减小至 $2.5d$。

表 8.2 灌注桩扩底端最小中心距

成桩方法	最小中心距
钻、挖孔灌注桩	$1.5d$ 或 $d+1$ m(当 $d>2$ m 时)
沉管夯扩灌注桩	$2.0d$

注:当扩底直径大于 2 m 时,桩端净距不宜小于 1 m。

2. 桩的排列

布置桩位时宜使桩基承载力合力点与竖向永久荷载合力作用点重合,并使桩基受水平力和力矩较大方向有较大的截面系数,同一结构单元宜尽量避免采用不同类型的桩基。当外荷载中弯矩占较大比重时,尽可能增大桩群截面抵抗矩,加密外围桩的布置。桩在平面内可布置成方形(或矩形)、网格或三角形网格;条形基础下的桩,可采用单排或双排布置;对于箱形承台基础,宜将桩布置在墙下;对于带梁或肋的筏板承台基础,宜将桩布置在梁和肋的下面;对于大直径桩,宜将桩布置在柱下,一柱一桩(图 8.10)。

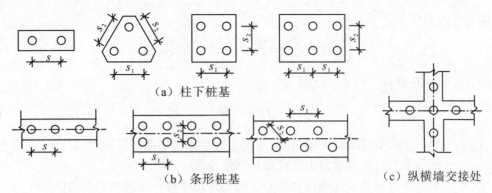

图 8.10 桩的平面布置

3. 桩进入持力层的深度

桩底进入持力层的深度,根据地质条件、荷载及施工工艺确定,宜为桩身直径的 1～3 倍且不宜小于 0.5 m。一般应选择较硬土层作为桩端持力层。桩端全截面进入持力层的深度,对于黏性土、粉土宜不小于 $2d$,砂土宜不小于 $1.5d$,碎石类土宜不小于 $1d$。当存在软弱下卧层时,桩端以下硬持力层厚度宜不小于 $3d$,否则桩端持力层将随着进入持力层深度增大而降低。

对于嵌岩桩,嵌岩深度应综合荷载、上覆土层、基岩、桩径、桩长诸因素确定。对于嵌入倾斜的完整岩和较完整岩的全截面深度宜不小于 $0.4d$ 且不小于 0.5 m,倾斜度大于 30% 的中风化岩,宜根据倾斜度及岩石完整性适当加大嵌岩深度;对于嵌入平整、完整的坚硬岩和较硬岩的深度不宜小于 $0.2d$,且应不小于 0.2 m。

从进入持力层的深度对承载力的影响来看,进入持力层的深度愈深,桩端阻力愈大。但受两个条件的制约,一是施工条件的限制,进入持力层过深,将给施工带来困难;二是临界深度的限制。所谓临界深度,是指端阻力随深度增加的界限深度值,当桩端进入持力层的深度超过临界深度以后,桩端阻力则不再显著增加或不再增大。

砂与碎石类土的临界深度为 $(3\sim10)d$,随其密度提高而增大。粉土、黏性土的临界深度为 $(2\sim6)d$,随土的孔隙比和液性指数的减少而增大。

4. 打桩顺序

打桩顺序直接影响到桩基础的质量和施工速度,应根据桩的密集程度(桩距大小)、桩的规格、桩的设计标高、工作面布置、工期要求等综合考虑。

合理确定打桩顺序:

(1) 桩的中心距大于 4 倍桩的边长或直径时应逐段打设。

(2) 桩的中心距不大于 4 倍桩的直径或边长时应自中部向四周打设或由中间向两侧打设。

8.3.3　群桩中单桩桩顶竖向力的确定

(1) 轴心竖向力作用下

$$Q_k = \frac{F_k + G_k}{n} \tag{8.4}$$

偏心竖向力作用下

$$\genfrac{}{}{0pt}{}{Q_{ik\max}}{Q_{ik\min}} = \frac{F_k + G_k}{n} \pm \frac{M_{xk} y_i}{\sum y_i^2} \pm \frac{M_{yk} x_i}{\sum x_i^2} \quad (8.5)$$

(2) 水平力作用下

$$H_{ik} = \frac{h_k}{n} \quad (8.6)$$

式中：F_k——相应于荷载效应标准组合时，作用于桩基承台顶面的竖向力(kN)；

G_k——桩基承台自重及承台上土自重标准值(kN)；

Q_k——相应于荷载效应标准组合轴心竖向力作用下作一单桩的竖向力(kN)；

n——桩基中的桩数；

Q_{ik}——相应于荷载效应标准组合偏心竖向力作用下第 i 根桩的竖向力(kN)；

M_{xk}、M_{yk}——相应于荷载效应标准组合作用于承台底面通过桩群形心的 x、y 轴的力矩(kN·m)；

x_i、y_i——桩至桩群形心的 x、y 轴线的距离(m)；

H_k——相应于荷载效应标准组合时，作用于承台底面的水平力(kN)；

H_{ik}——相应于荷载效应标准组合时，作用于任一单桩的水平力(kN)。

单桩承载力计算应符合下列要求：

(1) 轴心竖向力作用下

$$Q_k \leqslant R_a \quad (8.7)$$

式中：R_a——单桩竖向承载力特征值(kN)。

(2) 偏心竖向力作用下，除满足式(8.7)外，还应满足下列要求：

$$Q_{ik\max} \leqslant 1.2 R_a \quad (8.8)$$

(3) 水平荷载作用下

$$H_{ik} \leqslant R_{ha} \quad (8.9)$$

式中：R_{ha}——单桩水平承载力特征值(kN)。

8.4 承　台

承台是上部结构与群桩之间相联系的结构部分，其作用是把各个单桩联系起来并与上部结构形成整体。承台设计包括进行局部受压、抗冲切、抗剪及抗弯承载力计算，并应符合构造要求。

8.4.1　承台的构造要求

承台按受力特点分为承台板和承台梁。承台板用于独立桩基和满堂桩基，承台板平面尺寸应根据上部要求、桩数和布桩形式确定。平面形状有三角形、矩形、多边形和圆形等。承台梁用于墙下条形桩基。桩基承台的构造应符合下列要求：

(1) 独立柱下桩基承台的宽度应不小于 500 mm。边桩中心至承台边缘的距离不宜小于桩的直径或边长，且桩的外边缘至承台边缘的距离不小于 150 mm。对于墙下条形承台梁,桩的外边缘至承台梁边缘的距离不小于 75 mm,承台的最小厚度应不小于 300 mm。

（2）高层建筑平板式和梁板式筏形承台的最小厚度为 400 mm,多层建筑墙下布桩的剪力墙结构筏形承台的最小厚度为 200 mm。

（3）对于矩形承台,其钢筋应按双向均匀通长布置(图 8.11(a)),钢筋直径不宜小于 10 mm,间距不宜大于 200 mm；对于三桩承台,钢筋应按三向板带均匀布置,且最里面的三根钢筋围成的三角形应在柱截面范围内(图 8.11(b))。承台梁的主筋除满足计算要求外,还应符合《混凝土结构设计规范》(GB 50010—2010)关于最小配筋率的规定,主筋直径不宜小于 12 mm,架立筋不宜小于 10 mm,箍筋直径不宜小于 6 mm(图 8.11(c))；柱下独立桩基承台的最小配筋率应不小于 0.15%。钢筋锚固长度自边桩内侧（当为圆桩时,应将其直径乘以 0.886 等效为方桩）算起,锚固长度应不小于 35 倍钢筋直径,当不满足时应将钢筋向上弯折,此时钢筋水平段的长度应不小于 25 倍钢筋直径,弯折段的长度应不小于 10 倍钢筋直径。

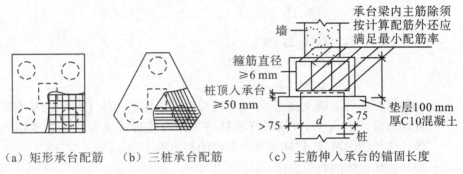

（a）矩形承台配筋　　（b）三桩承台配筋　　（c）主筋伸入承台的锚固长度

图 8.11　承台配筋示意图

（4）承台混凝土强度等级应不低于 C20。承台底面钢筋的混凝土保护层厚度,有混凝土垫层时应不小于 50 mm,无垫层时应不小于 70 mm,还应不小于桩头嵌入承台内的长度。

（5）桩与承台的连接构造应符合下列规定：桩嵌入承台内的长度对中等直径桩不宜小于 50 mm,对大直径桩不宜小于 100 mm。混凝土桩的桩顶纵向主筋应锚入承台内,其锚入长度不宜小于 35 倍纵向主筋直径。对于大直径灌注桩,当采用一柱一桩时可设置承台或将桩与柱直接连接。

（6）柱与承台的连接构造应符合下列规定：对于一柱一桩基础,柱与桩直接连接时,柱纵向主筋锚入桩身内长度应不小于 35 倍纵向主筋直径。对于多桩承台,柱纵向主筋锚入承台应不小于 35 倍纵向主筋直径；当承台高度不满足锚固要求时,竖向锚固长度应不小于 20 倍纵向主筋直径,并向柱轴线方向呈 90°弯折。当有抗震设防要求时,对于一、二级抗震等级的柱,纵向主筋锚固长度应乘以 1.15 的系数；对于三级抗震等级的柱,纵向主筋锚固长度应乘以 1.05 的系数。

（7）承台与承台之间的连接构造应符合下列规定：一柱一桩时,应在桩顶两个主轴方向上设置联系梁。当桩与柱的截面直径之比大于 2 时,可不设联系梁。两桩桩基的承台,应在其短向设置联系梁。有抗震设防要求的柱下桩基承台,宜沿两个主轴方向设置联系梁。联系梁顶面宜与承台顶面位于同一标高。联系梁宽度不宜小于 250 mm,其高度可取承台中心距的 1/15～1/10,且不宜小于 400 mm。联系梁配筋应按计算确定,梁上下部配筋不宜小于 2 根 ϕ 12 mm 钢筋；位于同一轴线上的联系梁纵筋宜通长配置。

(8) 承台和地下室外墙与基坑侧壁间隙应灌注素混凝土,或采用灰土、级配砂石、压实性较好的素土分层夯实,其压实系数不宜小于0.94。

8.4.2 关于多桩承台的计算

1. 抗冲切计算

当桩基承台的有效高度不足时,承台将产生冲切破坏。承台冲切破坏有两种情况:一是柱对承台的冲切破坏,二是角桩对承台的冲切破坏。在承台设计时分别对这两种破坏情况进行验算。

1) 柱对承台的冲切破坏

柱对承台的冲切,可按下列公式计算(图8.12):

$$F_l \leqslant 2[\beta_{0x}(b_c+a_{0y})+\beta_{0y}(h_c+a_{0x})]\beta_{hp}f_th_0 \tag{8.10}$$

$$F_l = F - \sum N_i \tag{8.11}$$

$$\beta_{0x} = 0.84/(\lambda_{0x}+0.2) \tag{8.12}$$

$$\beta_{0y} = 0.84/(\lambda_{0y}+0.2) \tag{8.13}$$

式中:F_l——扣除承台及其上填土自重,作用在冲切破坏锥体上相应于作用的基本组合时的冲切力设计值(kN),冲切破坏锥体应采用自柱边或承台变阶处至相应桩顶边缘连线构成的锥体,锥体与承台底面的夹角不小于45°;

h_0——冲切破坏锥体的有效高度(m);

β_{hp}——承台受冲切承载力截面高度影响系数,当h不大于800 mm时β_{hp}取1.0,当h大于或等于2 000 mm时β_{hp}取0.9,其间按线性内插法取用;

β_{0x}、β_{0y}——冲切系数;

λ_{0x}、λ_{0y}——冲跨比,$\lambda_{0x}=a_{0x}/h_0$,$\lambda_{0y}=a_{0y}/h_0$,a_{0x}、a_{0y}为柱边或变阶处至桩边的水平距离,当$a_{0x}(a_{0y})<0.25h_0$时,$a_{0x}(a_{0y})=0.25h_0$;当$a_{0x}(a_{0y})>h_0$时,$a_{0x}(a_{0y})=h_0$;

F——柱根部轴力设计值(kN);

$\sum N_i$——冲切破坏锥体范围内各桩的净反力设计值之和(kN)。

对于圆柱及圆桩,计算时应将其截面换算成方柱及方桩,即取换算柱截面边长$b_c=0.8d_c$(d_c为圆柱直径),换算桩截面边长$b_p=0.8d$(d为圆桩直径)。

对于柱下两桩承台,宜按受弯构件($l_0/h<5.0$,$l_0=1.15l_n$,l_n为两桩净距)计算受弯、受剪承载力,不需要计算受冲切承载力。

对中低压缩性土上的承台,当承台与地基土之间没有脱空现象时,可根据地区经验适当减小柱下桩基础独立承台受冲切计算的承台厚度。

2) 角桩对承台的冲切

多桩矩形承台受角桩冲切的承载力应按下列公

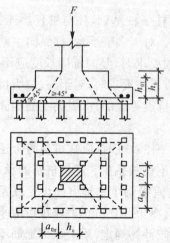

图8.12 柱对承台的冲切破坏计算示意图

式计算(图 8.13):

$$N_l \leqslant [\beta_{1x}(c_2 + \frac{a_{1y}}{2}) + \beta_{1y}(c_1 + \frac{a_{1x}}{2})]\beta_{hp}f_t h_0 \tag{8.14}$$

$$\beta_{1x} = 0.56/(\lambda_{1x} + 0.2) \tag{8.15}$$

$$\beta_{1y} = 0.56/(\lambda_{1y} + 0.2) \tag{8.16}$$

式中:N_l——扣除承台和其上填土自重后的角桩桩顶相应于作用的基本组合时的竖向力设计值(kN);

β_{1x}、β_{1y}——角桩冲切系数;

λ_{1x}、λ_{1y}——角桩冲跨比,其值满足 $0.2\sim1.0$,$\lambda_{1x}=a_{1x}/h_0$,$\lambda_{1y}=a_{1y}/h_0$;

a_{1x}、a_{1y}——从承台底角桩内边缘引 45°冲切线与承台顶面或承台变阶处相交点至角桩内边缘的水平距离和竖直距离(m);

h_0——承台外边缘的有效高度和竖直距离(m)。

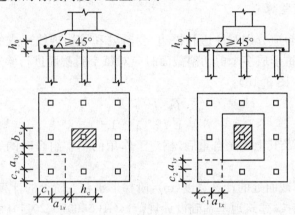

图 8.13 矩形承台受角桩冲切计算示意图

三桩三角形承台受角桩冲切的承载力可按下列公式计算(图 8.14)。对圆柱及圆桩,计算时可将圆形截面换算成正方形截面。

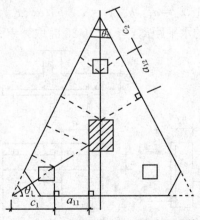

图 8.14 三角形承台受角桩冲切验算

底部角桩:

$$N_l \leqslant a_{11}(2c_1 + a_{11})\tan\frac{\theta_1}{2}\beta_{hp}f_t h_0 \tag{8.17}$$

$$a_{11} = \frac{0.56}{\lambda_{11} + 0.2} \tag{8.18}$$

顶部角桩：

$$N_1 \leqslant a_{12}(2c_2 + a_{12}) \tan \frac{\theta_2}{2} \beta_{hp} f_t h_0 \tag{8.19}$$

$$a_{12} = \frac{0.56}{\lambda_{12} + 0.2} \tag{8.20}$$

式中：λ_{11}、λ_{12}——角桩冲跨比，$\lambda_{11} = \frac{a_{11}}{h_0}$，$\lambda_{12} = \frac{a_{12}}{h_0}$；

a_{11}、a_{12}——从承台底角桩内边缘向相邻承台边引 45°冲切线与承台顶面相交点至角桩内边缘的水平距离(m)；当柱位于该 45°线以内时则取柱边与桩内边缘连线为冲切锥体的锥线。

2. 承台抗剪强度验算

柱下桩基独立承台应分别对柱边和桩边、变阶处和桩边连线形成的斜截面进行受剪计算。当柱边外有多排桩形成多个剪切斜截面时应对每个斜截面进行验算。斜截面受剪承载力可按下列公式计算（图 8.15）：

$$V \leqslant \beta_{hs} \beta f_t b_0 h_0 \tag{8.21}$$

$$\beta = 1.75/(\lambda + 1.0) \tag{8.22}$$

式中：V——扣除承台及其上填土自重后，相应于作用的基本组合时的斜截面的最大剪力设计值(kN)；

b_0——承台计算截面处的计算宽度(m)，阶梯形承台变阶处的计算宽度、锥形承台的计算宽度应按《建筑地基基础设计规范》(GB 50007—2011)确定；

h_0——计算宽度处的承台有效高度(m)；

β——剪切系数；

β_{hs}——受剪切承载力截面高度影响系数，按 $\beta_{hs} = (800/h_0)^{1/4}$ 计算；

λ——计算截面的剪跨比，$\lambda_x = a_x/h_0$，$\lambda_y = a_y/h_0$；a_x、a_y 为柱边或承台变阶处至 x、y 方向计算一排桩边的水平距离，当 $\lambda < 0.25$ 时取 $\lambda = 0.25$，当 $\lambda > 3$ 时取 $\lambda = 3$。

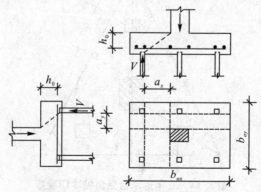

图 8.15 承台斜截面受剪计算示意

3. 受弯计算

多桩矩形承台计算截面取在柱边和承台高度变化处（杯口外侧或台阶边缘，图

8.16(a)),计算公式为

$$M_x = \sum N_i y_i \quad (8.23)$$

$$M_y = \sum N_i x_i \quad (8.24)$$

式中:M_x、M_y——分别为垂直 y 轴和 x 轴方向计算截面处的弯矩设计值(kN·m);

x_i、y_i——分别为垂直 y 轴和 x 轴方向自桩轴线到相应计算截面的距离(m);

N_i——扣除承台和其上填土自重后相应于荷载效应基本组合时的第 i 桩竖向力设计值(kN)。

三桩承台的受弯可按下列公式计算:

(1) 等边三桩承台(图 8.16(b)):

$$M = \frac{N_{\max}}{3}\left(s - \frac{\sqrt{3}}{4}c\right) \quad (8.25)$$

式中:M——承台形心至承台边缘距离范围内板带的弯矩设计值(kN·m);

$N_{\max}$——扣除承台和其上填土自重后,三桩中相应于作用的基本组合时的最大单桩竖向力设计值(kN);

s——桩距(m);

c——方柱边长(m),圆柱时 $c=0.886d$(d 为圆柱直径)。

(2) 等腰三桩承台(图 8.16(c)):

$$M_1 = \frac{N_{\max}}{3}\left(s - \frac{0.75}{\sqrt{4-\alpha^2}}c_1\right) \quad (8.26)$$

$$M_2 = \frac{N_{\max}}{3}\left(\alpha s - \frac{0.75}{\sqrt{4-\alpha^2}}c_2\right) \quad (8.27)$$

式中:M_1、M_2——分别为承台形心到承台两腰和底边的距离范围内板带的弯矩设计值(kN·m);

s——长向桩距(m);

α——短向桩距与长向桩距之比,当 α 小于 0.5 时,应按变截面的二桩承台设计;

c_1、c_2——分别为垂直于、平行于承台底边的柱截面边长(m)。

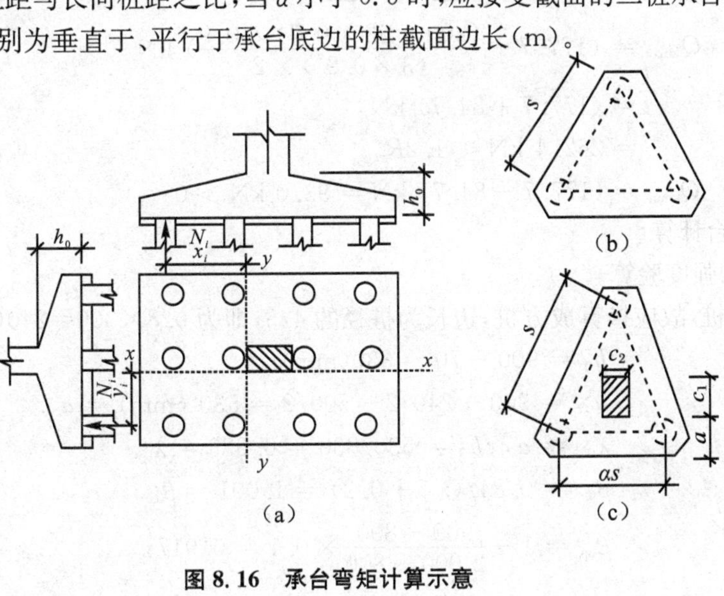

图 8.16 承台弯矩计算示意

4. 局部受压验算

当承台的混凝土强度等级低于桩或桩的混凝土强度等级时,应验算柱下或桩上承台的局部受压承载力,具体参考《混凝土结构设计规范》(GB 50010—2010)有关规定。

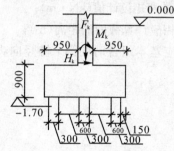

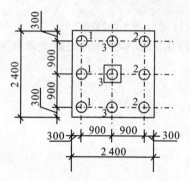

图 8.17 例 8.1 图

【**例 8.1**】 某建筑物柱下采用振动灌注桩基,桩的直径为 300 mm,柱断面尺寸为 500 mm×500 mm,承台底面标高 -1.7 m,作用于承台上标准荷载为:$F_k=1\,400$ kN,$G_k=200$ kN,$M_k=200$ kN·m,$H_k=32$ kN(图 8.17),单桩竖向承载力特征值 $R_a=230$ kN(摩擦桩)。桩和承台的混凝土强度等级均为 C20,$f_c=9.6$ N/mm²,$f_t=1.1$ N/mm²,承台配筋采用 HRB355 级钢筋,$f_y=300$ N/mm²。试设计桩基础。

【**解**】 (1) 桩数的确定和布置。

由于桩数未知,承台尺寸未知,则偏心受压时所需的桩数 n,按中心受压计算并乘以一个增大系数 $u=1.1 \sim 1.2$。现取 $u=1.2$,则

$$n = \frac{F_k + G_k}{R_a} u = \frac{1\,400+200}{230} \times 1.2 = 8.34$$

取 $n=9$,设桩中心矩 $s=3d=3\times300$ mm$=900$ mm,根据布桩原则,采用图 8.17 的形式。

(2) 单桩承载力验算。

$$Q_k = \frac{F_k+G_k}{n} = \frac{1\,400+200}{9} \text{ kN} = 177.7 \text{ kN} < R_a = 230 \text{ kN}$$

$$\begin{array}{c} Q_{kmax} \\ Q_{kmin} \end{array} = \frac{F_k+G_k}{n} \pm \frac{M_{xk}y_i}{\sum y_i^2} \pm \frac{M_{yk}x_i}{\sum x_i^2}$$

$$Q_{kmax} = \left(177.7 + \frac{(200+32\times 0.9)\times 0.9}{(3\times 0.9^2)\times 2}\right) \text{ kN}$$

$$= (177.7 + 84.7) \text{ kN}$$

$$= 262.4 \text{ kN} < 1.2R_a$$

$$Q_{kmin} = (177.7 - 84.7) \text{ kN} = 93.0 \text{ kN} > 0$$

(3) 承台计算。

① 冲切强度验算。

桩为圆桩,故应换算成方桩,边长为桩径的 4/5,即为 $0.8\times300=240$(mm)。

$$h_0 = 900 - 70 = 830 \text{(mm)}$$

$$a_{0x} = 900 - 240/2 - 500/2 = 530 \text{ (mm)} = a_{0y}$$

$$\lambda_{0x} = a_{0x}/h_0 = 530/830 = 0.639 = \lambda_{0y}$$

$$\beta_{0x} = 0.84/(\lambda_{0x}+0.2) = 1.001 = \beta_{0x}$$

$$\beta_{hp} = 1 - \frac{900-800}{2\,000-800} \times 0.1 = 0.917$$

$$2[\beta_{0x}(b_c + a_{0y}) + \beta_{0y}(h_c + a_{0x})]\beta_{hp}f_t h_0$$
$$= 2 \times 2 \times \beta_{0x}(b_c + a_{0y})\beta_{hp}f_t h_0$$
$$= 2 \times 2 \times 1.001 \times (0.5 + 0.53) \times 0.917 \times 1\,100 \times 0.83$$
$$= 3\,452.8\ (kN)$$

桩号如图 8.17 所示，各桩净反力如下：

计算荷载设计值为：
$$F = 1.35\,F_k = 1.35 \times 1\,400 = 1\,890\ (kN)$$
$$M = 1.35\,M_k = 1.35 \times 200 = 270\ (kN \cdot m)$$
$$H = 1.35\,H_k = 1.35 \times 32 = 43.2\ (kN)$$

1 号桩：
$$N_1 = \frac{F}{n} - \frac{(M + H \cdot h)x_{max}}{\sum x_i^2} = \frac{1\,890}{9} - \frac{(270 + 43.2 \times 0.9) \times 0.9}{2 \times 3 \times 0.9^2}$$
$$= 152.8\ (kN)$$

2 号桩：
$$N_2 = \frac{F}{n} + \frac{(M + H \cdot h)x_{max}}{\sum x_i^2} = 210 + 57.2 = 267.2\ (kN)$$

3 号桩：
$$N_3 = \frac{F}{n} = 210\ (kN)$$

冲切设计值
$$F_l = F - \sum N_i = 1\,890 - 210 = 1\,680\ (kN) \ll 3\,482.8\ (kN)$$

所以不会产生柱对承台的冲切破坏。

② 角桩对承台冲切验算：
$$\lambda_{1x} = \lambda_{0x} = \lambda_{1y}$$
$$\beta_{1x} = 0.56/(\lambda_{1x} + 0.2) = 0.56/(0.639 + 0.2) = 0.667$$
$$[\beta_{1x}(c_2 + \frac{a_{1y}}{2}) + \beta_{1y}(c_1 + \frac{a_{1x}}{2})]\beta_{hp}f_t h_0$$
$$= 0.667 \times (0.42 + 0.42/2) \times 2 \times 0.917 \times 1\,100 \times 0.83$$
$$= 703.6\ (kN) > N_{max} = 267.2\ (kN)$$

满足要求。

③ 抗剪切计算：
$$\beta = 1.75/(\lambda + 1.0) = 1.75/(0.639 + 1.0) = 1.068$$
$$\beta_{hs} = (800/h_0)^{1/4} = (800/830)^{1/4} = 0.991$$
$$\beta_{hs}\beta f_t b_0 h_0 = 1.068 \times 0.991 \times 1\,100 \times 2.4 \times 0.83$$
$$= 2\,319.1\ (kN) > 3N_{max}$$

符合要求。

(4) 弯矩和配筋计算。

各桩对垂直于 y 轴和 x 轴柱边截面的弯矩设计值：
$$M_x = \sum N_i y_i = (267.2 \times 3) \times (0.9 - 0.25) = 521.04\ (kN \cdot m)$$

$$M_y = \sum N_i x_i = (267.2 + 210 + 152.8) \times (0.9 - 0.25) = 409.5 \text{ (kN·m)}$$

沿 y 轴方向的钢筋截面积

$$A_{sy} = \frac{M_y}{0.9 h_0 f_y} = \frac{409.5 \times 10^6}{0.9 \times 830 \times 300} = 1\,827 \text{ (mm}^2\text{)}$$

沿 y 轴单位长度内的钢筋面积

$$A'_{sy} = 1\,827/2.40 = 761 \text{ (mm}^2\text{)}$$

选 $\phi 14@200(A'_{sy} = 770 \text{ mm}^2)$。

沿 x 轴方向的钢筋截面积

$$A_{sx} = \frac{M_x}{0.9 h_0 f_y} = \frac{521.04 \times 10^6}{0.9 \times 830 \times 300} = 2\,325 \text{ (mm}^2\text{)}$$

沿 x 轴单位长度内的钢筋面积

$$A'_{sx} = 2\,325/2.40 = 968.7 \text{ (mm}^2\text{)}$$

选 $\phi 16@200(A'_{sx} = 1\,005 \text{ mm}^2)$。

8.5 桩侧负摩擦力和桩的抗拔力

8.5.1 桩侧负摩擦力

负摩擦力是指桩身周围土由于自重固结、自重湿陷、地面附加荷载等原因而产生大于桩身的沉降时,土对桩侧表面所产生的向下摩擦力(图 8.18)。符合下列条件之一的桩基,当桩周土层产生的沉降超过基桩的沉降时,应考虑桩侧负摩擦力:

(1) 桩穿越较厚松散填土、自重湿陷性黄土、欠固结土、液化土层进入相对较硬土层;

(2) 桩周存在软弱土层,邻近桩侧地面承受局部较大的长期荷载,或地面大面积堆载(包括填土);

(3) 由于降低地下水位,桩周土中有效应力增大,并产生显著压缩沉降。

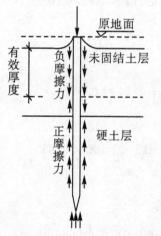

图 8.18 地基固结对桩产生的负摩擦力

桩周土沉降可能引起桩侧负摩擦力时,应根据工程具体情况考虑负摩擦力对桩基承载力和沉降的影响。负摩擦力主要能引起下拉荷载和地基的沉降,在实际工程中应引起重视。

8.5.2 桩的抗拔力

对于自重较轻而水平荷载又较大的高耸结构物,或地下室承受地下水的浮力作用而自重不足时,桩基础可能承受上拔荷载。

桩向上位移，土对桩产生向下的摩擦力，属于负摩擦力。桩的抗拔承载力取决于桩身材料(包括桩在承台作用下的嵌固)强度以及桩与土之间的抗拔侧阻力，桩的抗拔承载力主要由桩侧阻力和桩身自重组成。实际工程中可通过试验法确定单桩抗拔极限承载力或用经验公式法来计算群桩呈非整体破坏的抗拔极限承载力标准值 T_{uk}，即

$$T_{uk} = \sum \lambda q_{sik} u_i l_i \tag{8.28}$$

式中：q_{sik}——桩侧抗压摩擦力(kPa)；

u_i——桩周土剪切破坏周长(m)，对于等直径桩取 $u_i = \pi d$；对于扩底桩，桩底以上 $5d$ 范围之内取 $u_i = \pi D$(D 为扩底直径)；桩底向上算起 $5d$ 以上，取 $u_i = \pi d$(d 为扩底直径)；

λ——抗拔系数，砂土 $\lambda = 0.5 \sim 0.7$，黏性土和粉土 $\lambda = 0.70 \sim 0.80$；当桩长与桩径之比小于 20 时，取小值；

l_i——桩周第 i 层土厚度(m)。

8.6　水平荷载作用下桩基的设计

高层建筑和高耸结构物承受风荷载或地震荷载时，传给基础很大的水平力和力矩，依靠桩基的水平承载力来平衡。桩在水平力作用下的工作机理不同于竖向力作用下的工作机理。在竖向力作用下，桩一般受压，而桩身材料的抗压强度较高，因此桩的作用是将荷载传给桩侧土和桩端土，竖向的承载力一般由土的破坏条件控制。但在水平力和力矩作用下，桩为受弯构件，桩身产生水平变形和弯曲应力。外力的一部分由桩身承担，另一部分通过桩传给桩侧土体。随着水平力和力矩增加，桩的水平变形和弯矩也继续增大。当桩顶或地面变位过大时，将引起上部结构的损坏；弯矩过大则将使桩身断裂。对于桩侧土，随着水平力和力矩的增大，土体由地面向下逐渐产生塑性变形，在一定范围内产生塑性破坏；而下部的土仍处于弹性状态。因此，在选取水平承载力的同时，应满足桩的水平变位小于上部结构所容许的水平变位，桩的最大弯矩小于桩身材料所容许的弯矩。研究桩基的水平承载力，必须从单桩在水平荷载下与桩侧土的共同作用性状分析开始，研究单桩在水平荷载下的性状主要从试验和理论分析着手。

对承受较大水平荷载的一级建筑桩基，单桩水平承载力设计值，应通过静力水平荷载试验确定。

水平静载试验的装置如图 8.19 所示。试验操作的具体规定按《建筑地基基础设计规范》(GB 50007—2011)规定执行。试验需测定各级水平荷载 H_0、各级荷载的施加时间 t(包括卸载)以及在各级荷载下水平位移 x_0 等。

对钢筋混凝土预制桩、钢桩、桩身正截面配筋率不小于 0.65% 的灌注桩，可根据试验桩静载试验在地面处水平位移量确定单桩水平承载力设计值 R_{ha}，一般情况下取位移值 10 mm 对应的水平荷载，对水平位移敏感的建筑物取 6 mm 对应的水平荷载。对桩身配筋率低于 0.65% 的灌注桩，可取单桩水平静载试验得出临界荷载 H_{cr} 的 75% 作为单桩水平承载力的设计值 R_{ha}。H_{cr} 是相当于桩身即将开裂、受拉区混凝土明显退出工作前的桩顶最大水平力

(图 8.20)。当试验可以得出水平极限荷载 H_u 时,对于变形(位移)控制的桩,其水平承载力设计值 R,可取水平极限荷载除以抗力分项系数 $\gamma_H=1.6$ 的数值。

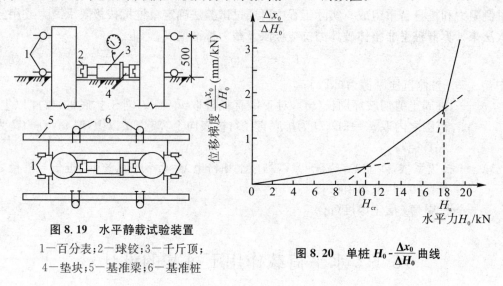

图 8.19 水平静载试验装置
1—百分表;2—球铰;3—千斤顶;
4—垫块;5—基准梁;6—基准桩

图 8.20 单桩 $H_0 - \dfrac{\Delta x_0}{\Delta H_0}$ 曲线

8.7 其他深基础简介

深基础除桩基外,还有沉井、沉箱和地下连续墙等形式。

1. 沉井基础

沉井是一种竖直的筒形结构,常用钢筋混凝土或砖石、混凝土制成,一般分数节制作。施工时,在筒内挖土,使沉井失去支承下沉,随下沉而逐节接长井筒。井筒下沉到设计标高后,浇筑混凝土封底。整个井筒在施工时可作支撑围护,施工完后即为永久性深基础。沉井适合于在黏性土和较粗的砂土中施工,但土中有障碍物会给下沉造成一定的困难。

沉井由刃脚、井筒、内隔墙、封底板及顶盖等部分组成(图 8.21)。

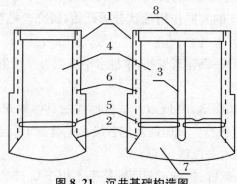

图 8.21 沉井基础构造图
1—井筒;2—刃脚;3—内隔墙;4—井孔;5—凹槽;6—射水管组;7—封底;8—顶盖

1) 刃脚

刃脚在井筒下端,形如刀刃。刃脚下沉切入土中。其底面叫踏面,踏面宽度一般为 15~30 cm。土质坚硬时,踏面用钢板或角钢保护。刃脚内侧的倾斜角为 45°~60°。刃脚高度通常大于1 m,湿封底时高度大些,干封底时高度小些,在软土地基应适当加高。刃脚外侧水平钢筋宜置于竖向筋外侧,内侧水平筋宜置于竖向筋内侧。刃脚竖向筋应锚入刃脚根部以上。刃脚底内外层竖向钢筋之间,要设$\phi 6 \sim \phi 8$的拉筋,间距300～500 mm。

2) 井筒

竖直的井筒是沉井的主要部分,它须具有足够的强度以挡土,又需有足够的重量克服外壁与土之间的摩擦阻力和刃脚的阻力,使其在自重作用下节节下沉。其厚度一般为$0.3 \sim 2$ m,壁中垂直钢筋一般不宜小于$\phi 10$,内侧水平钢筋宜设在垂直钢筋里侧。为便于施工,沉井井孔净长最小尺寸为0.9 m。

3) 内隔墙

内隔墙能增加沉井结构的刚度,方便施工,控制下沉和纠偏。隔墙底面距刃脚的高度,在软土层和淤泥质土层中一般为0.5 m,在硬土层和砂类土层中一般为$1.0 \sim 1.5$ m,以利于沉井下沉。

4) 封底

沉井下沉到设计标高后,用混凝土封底。混凝土强度应不低于C15。采用水下封底时,封底混凝土的厚度应满足要求;采用干封底时,可按构造要求封底,厚度一般可取$0.6 \sim 1.2$ m。刃脚上方井筒内壁常设计有凹槽,以使封底与井筒牢固联结,深度宜为$150 \sim 200$ mm,凹槽内必须插入足够的钢筋,联结点处不允许漏水。

5) 顶盖

沉井作地下构筑物时,顶部需浇钢筋混凝土顶盖。

沉井施工时,需先将场地平整夯实,在基坑上铺设一定厚度的砂层,在刃脚位置再铺设垫木,然后在垫上制作刃脚和第一节沉井。当沉井混凝土强度达70%时,才可拆除垫木,挖土下沉。

下沉方法分排水下沉和不排水下沉。前者适用于土层稳定,不会因抽水而产生大量流砂的情况。若土层不稳定,在井内抽水易产生大量流砂,则不能排水,可在水下进行挖土,必须使井内水位始终保持高于井外水位$1 \sim 2$ m。井内土视土质情况,可用机械抓斗水下挖土,或者用高压水枪破土,用吸泥机将浆排出。

作为深基础,沉井应满足地基承载力要求,即作用在沉井顶面上的设计荷载加上沉井所受的重力应小于或等于沉井外侧四周的总摩擦阻力加上沉井底面地基的总承载力。

2. 沉箱基础

沉箱基础是指将沉井底节作为一个有顶盖的施工作业工作室,然后在顶盖上装设特制的井管和气阀,工人在工作室内挖土,使沉箱在自重作用下沉入土中。沉箱基础主要由沉箱室、上部砌体、通道、金属井管、气闸及输气管、虹吸管组成。

沉箱室是一个没有底的箱室,用金属或钢筋混凝土制成。在地下水施工时,用压缩空气通入沉箱室内部,排开地下水,使工人可在沉箱室内无水条件下挖土施工,并通过升降筒和气闸把弃土外运。在沉箱和上面砌体重力作用下,沉箱逐步下沉。随着下沉深度的增加,可不断接长升降筒,并逐步将升降筒周围用混凝土浇捣。当沉至设计标高后,再用混凝土填实沉箱室,即成沉箱基础。

沉箱的优点:可在无水条件下施工,较易排除土内存的障碍物,下沉深度可达地下水位以下$35 \sim 40$ m,在沉箱底部可进一步勘察(如钻探、取样或荷载试验等)。沉箱也应验算地基承载力以及沉箱在重力作用下能否克服周围土的摩擦阻力而下沉。

3. 地下连续墙

地下连续墙是用专门的挖槽机械，在地面下沿着深基础或地下建筑物周边分段挖槽，并就地吊放钢筋网浇灌混凝土，形成一个单元的墙段，然后又连续开挖浇筑混凝土，从而形成地下连续墙。它既可以承担侧壁的土压力和水压力，在开挖时起防渗、挡土和对邻近建筑物的支护作用，同时又可将上部结构的荷载传到地基持力层，作为地下建筑和基础的一个组成部分。

地下连续墙的优点是可以大量节约土方量、缩短工期、降低造价，施工时不影响邻近建筑物的安全。目前已发展有后张预应力、预制装配和现浇预制等多种形式，其使用日益广泛，常用于高层建筑、船坞工程及各种地下结构。

现浇地下连续墙施工时，一般先修导墙，以导向和防止机械碰坏槽壁。地下连续墙厚度一般为 450～600 mm。长度按设计不受限制。采用多头钻机开槽，每段槽孔长度约为 2.2 m。采用抓斗或冲击钻机开槽时，每段长度可更大。墙体深度可达几十米。为了防止坍孔，钻进时应向槽中压送循环泥浆，直至挖槽深度达到设计深度时，沿挖槽前进方向埋接头管，再安入钢筋网，冲洗槽孔，用导管浇灌混凝土后再拔出接头管，按以上顺序循环施工，直到完成。

地下连续墙必须满足施工阶段和使用期间的强度和构造要求。

本 章 小 结

本章对桩基础类型、单桩竖向承载力的计算、群桩、承台、桩侧负摩擦力和桩的抗拔力、水平荷载作用下桩基的设计及其他深基础进行了阐述。桩基础计算包括桩身设计和承台设计两大部分。

桩身设计时，桩身混凝土强度必须满足设计要求，而桩身的配筋一般按构造要求处理。承台设计包括局部受压、抗冲切、抗剪及抗弯计算，同时应符合承台构造要求。

单桩承载力计算时，用荷载效应标准组合值；承台设计时，用荷载效应基本组合值。

思 考 题

1. 怎样确定单桩竖向承载力设计值？
2. 群桩的垂直承载力与单桩承载力有何关系？在什么情况下群桩的承载力等于各单桩承载力之和？在什么情况下小于各单桩承载力之和？
3. 什么称为承台？它的作用是什么？如何进行设计？
4. 在什么情况下，需要对桩基础的水平承载力进行验算？影响桩基础的水平承载力的因素有哪些？

第9章 地基处理

能力目标

能够初步掌握各种软弱地基处理方法的基本原理及适用条件和局限性,要依据工程实际的地质条件、施工条件及经济性等因素来科学、合理地选择地基处理方案。

学习目标

了解地基处理的常见方法和适用范围;掌握换土垫层法的适用条件和设计计算;了解深层密实法、化学固结法及托换法。

任何建筑物的荷载最终将传递到地基上,使地基产生应力和变形。基础设计时,除了需保证基础结构本身具有足够的刚度和强度外,同时还需合理的基础尺寸和布置方案,使地基的强度和沉降保持在规范的容许范围之内。因此,基础设计又常被称为地基基础设计。

随着我国国民经济的发展,不仅要选择在地质条件良好的场地上从事建设,而且有时也不得不在地质条件不良的地基上进行施工;另外,随着科技的日新月异,结构荷载增大,对变形要求越来越严,原来为良好的地基,也可能需要进行地基处理。所以需选择最恰当的地基处理方法。软土地基包括淤泥及淤泥质土、冲填土、杂填土及其他高压缩性土。

地基处理方法有换填法、预压法、强夯法、振冲法、土或灰土挤密桩法、砂石桩法、深层搅拌法、高压喷射注浆法和托换法。

通过处理,改善地基土的剪切特性、压缩特性、透水特性、动力特性和特殊土的不良地基的特性。

9.1 换土垫层法

换土垫层法适用于浅层软弱土层或不均匀土层的地基处理。换土垫层法就是挖除浅层软弱土,分层换填强度大的材料,然后碾压或夯实(有机械碾压法、重锤夯实法和平板振动法)。

9.1.1 垫层设计

以砂、砂石、灰土等作为垫层可采用浅层处理地基的方法。通过试验发现不同材料垫层上的建筑物特点相似,故可将各种材料的垫层设计都近似地按砂垫层的计算方法进行计算。砂垫层要求满足建筑物地基的强度和变形的要求,而这两方面的要求是通过置换可能被剪切破坏的软弱土层和防止砂垫层向两侧挤出宽度来保证的。

1. 砂垫层厚度的确定

砂垫层的厚度一般是根据垫层底部软弱土层的承载力来确定的,即作用在砂垫层底面处土的自重应力与附加应力之和不大于软弱土层的容许承载力,如图 9.1 所示。

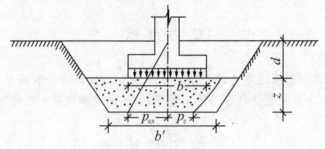

图 9.1 砂垫层的计算图

$$p_z + p_{cz} \leqslant f_{az} \tag{9.1}$$

式中:p_z——相应于荷载效应标准组合时,垫层顶面处的附加应力(kPa);

p_{cz}——垫层底面处自重压力标准值(kPa);

f_{az}——垫层底面处于下卧土层经修正后的地基承载力特征值(kPa)。

垫层的厚度一般不宜小于 0.5 m,也不宜大于 3 m。垫层底面处的附加压力值 p_z 除了可用弹性理论的土中应力的公式求得外,也可按应力扩散角 θ 进行简化计算。

条形基础

$$p_z = \frac{b(p_k - p_c)}{b + 2z\tan\theta} \tag{9.2}$$

矩形基础

$$p_z = \frac{bl(p_k - p_c)}{(b + 2z\tan\theta)(l + 2z\tan\theta)} \tag{9.3}$$

式中:p_k——基础底面压力(kPa);

p_c——基础底面处土的自重压力(kPa);

b——矩形基础或条形基础底面的宽度(m);

l——矩形基础底面的长度(m);

z——基础底面下垫层的厚度(m);

θ——垫层的压力扩散角(表 9.1)。

表 9.1 压力扩散角 θ

换填材料 z/b	中砂、粗砂、砾砂、圆砾、角砾、石屑、卵石、碎石、矿渣	粉质黏土、粉煤灰	灰土
0.25	20°	6°	28°
0.50	30°	23°	

注:① 当 $z/b<0.25$ 时,除灰土仍取 $\theta=28°$ 外,其余材料均取 $\theta=0°$;

② 当 $0.25<z/b<0.5$ 时,θ 值可内插求得。

2. 砂垫层宽度的确定

垫层的底面宽度 b' 应满足基础底面应力扩散的要求,可按下式计算或根据当地经验确定。

$$b' \geqslant b + 2z\tan\theta$$

式中:b'——垫层底面宽度(m)。

垫层顶面每边比基础底边不大于 300 mm,或从垫层底面两侧向上,按基坑开挖期间保持边坡稳定的当地经验放坡。整片垫层的宽度可根据施工的要求适当加宽。

垫层的承载力宜通过现场试验确定,并应验算下卧层的承载力。

对于重要的建筑或垫层下存在软弱下卧层的建筑,还应进行地基变形计算,计算时应考虑邻近基础对软弱下卧层顶面应力又叠加的影响。对超出原地面标高的垫层或换填材料的密度高于天然土层密度的垫层,宜早换填并应考虑其附加的荷载对建造的建筑物及邻近建筑物的影响。

9.1.2 机械碾压法

机械碾压法是用压路机、推土机、羊足碾或其他压实机械来压实地基土。此法常用于基坑面积大和开挖土方量较大的工程。

在工程实践中一般以压实系数 λ_c 与控制含水量来进行检验。压实系数 λ_c 为土的控制干密度 ρ_d 与最大干密度 ρ_{dmax} 的比值。当垫层为黏土或砂性土时,ρ_{dmax} 宜用室内击实试验确定。对于同种土在不同含水量情况下经过同样的击实试验而得到的 $\omega - \rho_d$ 曲线(图 9.2),由 $\omega - \rho_d$ 曲线确定最优含水量 ω_{op}。对于不同的压实功,ρ_{dmax} 也不一样,一般压实功越大,其 ρ_{dmax} 越大。

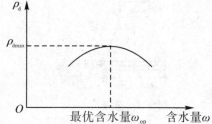

图 9.2 含水量与干密度的关系曲线

9.1.3 重锤夯实法

重锤夯实法是用起重机将夯锤提升到一定高度,然后让其自由落下,不断重复夯击以加固地基。经夯击后,地基表面形成一层比较密实的土层,从而提高地基表层土的强度。

重锤夯实法一般用于地下水位距地表 0.8 m 以上稍湿的黏性土、砂土、湿陷性黄土、杂填土和分层填土。

夯锤的形状宜采用截头的圆台形,可用混凝土浇制而成。如图 9.3 所示,锤重宜大于 2 t,锤底面单位静压力宜为 15~20 kPa,夯锤落距宜大于 4 m。

重锤夯实宜一夯挨一夯顺序进行,在独立柱基基坑内,宜按先外后里的顺序夯击。同一基坑底面标高不同时,应按先深后浅的顺序逐层夯实。夯击宜分 2~3 遍进行,累计夯击 10~15 次,最后两击平均夯沉量,对砂土应不超过 5~10 mm,对细颗粒土应不超过 10~20 mm。经过夯击可达到 1.2 m 的影响深度,地基承载力标准值可达 150~200 kN。

9.1.4 平板振动法

平板振动法是使用振动压实机(图9.4)来处理无黏性土或黏粒含量少、透水性较好的松散杂填土地基,其工作原理是由电动机带动两个偏心块以相同速度反向转动而产生很大的垂直振动力。频率为1 160~1 180 r/min,振幅为3.5 mm,自重2 t,振动力可达50~100 kN,振动压实质量以原地振动不再沉降为合格。振动范围应从基础边缘放出0.6 m左右,先振基槽两边,后振中间。

振实效果与填土的成分、振实时间有关。一般建筑物垃圾振动时间为1 min以上,细颗粒填土振动时间为3~5 min,有效振动深度为1.2~1.5 m。经过振实的杂填土地基承载力可达100~120 kPa。地下水位较高时在振实前需降水,如振实附近有旧建筑物,宜采用加固和离开3 m以上。

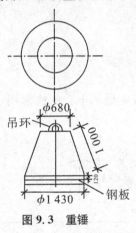

图9.3 重锤

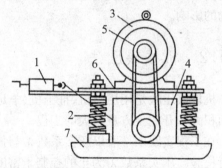

图9.4 振动压实机示意图
1—操纵机构;2—弹簧减振器;3—电动机;
4—振动器;5—振动机槽轮;
6—减振架;7—振动夯板

9.2 深层密实法

深层密实法是采用爆破、强夯、挤密和喷射等施工方法,对松软地基进行深层的压密和挤密。

深层密实法中,强夯、挤密使用较多,现就这两种方法简述如下。

9.2.1 强夯法

强夯法又叫动力固结法或动力压密法,是法国首创的一种地基加固法,它通常将很重的锤(一般为100~400 kN)从高处自由落下(落距一般为6~40 m)给地基以冲击和振动,从而提高地基土的强度并降低其压缩性。大量工程实例证明,强夯法用于碎石土、砂土、低饱和度的粉土与黏性土、湿陷性黄土、杂填土和素填土等地基一般均能取得较好的处理效果。对于饱和度较高的黏性土,一般来说处理效果不显著,其中淤泥和淤泥质土地基,处理效果更差。

1. 铺设垫层

对于地下水位在-2 m深度以下的砂砾石土层,可不设垫层;对于地下水位较高的饱和黏土、饱和砂土,需铺设0.5~2.0 m的砂、砂砾和砾石垫层,主要使其能支承起重设备和有效地使夯击能扩散。

2. 夯距次数和间隔时间

国内夯距通常取5~15 m,间隔时间为2~4周,次数为2~5遍,第一遍夯击点间距要大,使夯击能量传递到深处;下一遍夯点往往布置在前一遍夯点的中间,最后一遍采用较小的夯击能搭接夯击。

3. 锤重、落距和加固土层厚度的关系

国内的实践表明,可根据不同土质条件采用下式:

$$H = a\sqrt{mh} \tag{9.4}$$

式中:H——需要加固土层的深度(m);

a——系数,与地基土性质有关,一般为0.50~0.80;

m——锤重(t);

h——锤的落距(m)。

经过夯实后杂填土的承载力可达到300 kPa,对强夯加固地基效果检验,国内外均采用勘察原位测试法进行。

9.2.2 挤密法

挤密法是先在软弱地基中成孔后,将灰土、二合土和砂挤压入孔中,形成大直径的密实桩,从而加固地基的施工方法。按填入的材料不同,可分为砂桩、石灰桩、灰土桩、土桩和碎石桩等。

限于篇幅仅叙述挤密砂石桩。

砂石桩法包括碎石桩、砂桩和砂石桩,是指用振动或冲击荷载在软弱地基中成孔后,再将砂石挤压入土中,形成大直径的密实砂石桩,从而加固地基的方法。该法适用于挤密松散砂土、粉土、黏性土、素填土和杂填土等地基。对饱和黏性土地基上不以变形控制为主的工程,也可采用砂石桩置换处理。砂石桩法可用于处理可液化地基。

砂石桩的设计主要是确定桩距、桩长、加固范围和灌砂石量。

1. 桩径

砂石桩的直径可采用300~800 mm,根据地基土质量情况和成桩设备及工艺等因素确定。对饱和黏性土地基,宜选用较大的直径。

2. 砂石桩布置及间距

砂石桩孔位在平面上宜按等边三角形或正方形布置。

砂石桩的间距应通过试验确定。对粉土和砂土地基,不宜大于砂石桩直径的4倍;对黏

性土地基,不宜大于砂石桩直径的3倍。如仅为加速地基下沉,间距可为4~5 m。在有经验的地区,砂石桩的间距也可按下列公式确定。

1) 松散粉土和砂土地基

可根据密实后要求达到的孔隙比计算。

等边三角形布置:

$$s = 0.95\xi d \sqrt{\frac{1+e_0}{e_0-e_1}} \quad (9.5)$$

正方形布置:

$$s = 0.89\xi d \sqrt{\frac{1+e_0}{e_0-e_1}} \quad (9.6)$$

其中:

$$e_1 = e_{\max} - D_{r1}(e_{\max} - e_{\min})$$

式中:s——砂石桩间距;

d——砂石桩直径;

e_0——地基处理前砂土的孔隙比,可按原状土样试验确定,也可按动力或静力触探等对比试验确定;

e_1——地基挤密后要求达到的孔隙比;

ξ——修正系数,当考虑振动下沉密实作用时,可取1.1~1.2;不考虑振动下沉密实作用时,可取1.0;

$e_{\max}$、$e_{\min}$——砂土的最大、最小孔隙比,可按现行国家标准《土工试验方法标准》(GB/T 50123—1999)的有关规定确定;

D_{r1}——地基挤密后要求砂土达到的相对密实度,可取0.70~0.85。

2) 黏性土地基

等边三角形布置:

$$s = 1.08\sqrt{A_e} \quad (9.7)$$

式中:A_e——1根砂石桩承担的处理面积(m^2)。

正方形布置:

$$s = \sqrt{A_e} \quad (9.8)$$

3. 加固深度

地基加固深度应根据软弱土层的性质、厚度及建筑物设计要求,按下列原则确定:

(1) 当地基中的软弱土层厚度不大时,砂石桩桩长宜穿过松软土层。

(2) 当软弱土层厚度较大时,对按稳定性控制的工程,砂石桩桩长应不小于最危险滑动面以下1 m的深度;对按变形控制的工程,砂石桩桩长应满足砂石桩加固后地基变形量不超过建筑物地基变形容许值和软弱下卧层强度要求。

(3) 对可液化砂层,桩长应穿透可液化层。

(4) 设计时可考虑分区采用不同的桩长来调节建筑物地基的差异变形量。

(5) 桩长不宜小于4 m。

4. 加固范围

加固范围应根据建筑物的重要性和场地条件确定。通常砂石桩挤密地基的密度应超出基础宽度,且基础外缘每边放宽应不少于1~3排桩;砂石桩用于防止砂层液化时,每边放宽不宜小于处理深度的1/2,并不小于5 m;当可液化层上覆盖有厚度大于3 m的非液化层时,每边放宽不宜小于液化层厚度的1/2,并不小于3 m;一般可在基础外缘每边放宽2~4排桩。对地面堆载,每边放宽2~3排桩。

5. 填砂石量

砂石桩桩孔内的填料量应通过现场试验确定,也可按砂石桩理论计算桩孔体积乘以充盈系数β确定,β一般为1.15~1.3。如施工中地面有下沉或隆起现象,则填料数量应根据现场具体情况予以增减。

桩孔内的填料使用砾砂、粗砂、中砂、圆砾、卵石、碎石等。填料中含泥量不得大于5%,并不宜含有大于50 mm的颗粒。

9.3 化学固结法

凡将化学溶液或胶结剂灌入土中,使土胶结,以提高地基强度、减少沉降量的方法统称化学加固法。目前常采用的化学浆液有水泥浆液(由强度较高的硅酸盐水泥和速凝剂组成)、以硅酸钠(水玻璃)为主的浆液和以纸浆为主的浆液。

施工方法有高压喷射注浆法和深层搅拌法等。现简要介绍如下。

9.3.1 高压喷射注浆法

高压喷射注浆法是利用钻机钻至所需的深度后,用高压脉冲泵通过安装在钻杆下端的特殊喷射装置向四周土体喷射化学浆液,强力冲击破坏土体,使浆与土搅拌混合,经过凝固化,便在土中形成固结体。固结体的形式和喷射流动方向有关,可分为旋转喷射、定向喷射和摆动喷射三种形式。旋转喷射是指喷嘴一边喷射一边旋转和提升,固结体呈圆柱状或盘状,它主要用于地基处理中提高土的抗剪强度,改善土的变形模量;定向喷射是指喷嘴一边定向喷射一边提升,固结体呈壁状;摆动喷射是指喷嘴一边摆动喷射一边提升,固结体呈扇状,主要用于地基防渗,改善土的渗透质量和边坡稳定。

高压喷射注浆法可用于既有建筑物和新建建筑物的地基处理、深基坑的挡土结构、坑底处理、防止管涌与隆起、建造地下帷幕等工程。在地下水流速过大和已涌水的防水工程,应慎重使用。

高压喷射注浆法所用材料有水泥、水玻璃等,还可以加入适量的速凝、悬浮或防冻等外加剂和掺和料。

9.3.2 深层搅拌法

深层搅拌法是利用水泥作为固结剂,通过特制的深层搅拌机械,在地基深部就地将软黏土和水泥或石灰强制搅拌,使软黏土硬结后具有整体性、水稳定性和足够强度的地基土。根据上部结构的要求,可在软土地基中形成柱状、壁状和块状等不同形式的加固体,与天然地基形成复合地基,共同承担建筑物的荷载。

深层搅拌由于能将固结剂和原地基黏性土拌和,可减少水对周围地基的影响,同时也不会使土体侧向挤压,故对已有建筑物的影响小。与预压法相比,它在短时期内即可获得很高的地基承载力。与换土垫层法相比,它可减少大量土方工程量,且土体处理后重度基本不变,因而对软弱下卧层不会产生附加沉降。

此法的水泥用量较旋喷法为少,费用为旋喷法的1/6~1/5。因为这种施工方法无振动、无噪声、无泥浆废水污染环境,故适用于在市区内进行施工。

深层搅拌法是日本在20世纪70年代中期首创的,常应用于钢材堆积场、港口码头岸壁、高速公路等厚层软黏土地基加固工程。我国交通部水运规划设计院和冶金部建筑研究院协作,于1867年开始进行深层搅拌机的研制和室内、外试验,现已在工程中采用。若固结剂采用石灰粉末,则称石灰搅拌法。此法主要是利用石灰、土的离子交换和凝硬来加固软黏土地基。我国自1979年开始试验,并于1984年在广东某工程软土地基加固中应用。

9.4 托 换 法

托换法是指为了解决对原有建筑物的地基需要处理,基础需要加固或改建,原有建筑基础下需要修建地下工程,以及邻近建造新工程而影响到原有建筑物的安全等问题的技术总称。

对原有建筑物的基础不符合要求,需要增加埋深或扩大基底面积的托换,称为补救托换。由于邻近要修筑较深的新建筑物基础,需将基础加深或扩大的,称为预防式托换。在平行于原有建筑物基础一侧,修筑较深的墙来代替托换工程,称为侧向托换。在建筑物基础下预先设置好顶升措施,以适应预估地基沉降的需要,称为维持性托换。

在制定托换工程技术方案前,应周密地调查研究,掌握以下资料:

(1) 现场的工程地质和水文地质资料,必要时应补充勘察工作;

(2) 被托换建筑物的结构设计、施工、竣工、沉降观测和损坏原因分析等资料;

(3) 场地内地下管线、邻近建筑物和自然环境等对既有建筑物在托换施工时或竣工后可能产生影响的调查资料。

在进行托换施工时,应加强施工监测和竣工后的沉降观测,并作好施工记录。

9.4.1 桩式托换

桩式托换用于软弱黏性土、松散砂土、饱和黄土、湿陷黄土、素填土和杂填土等地基。

桩式托换可分为静压桩托换、锚杆静压桩托换和树根桩托换等。

1. 坑式静压桩托换

坑式静压桩托换适用于对条形基础的托换加固。其桩身为直径15~25 cm的钢管或边长15~25 cm的预制钢筋混凝土方桩。每节桩长由托换坑的净空高度和千斤顶行程确定。

施工时先在贴近被托换加固建筑物的外侧或内侧开挖一个竖坑,并在基础底面下开挖一个横向导坑。在导坑内放入第一节桩,并安置千斤顶和测力传感器,驱动千斤顶压桩。每压入一节后,采用硫磺胶泥或焊接进行接桩。到达设计深度后,拆除千斤顶。对钢管桩,根据工程要求可在管内填入混凝土,并用混凝土桩与原有基础浇筑成整体。

2. 锚杆静压桩托换

锚杆静压桩托换法适用于既有建筑物和新建建筑物的地基处理与基础加固。锚杆静压桩托换时桩身采用C30的200 mm×200 mm或300 mm×300 mm预制钢筋混凝土方桩,每节长1~3 m。压桩时,千斤顶所产生的反力通过埋在基础上的锚杆和反力架传递给基础。当需要对桩施加预压应力时,应在不卸载条件下立即将桩与基础锚固,在封桩混凝土达到设计强度后,才能拆除压力架和千斤顶。当不需对桩施加预压应力时,在达到设计深度和压桩力后,即可拆除压桩架,并进行封底处理。

3. 灌注桩托换

对于具有沉桩设备所需净空条件的既有建筑物的托换加固,可采用灌注桩托换。
各种灌注桩的适用条件宜按下述规定进行:
(1) 螺旋钻孔灌注桩适用于黏性土地基和地下水位较低的地质条件。
(2) 潜水钻孔灌注桩适用于黏性土、淤泥、淤泥质土和砂土地基。
(3) 人工挖孔灌注桩适用于地下水位以上或透水性小的土质。当孔壁不能直立时,应加设砖砌护壁或混凝土护壁防塌孔。

灌注桩施工完毕后,应在桩顶用现浇托梁等支承建筑物的柱或墙。

4. 树根桩托换

树根桩是一种小直径就地灌注的钢筋混凝土桩。由于成桩方向可竖可斜,犹如在基础下生出了若干"树根",故得此名。

树根桩适用于既有建筑物的修复和加层,古建筑整修,地下铁道穿越,桥梁工程等各类地基处理和基础加固,以及增强边坡稳定性等。

树根桩穿过既有建筑物基础时,应凿开基础,将主钢筋与树根桩主筋焊接,并将基础顶面上的混凝土凿毛,浇注一层层原基础强度的混凝土。采用斜向树根桩时,应采取防止钢筋笼端部插入孔壁土体中的措施。

9.4.2 灌浆托换法

灌浆托换法适用于既有建筑物的地基处理。通过泵或压缩空气将浆液由注浆管均匀注入地层中,浆液以填充和渗透等方式排出土颗粒间或岩石裂隙中的水和空气,并占据其位置。经人工控制一段时间后,浆液凝固,从而形成一种新结构。

1. 水泥灌浆法

选用普通水泥或矿渣水泥。为防止水泥浆被地下水冲走,可在水泥浆中渗入水泥质量的速凝剂1%~2%(水玻璃、氯化钙)。

2. 硅化法

当地基土为渗透系数圈套的粗颗粒土时,可采用水玻璃和氯化钙溶液灌浆,称为双液硅化法;当地基土渗透系数为 0.1～0.2 m/d 的湿陷性黄土时,用水玻璃溶液灌浆,称为单液硅化法;对自重湿陷性黄土,宜采用无压力单液硅化法,以减少施工时的附加下沉。

3. 碱液法

碱液法即用氢氧化钠溶液灌浆,适用于处理既有建筑物的非自重湿陷性黄土地基。

施工时用洛阳铲或用钢管打到预定处理深度,孔径 50～70 mm,孔中填入粒径 20～40 mm 的小石子至注浆管下端标高处,将 ϕ 20 注浆管插入孔中,四周填入 200～300 mm 高的小石子,再用素土分层填实到地表。

加热的溶液经胶皮管与注浆管自流渗入灌注孔周围形成加固柱体。碱液用量为加固土体干质量的 3% 左右,浓度可采用 100 g/L。

9.4.3 基础加固法

对于基础支承能力不足的既有建筑物基础进行加固,可采用基础加固法。

(1) 当基础因机械损伤、不均匀沉降和冻胀等而开裂或损坏时,采用灌浆法加固基础,选用水泥浆或环氧树脂等作为浆液。

施工时在基础中钻孔,孔内放注浆管,灌浆压力取 0.2～0.6 MPa。当注浆管提升至地表下 1.0～1.5 m 深度范围内浆液不再下沉时,停止灌浆。

(2) 当既有建筑物基础开裂或基底面积不足时,采用混凝土或钢筋混凝土套加大基础。采用混凝土套加固时,基础每边加宽 20～30 mm;采用钢筋混凝土套加固时,基础每边加宽 30 cm 以上。加宽部分钢筋应与基础内主钢筋连接。在加宽部分地基上应铺设厚度为 10 cm 的压实碎石层或砂砾层。灌注混凝土前将厚基础凿毛、刷洗干净,隔一定高度插入钢筋或角钢。

(3) 当既有建筑物需要增层或基础需要加固,而地基不能满足变形和强度要求时,可采用坑式托换法增大基础埋置深度,使基础支承在较好的土层上。

在贴近托换的基础前侧挖一个比基底深 1.5 m 的竖坑。将竖坑横向扩展到基础底面上,自基底向下开挖到要求的持力层标高。向基础下坑体浇筑混凝土,至基底 80 mm 处停止,养护 1 d 后用干稠水泥砂浆填入空隙,用锤敲击短木,充分挤实填入的砂浆。

(4) 当对基础或地基进行局部或单独加固不能满足要求时,可将原独立基础或条形基础连成整体式筏板基础,或将原筏板基础改成具有较大刚度的箱形基础,也可设置结构连接体构成组合结构,以增加结构刚度,克服不均匀沉降。

本 章 小 结

本章主要针对软土地基处理方法讲述具体处理的过程及技术要点,具体方法有换置法、预压法、强夯法、振冲法、土或灰土挤密桩法、砂石桩法、深层搅拌法、高压喷射注浆法和托换法。在选择地基处理方案前,应结合工程情况,了解本地区地基处理经验和施工条件以及其他相似场地上同类工程的地基处理经验和使用情况等。经地基处理的建筑,应在施工期间进行沉降观测,对沉降有严格限制的重要建筑,还应在使用期间继续进行沉降观测。

思 考 题

1. 处理软弱地基的方法有哪几种?为什么对松散砂土宜采用动力(振动或夯击)方法处理,而饱和软黏土宜采用排水固结等方法?
2. 砂垫层的厚度和宽度是如何确定的?
3. 对黏性土填土进行压实处理时,如何控制其施工质量?

第10章 特殊土地基

能力目标

通过学习,对工程中常遇到的特殊土的形成、特征、分布区域及处理方法有着初步的认识,对常见的基础工程事故能作合理的评估。通过工程实例,使学生获得独立思考问题和解决问题的能力。

学习目标

掌握特殊土的地质特征,对地基工程性质作正确的评价;掌握湿陷性黄土、膨胀土的辨别方法及其地基的处理方式。

特殊土又叫软弱土,通常指淤泥、淤泥质土、冲填土、杂填土、湿陷性黄土、膨胀土、岩溶和土洞等。各类土的性质不相同,各种地基土的处理方法也不相同,因此了解各软弱土的特征,才能较好地达到加固效果。

软土包括淤泥、淤泥质土,是由第四纪后期形成的黏性土的沉积物或河流冲积物,其物理特性如下:

(1) 含水量高,软土的天然含水量为30%~80%,甚至更高;
(2) 孔隙比大,e 为 1~2,有的达到 6 以上;
(3) 抗剪强度小,不排水抗剪强度一般小于 20 kN/m²;
(4) 压缩性大,压缩系数 a 为 0.5~1.5 MPa^{-1},最高达 4.5 MPa^{-1};
(5) 渗透系数小,一般为 1×10^{-6}~1×10^{-8} cm/s。

软土在外荷载作用下,承载能力低,沉降变形大,不均匀沉降大,历时时间长且有显著的结构性,受扰动强度明显降低,呈流动状态。分布在我国天津、连云港、上海、杭州、宁波、温州、福州、厦门、广州和湛江等沿海城市以及昆明、武汉、青海等地区。

可通过加强上部结构的刚度,尽可能利用软土地基表层较为密实的地层使基础浅埋,架空地面,减少附加应力;也可采用换土垫层、砂桩基、砂井预压、高压喷射、深层搅拌、粉体喷射等方法来改善地基土的性能。

冲填土是由水力冲填而成的。其强度和压缩性均比同类天然沉积土差,一般需采用人工处理地基。

杂填土是人类活动所形成的无规则堆积物。其成分复杂且无规律性,其性质极不相同,较为疏松,需经过人工处理后方可使用。

岩溶也称"喀斯特",它是石灰、白云岩、大理石、岩盐等可溶性岩层受水的化学和机械作用而形成的洞穴溶沟、裂隙,以及由于溶洞的顶板塌落使地表产生陷穴、洼地等现象的总称。土洞是岩溶地区上覆土层被地下水冲蚀或地下水潜蚀所形成的洞穴。它可能造成地面变形、地基陷落、渗漏和涌水现象,应加以注意。

下面重点对湿陷性黄土地基、膨胀土地基加以介绍。

10.1 湿陷性黄土地基

黄土是一种在第四纪时期形成的黄色粉状土。受风力搬运堆积,后未经扰动,不具层理的为原生黄土;由非风力搬运形成的,具有层理和砂或砾石夹层的,则称为次生黄土或黄土状土。

黄土是在干旱或半干旱气候条件下形成的。在通常情况下,其强度一般较高,压缩性较低,但一旦受水浸湿,结构迅速破坏而发生显著附加沉陷,导致建筑物破坏。具有这种特征的黄土称为湿陷性黄土,不具有这种特性的黄土称为非湿陷性黄土。

10.1.1 湿陷性黄土的特征和分布

我国湿陷性黄土有如下特征:颜色呈黄色、褐黄色、灰黄色,颗粒粒径为 $0.005\sim0.05$ mm,黄土粉粒占土的总质量的 60%,孔隙比 e 在 1.0 左右或更大,含有较多的可溶盐类,能保持直立的天然边坡,具有肉眼可见的大孔隙(故又叫大孔土)。

我国湿陷性黄土的分布很广,面积约占 6.0×10^5 km^2,分 7 个大区,其中陇西地区、陇东陕北地区自重湿陷性黄土分布很广;河南、冀鲁地区、北部边缘地区一般为非自重湿陷性黄土;关中地区、山西地区则湿陷性和非湿陷性均有分布,具体见图 10.1。

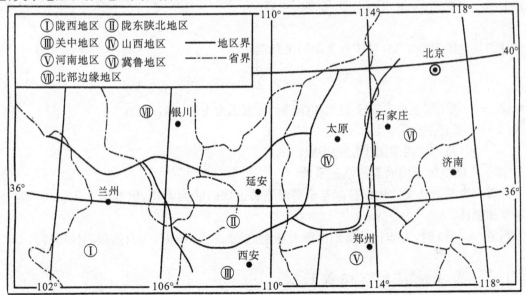

图 10.1 湿陷性黄土分布示意图

10.1.2 黄土湿陷性评定

黄土是在干旱或半干旱的气候下形成的。季节性的短期雨水反把松散干燥的粉粒黏聚起来。在长期干旱的情况下，大量水分被蒸发，溶解在水中的盐类析出在粗粉粒的接触点处，随着析出的盐类增多，盐类沉淀，导致土体形成胶结物，随着含水量的减少，土粒之间靠近，分子引力和结合水膜的联结力增大。在自重压密下就形成了以粗粉粒为主体骨架的多孔结构(图 10.2)。当土体遇水后，结合水膜增厚，盐类溶解，强度随之降低，在外力作用下土粒滑向大孔，粒间孔隙减少，这就是黄土湿陷现象的内在过程。

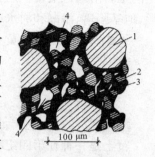

图 10.2 黄土结构示意图
1—砂粒；2—粗粉粒；
3—胶结构；4—大孔隙

10.1.3 黄土湿陷性判别

黄土的湿陷性可在一定压力下，按室内压缩试验所测定的湿陷系数 δ_s 来判定。

$$\delta_s = \frac{h_p - h_p'}{h_0} \tag{10.1}$$

式中：h_p——在规定的压力 p 作用下压缩稳定后量得试样的高度；
h_p'——在压力 p 不变的情况下加水浸湿后，测得的下沉稳定后的高度；
h_0——土样的原始高度。

一般 10 m 内的土层采用 200 kPa 压力，10 m 以上的土层采用 300 kPa 压力。当 $\delta_s < 0.015$ 时为非湿陷性黄土；当 $\delta_s \geqslant 0.015$ 时为湿陷性黄土。

10.1.4 建筑场地湿陷类型的划分

建筑场地的湿陷类型，可按自重湿陷来判定：

$$\Delta_{zs} = \beta_0 \sum_{i=1}^{n} \delta_{zsi} h_i \tag{10.2}$$

式中：δ_{zsi}——第 i 层土在上覆土的饱和(85%)自重压力下的湿陷系数；
h_i——第 i 层土的厚度(mm)；
n——计算厚度内湿陷土层的层数；
β_0——因地区土质而异的修正系数。

计算厚度是指从天然地面算起至全部湿陷黄土层的底面为止，但其中 $\delta_{zsi} \leqslant 0.015$ 的土层不参加累计。

当 $\Delta_{zs} \leqslant 7$ cm 时，为非自重湿陷性黄土场地；当 $\Delta_{zs} > 7$ cm 时，为自重湿陷性场地。

10.1.5 黄土地基的沉陷等级

黄土地基的沉陷等级，可根据基底下各土层累计的总湿陷量和自重湿陷量的大小等因素判定。

总湿陷量

$$\Delta_s = \beta \sum_{i=1}^{n} \delta_{si} h_i \tag{10.3}$$

式中：δ_{si}、h_i——分别为第 i 层土的湿陷系数和厚度；

β——考虑侧向挤出和地基浸水概率等因素的修正系数，基底下或压缩层深度内可取 1.5 m；5 m 以下非自重湿陷性黄土场地，取 $\beta=0$；自重湿陷性黄土场地可按上式中的 β_0 值取用。

计算总湿陷量时，土层自基础底面起算。分层总和的深度，对于非自重湿陷性黄土地基，应根据建筑物类别和地区建筑经验来决定，其中非湿陷性土层不参加累计。

湿陷性黄土地基的湿陷等级参见表 10.1。

表 10.1 湿陷性黄土地基的湿陷等级

湿陷类型		非自重湿陷性场地	自重湿陷性场地	
自重湿陷计算量 Δ_{zs}/mm		$\Delta_{zs} \leq 70$	$70 < \Delta_{zs} \leq 350$	$\Delta_{zs} > 350$
总湿陷量 Δ_s/mm	$\Delta_s \leq 300$	Ⅰ	Ⅱ	—
	$300 < \Delta_s \leq 600$	Ⅱ	Ⅱ 或 Ⅲ	Ⅲ
	$\Delta_s > 600$	—	Ⅲ	Ⅳ

注：① Ⅰ—轻微，Ⅱ—中等，Ⅲ—严重，Ⅳ—很严重；
② 当 300 mm $< \Delta_s \leq$ 500 mm，70 mm $< \Delta_{zs} <$ 300 mm 时，为Ⅱ级；当 $\Delta_s \geq$ 500 mm，$\Delta_{zs} \geq$ 300 mm 时为Ⅲ级。

10.1.6 湿陷土黄土的处理措施

1. 采用人工地基

如用土或灰土采用人工换层，采用重锤表层夯实、强夯、化学加固、预浸水桩基等。

2. 加强防水处理

通过防水措施减少水浸入地基，从而消除湿陷土产生湿陷的外因。

3. 结构措施

通过加强结构，适应或减少在地基湿陷土情况下的不均匀沉降。

10.2 膨胀土地基

10.2.1 膨胀土的特征

膨胀土是指黏粒含量较高的高塑性土，其中粒径小于 0.002 mm 的胶体颗粒含量超过

20%，塑性指数 $I_p>17$，液性指数 $I_L>0$，自由膨胀率一般超过 40%。其矿物成分主要由蒙脱土、伊里土等亲水性矿物组成，它极易吸水和失水。在一般情况下，强度较高，压缩性低，但在吸水后具有较大的反复胀缩变形。膨胀土的工程类型及其主要特征见表 10.2。

10.2.2 膨胀土的胀缩性指标

1. 自由膨胀率

自由膨胀率是指人工制备的土粉样，在无结构力影响下，浸水膨胀后所增加的体积与原体积的百分比。

$$\delta_{ef} = \frac{V_w - V_0}{V_0} \times 100\% \tag{10.4}$$

式中：V_w——浸水膨胀稳定后的体积(mm)；
V_0——试样的原有体积(mm)。

2. 膨胀率和膨胀力

膨胀率(δ_{ep})是在一定压力下，处于无侧向膨胀情况的原状试样，在浸水膨胀稳定后的高度与原高度之比。

$$\delta_{ep} = \frac{h_w - h_0}{h_0} \times 100\% \tag{10.5}$$

式中：h_w——浸水膨胀稳定后的体积(mm)；
h_0——试样的原有体积(mm)。

原状土样在体积不变时，由于浸水膨胀产生的最大内应力，称为膨胀力 p_e。

3. 竖向线缩率和收缩系数

竖向线缩率(δ_s)是指土的竖向收缩变形与试样原始高度的百分比。

$$\delta_s = \frac{h_0 - h}{h_0} \times 100\% \tag{10.6}$$

式中：h_0——试样的原始高度(mm)；
h——在试验中测得的某次试样高度(mm)。

如用线缩率 δ_s 和含水量 ω 绘制成关系曲线(δ_s-ω 关系曲线)，如图 10.3 所示。土的收缩过程分为三个阶段。划分Ⅰ、Ⅱ阶段的界线含水量即为收缩含水量的比例界限值 ω_{sr}。在收缩阶段中，含水量每降低 1%，所对应的线缩率的变化值即为收缩系数 λ_s。

$$\lambda_s = \Delta\delta_s / \Delta\omega \tag{10.7}$$

式中：$\Delta\delta_s$——Ⅰ阶段中与含水量减少值相对应的线缩率增加值。

4. 膨胀土地基评价

评价膨胀土地基，可根据膨胀土地基上低层砌体结构房屋的破坏程度，按分级胀缩变形量大小 S_c 来划分地基的胀缩等级，见表 10.3。

表 10.2 我国膨胀土的工程类型及其主要特征

成因	地层和时代	矿物和岩土特征			胀缩特性指标						对建筑物破坏程度	代表地区
		颗粒间结构联结	岩土类型	<2 μm 颗粒含量	蒙脱石含量	阳离子交换量（毫克当量/100 g）	液限 w_L	自由膨胀率	膨胀力/kPa	在50 kPa压力下膨胀率	线收缩率	收缩系数	天然孔隙比 e		
湖相	以侏罗系为主，部分侏罗系和第四系更新统灰绿色地层，常含煤和夹有薄层石膏，具膨胀土复理石式建造	软质胶结、半成岩及其风化岩、页岩（片）理明显、薄层中厚层、风化成细碎片状剥落成土。成层面呈面面叠聚排列	黏土质泥岩、页岩及其风化的粉质黏土	46%	18%	30	49%	66%	163	1.29%	3.3%	0.45	0.68	多数中等到严重损坏，少数微裂开	广西宁明、新疆哈密、山东淄博、黑龙江佳木斯
		中硬质胶结、半成岩石、中厚层、薄层、页（片）理明显、风化剥落、呈层面叠聚排列	粉砂质泥岩、页岩及其风化的粉质黏土				38%	38%	33	0.21%	2.1%	0.23	0.64	多数轻微到中等损坏	云南鸡街广西南宁
	侏罗系—白垩系红色地层、常含盐类、具复理石式建造	软质、特软质胶散松散岩、中厚层、页（片）理明显、风化成大块成碎、呈层面面叠聚排列	黏土质泥岩、页岩及其风化的黏土	78%	26%	38	46%	80%	70	0.20%	3.0%	0.40	0.59	轻微到中等损坏	河北邯郸河南平顶山
			含钙质黏土、泥炭岩及其风化的黏土				69%	86%	14	1.01%	3.6%	0.41	1.11	多数中等到严重损坏，少数微裂开	云南蒙自
		中硬质或软岩岩石、半成岩、中厚层状、薄层、页（片）理明显、风化成大块碎石、呈层面面叠聚排列	黏土质泥岩、页岩及其风化的黏土	32%			42%	53%	51	0.57%	2.8%	0.52	0.63	多数损坏，个别中等开裂	广东广州、新疆宁夏中宁、甘肃环县
			粉砂质泥岩、页岩及其风化的粉质黏土	13%			29%	36%		0.16%	1.3%	0.33	0.55		

(续表)

成因	地层和时代	颗粒间结构联结	矿物和岩土特征				胀缩特性指标						对建筑物破坏程度	代表地区
			岩土类型	<2 μm 颗粒含量	蒙脱石含量	阳离子交换量 毫克当量/100 g	液限 ω_L	自由膨胀率	膨胀力/kPa	在50 kPa 压力下膨胀率	线收缩率	收缩系数	天然孔隙比 e		
河流相	第四系冲积层，中、上更新统为主，下更新统和全新统较少	松散土状，胶结极弱。聚合体多为不规则排列的鳞片状，少数呈面叠聚	黏土：黄、灰褐、棕红色，有光滑镜面和擦痕	40%	16%	26	46%	58%	80	0.48%	4.2%	0.41	0.71	中等与严重开裂，少数较重开裂	湖北郧县、安徽合肥、陕西临潼、四川成都、广西南宁
			亚黏土：黄褐、灰白，有裂隙	26%	10%	22	35%	41%	33	0.14%	2.2%	0.22	0.68	轻微开裂	
残积相	各时代碳酸盐岩土以前黏土岩风化残积层	松散土状，铁质胶结成核状硬块状。聚合体呈不规则状	黏土：棕红、褐红色，含铁结核，裂隙发育	36%	3%	11.3	60%	31%	25	0.05%	2.2%	0.29	1.06	轻微和中等开裂的，个别严重开裂	广西县、贵州贵阳、云南贵山、山东昌乐
		松散土状，铁质胶薄层状或浸染状。聚合体呈不规则状	黏土：黄、棕褐色，有镜面和擦痕	54%	7%	22	66%	45%	30	0.12%	4.6%	0.32	1.09	较多数严重开裂	山东潍水
	三叠纪以前黏土岩风化残积层	软质胶结，半散状。聚合体呈不规则排列	黏土				43%	58%	37	0	3.68%	0.52	0.55	轻微开裂	云南开远
海相	第三系—第四系更新统海相沉积层	软质胶结，松散岩状一中厚层状，页(片)理发育，呈层状叠一面叠聚	黏土或灰粉质黏土：灰白、灰黄色，裂隙发育				49%	40%	30	0.13%	3.7%	0.39	0.94	轻微一中等开裂	广东湛江、海南海口
火山灰相	中一新生代火山灰沉积	软质胶结，半成岩状一松散状，具薄层状，呈层状面叠聚排列	黏土：褐红夹黄、灰黑色，裂隙发育	34%			58%	80%		0	0.35			轻微一中等开裂	广东儋县

表 10.3 膨胀土分级标准

自由膨胀率 δ_{ef}	膨胀趋势	分级变形量 S_c	级别
$40\% \leqslant \delta_{ef} < 65\%$	弱	$15\ mm \leqslant S_c < 35\ mm$	Ⅰ
$65\% \leqslant \delta_{ef} < 90\%$	中	$35\ mm \leqslant S_c < 70\ mm$	Ⅱ
$\delta_{ef} \geqslant 90\%$	强	$S_c \geqslant 70\ mm$	Ⅲ

5. 膨胀土地基的变形计算

地基的胀缩变形量,可按下式计算:

$$S = \Psi \sum_{i=1}^{n} (\delta_{epi} + \lambda_{si} \Delta W_i) h_i \tag{10.8}$$

式中:Ψ——计算胀缩变形量的经验系数,可取 0.7;

δ_{epi}——基础底面下第 i 层土在压力作用下的膨胀率,由室内试验确定;

λ_{si}——第 i 层土的垂直收缩系数;

ΔW_i——第 i 层土在收缩过程中可能发生的含水量变化的平均值(小数表示),按《膨胀土规范》公式计算;

h_i——第 i 层土的计算厚度(cm),一般为基底宽度的 2/5;

n——自基础底面至计算深度内所划分的土层数,计算深度可取大气影响深度,当有热源影响时,应按热源影响深度确定。

膨胀土在浸水以后,其强度将有所降低,且浸水膨胀量越大,强度降低的比例也越大。在有外压作用时承载力增大,同时膨胀土的承载力还随基础大小、埋深及荷载不同而变化。

10.2.3 膨胀土地基处理

膨胀土地基处理方法应根据土的胀缩等级、当地材料及施工工艺,进行综合技术经济比较后确定。常用换土、砂石垫层与土性改良等方法,必要时可采用桩基础。

1. 换土垫层

换土的材料可采用非膨胀土或灰土。换土厚度可通过变形计算确定。

2. 砂石垫层

平坦场地上Ⅰ、Ⅱ级膨胀土的地基处理,宜采用砂、碎石垫层。垫层厚度应不小于 300 mm,垫层宽度应大于基底宽度,两侧宜采用与垫层相同的材料回填,并做好防水处理。

3. 桩基础

桩基础应穿过膨胀土层,桩尖进入非膨胀土层或伸入大气影响急剧层以下一定的深度。桩承台梁下应留有空隙,其值应大于土层浸水后的最大膨胀量,且不小于 1.00 mm。

此外,在施工中宜采用分段快速作业法,防止基坑(槽)曝晒或泡水,验槽后应及时浇混凝土垫层,在工程使用期间还应加强维护管理,以保证建筑物安全。

4. 其他方法

美国用石灰浆灌入法加固膨胀土地区铁路路基;澳大利亚针对宅旁大树吸水与蒸发引起房屋破坏的问题,采取移走树木、在树木与房屋中间设置垂直隔墙以及深基础托换等方法。

本章小结

随着我国基本建设的发展,建设用地日趋紧张,许多工程不得不建造在过去被认为不宜利用的建设场地上。因此,加强对特殊土的认识,了解特殊土在我国的分布特征及其特有的工程地质性质,便于我们采取相应措施来防止其危害。

思 考 题

1. 黄土产生湿陷的原因是什么?
2. 何谓湿陷黄土? 如何判别黄土地基的湿陷程度?
3. 膨胀土有何特征? 如何判别?
4. 膨胀土的膨胀力和膨胀率的意义是什么?

第 11 章 土 工 试 验

能力目标

通过土工试验的锻炼,加深对课堂理论的理解,培养学生的动手、观察、分析和解决问题的能力,使学生掌握一定的实践技能。

学习目标

理解土工试验的原理;熟悉试验所使用的仪器设备;掌握土工试验的流程。

11.1 密度试验

土的密度是指土的单位体积的质量。

11.1.1 试验目的

(1) 测定黏性土的密度,以便了解土的疏密程度和干湿状态;
(2) 测定结果供换算土的其他热处理力学指标和工程设计之用。

11.1.2 试验方法

黏性土(细粒土):多采用环刀法。
易碎裂、难以切削的土:采用蜡封法。
粗颗粒土:若采用现场测试,可用灌砂法或灌水法。
因我们主要针对黏性土的密度测定,所以下面主要介绍环刀法。

11.1.3 环刀法

1. 适用范围

适用于细粒土。

2. 仪器设备

(1) 环刀：内径 61.8 mm 和外径 79.8 mm，高度 20 mm。
(2) 天平：称量 500 g，最小分度值 0.1 g；称量 200 g，最小分度值 0.01 g。
(3) 其他：修土刀、刮刀、凡士林等。

3. 试验步骤

(1) 在环刀内壁涂一薄层凡士林，刃口向下放在土样上。
(2) 用修土刀或钢丝锯沿环刀外缘将土样削成略大于环刀直径的土柱，然后慢慢将环刀垂直下压，边压边削，到土样高出环刀为止。
(3) 将环刀两端余土用刮刀仔细刮平，注意刮平时不得使土样扰动或压密，然后擦净环刀外壁。
(4) 将取好土样的环刀放在天平上称量，称出环刀和湿土的总质量，精确至 0.1 g。

4. 计算土的湿密度、干密度

按下式计算：

$$\rho = \frac{m}{V} = \frac{(m_0 + m) - m_0}{V}$$

$$\rho_d = \frac{\rho}{1 + 0.01\omega}$$

式中：ρ——试样的湿密度（g/cm³），计算到 0.01 g/cm³；

ρ_d——试样的干密度（g/cm³）；

m——试样的质量（g）；

V——环刀体积（cm³）；

$m_0 + m$——环刀加湿土的质量（g）；

m_0——环刀质量（g）；

ω——试样含水率。

按规定，土的密度测试应以两个试样平行进行，两次测定的差值不得大于 0.02 g/cm³，取两次测值的平均值。

此外，若遇到易破裂的土和形状不规则的坚硬的土，将要测定密度的土样质量称出，然后将土样浸入刚融化的石蜡中，浸后立即取出，使试样表面包上一层蜡膜，将蜡封试样在空气中和水中的质量分别求出，最后按下式求出试样的密度，即为蜡封法。求解公式如下：

$$\rho = \frac{m}{\dfrac{m_n - m_{nw}}{\rho_{wT}} - \dfrac{m_n - m}{\rho_n}}$$

式中：ρ——试样的湿密度（g/cm³），计算到 0.01 g/cm³；

m——试样的质量（g）；

m_n——蜡封试样的质量（g）；

m_{nw}——蜡封试样在纯水中的质量（g）；

ρ_{wT}——纯水在 T（℃）时的密度（g/cm³）；

ρ_n——蜡的密度（g/cm³）。

说明：土的蜡封试验测定土的密度应以两个试样平行进行，两次测定的差值不得大于 0.03 g/cm³，取两次测值的平均值。

灌砂法简介：在野外现场遇到砂或砂卵石而不能取原状土样的，一般可采用灌砂法进行现场密度测定。在测试地点挖一小坑，称量挖出来的砂卵石质量，然后将事先率定（知道质量和体积关系）的风干标准砂轻轻倒入小坑，根据倒入砂的质量可以计算出坑的体积，从而计算出砂卵石的密度。详见《土工试验方法标准》(GB/T 50123—1999)。

密度试验报告

一、试验目的

二、主要仪器设备

三、试验记录（表 11.1）

表 11.1　密度试验记录（环刀法）

工程名称_____　　　　试验者_____

工程编号_____　　　　计算者_____

试验日期_____　　　　校核者_____

试样编号	环刀质量	试样体积	环刀加湿土质量	试样质量	密度	平均密度

11.2 含水率试验

土的含水率是指土在 105~110 ℃下烘至质量恒定时所失去的水分质量与达到质量恒定后干土质量的比值,以百分数表示。

11.2.1 试验目的

测定土的含水率,了解土的含水情况,供计算土的孔隙比、液性指数、饱和度。和其他物理力学性质指标一样,含水率也是土不可缺少的一个基本指标。

11.2.2 试验方法

采用烘干法。

11.2.3 试验仪器设备

(1) 烘箱:可采用电热烘箱;应能控制温度为 105~110 ℃。
(2) 天平:称量 200 g,最小分度值 0.01 g;称量 1 000 g,最小分度值 0.1 g。
(3) 其他:称量盒、干燥器(内有硅胶或氯化钙作为干燥剂)等。

11.2.4 试验步骤

(1) 取代表性土样 15~30 g,放入称量盒内,立即盖好盒盖。
(2) 放天平上称量,准确至 0.01 g。
(3) 打开盒盖,将盒置于烘箱内,在 105~110 ℃的恒温下烘至质量恒定。
(4) 将烘干后的土样和盒从烘箱中取出,盖好盒盖,放入干燥容器内冷却至室温,称盒加干土的质量,准确至 0.01 g。

11.2.5 试样的含水率

应按下式计算(准确至 0.1%):

$$\omega = \left(\frac{m}{m_d} - 1\right) \times 100\%$$

式中:ω——含水率;
m——湿土质量(g);
m_d——干土质量(g)。
说明:本试验需进行两次平行测定,取两个测值的平均值。

含水量试验报告(烘干法)

一、试验目的

二、主要仪器设备

三、试验记录(表 11.2)

表 11.2 含水量试验记录

工程名称_____ 试验者_____
工程编号_____ 计算者_____
试验日期_____ 校核者_____

盒号	盒质量	湿土加盒质量	干土加盒质量	含水量	平均含水量

11.3 土粒相对密度试验

土粒的相对密度是土颗粒质量与相同体积蒸馏水在 4 ℃时的质量之比值。

11.3.1 试验目的

测定土的相对密度,为计算土的孔隙比、饱和度以及为土的其他物理力学试验提供必要的数据。

11.3.2 试验方法

对于小于、等于和大于 5 mm 土颗粒所组成的土,应分别采用比重瓶法、浮称法和虹吸管法测定相对密度。本试验介绍比重瓶法。

11.3.3 试验仪器设备

(1) 比重瓶:容积 100 mL 或 50 mL,分长颈和短颈两种。
(2) 天平:称量 200 g,最小分度值 0.001 g。
(3) 其他:恒温水槽、温度计、砂浴、烘箱等。

11.3.4 试验步骤

(1) 将比重瓶烘干。称烘干的试样 15 g(若用 500 mL 的比重瓶,称烘干试样 10 g)装入比重瓶内,称试样和瓶的总质量,准确至 0.001 g。

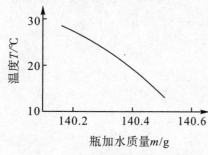

图 11.1 温度和瓶加水质量关系曲线

(2) 向比重瓶内注入半瓶纯水,摇动比重瓶,并放在砂浴上煮沸,煮沸时间自悬液沸腾计算,砂土应不少于 30 min,黏土、粉土不得少于 1 h,然后抽真空排水不少于 1 h。

(3) 将蒸馏水注满比重瓶,称出瓶加试样加水的总质量,准确至 0.001 g;测定瓶内水的温度,准确至 0.5 ℃。

(4) 从温度与瓶加水总质量关系曲线中查得试验温度下的比重瓶加水总质量,如图 11.1 所示。

11.3.5 土粒的相对密度计算

应按下式计算:

$$d_s = G_s = \frac{m_d}{m_{bw} + m_d - m_{bws}} \cdot G_{iT}$$

式中:d_s——土粒相对密度;
m_d——土粒的质量(干土质量,g);
m_{bw}——比重瓶加水总质量(g);
m_{bws}——比重瓶加水加试样总质量(g);
G_{iT}——$T(℃)$时纯水的相对密度,可查物理手册。

11.4 黏性土的液限、塑限试验

黏性土由某一种状态转入另一种状态时的分界含水率为界限含水率。

11.4.1 液限试验

液限是指黏性土的可塑状态和流动状态的界限含水率。

1. 试验目的

本试验是测定土的液限时含水率,用来计算土的塑性指数和液性指数,作为黏性土分类以及估计地基承载力等的一个依据。

2. 试验仪器设备

(1) 液塑限联合测定仪:如图 11.2 所示,包括带标尺的圆锥仪、电磁铁、显示屏、控制开关和试样杯。圆锥质量为 76 g，锥角为 30°；读数显示宜采用光电式、游标式和百分表式；试样杯内径为 40 mm，高度为 30 mm。

（2）天平：称量 200 g，最小分度值 0.01 g。

（3）其他：称量盒、调土刀、调土碗、凡士林等。

3. 试验步骤

（1）液限试验原则上应采用天然含水率的土样进行制备。若土样相当干燥，允许用风干土样进行制备。

（2）取有代表性的天然含水率的土样 250 g；采用风干土样时，取 200 g。将试样放在橡胶板上用纯水将土样调成均匀膏状，放入调土碗，浸润过夜。

（3）将制备的试样充分搓揉，密实地填入试样杯中，填满后刮平表面。

（4）将试样杯放在联合测定仪的升降座上，在圆锥上抹一薄层凡士林，接通电源，使电磁铁吸住圆锥。

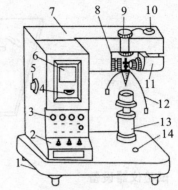

图 11.2　光电式液塑限联合测定仪示意图
1—水平调节螺丝；2—控制开关；3—指示灯；
4—零线调节螺丝；5—反光镜调节螺丝；
6—屏幕；7—机壳；8—物镜调节螺丝；
9—电磁装置；10—光源调节螺丝；11—光源；
12—圆锥仪；13—升降台；14—水平泡

（5）调节零点，将屏幕上的标尺调在零位，调整升降座，使圆锥尖接触试样表面，指示灯亮时圆锥在自重下沉入试样，经 5 s 后测读圆锥下沉深度（显示在屏幕上），取出试样杯，挖去锥尖入土处的凡士林，取锥体附近的试样不少于 10 g，放入称量盒内，测定含水率。

（6）当锥下沉深度正好为 10 mm 时，土的含水率即为液限。若锥体入土深度大于或小于 10 mm，则表示该土样含水率高于或低于液限。可增减含水率，重复试验，直至锥体下沉的深度正好达到 10 mm 为止。

4. 土的液限计算

按下列公式计算：

$$\omega_L = \frac{(m_0+m)-(m_0+m_d)}{(m_0+m_d)-m_0} \times 100\% = \frac{m-m_d}{m_d} \times 100\%$$

式中：ω_L——液限；

　　　m_0——盒质量(g)；

　　　m_0+m——盒质量+湿土质量(g)；

　　　m_0+m_d——盒质量+干土质量(g)。

11.4.2　塑限试验

塑限是指黏性土可塑状态与半固态状态的界限含水率。

1. 试验目的

测定土的塑限，并与液限试验结合计算土的塑性指数和液性指数，作为黏性土分类以及估计地基承载力的依据。塑限试验一般采用滚搓法,如图 11.3 所示。

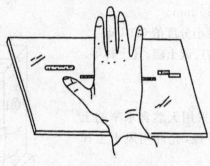

图 11.3 塑限试验图

2. 试验仪器设备

(1) 毛玻璃板:约 200 mm×300 mm。
(2) 卡尺:分度值为 0.02 mm。

3. 试验步骤

(1) 按液限试验制备土样方法制备土样(约 100 g)。
(2) 为使试样的含水率接近塑限,可将土样放在手中捏揉至不黏手、捏扁,当出现裂缝时,表示其含水率接近塑限。
(3) 取接近塑限含水率的试样 8~10 g,用手搓成椭圆形,放在毛玻璃板上用手掌滚搓,滚搓时手掌的大力要均匀地施加在土条上,不得使土条在毛玻璃板上无力滚动,土条不得有空心现象,土条长度不宜大于手掌宽度。
(4) 若土条搓成直径 3 mm 时产生裂缝,并开始断裂,则表示试样的含水率达到塑限含水率。若土条直径搓成 3 mm 时不产生裂缝或土条直径大于 3 mm 时断裂,则表示试样的含水率高于塑限或低于塑限,都应重新取样进行试验。
(5) 取直径 3 mm、有裂缝的土条 3~5 g,测定土条的含水率,即得该土的塑限。

4. 土的塑限计算

按下列公式计算(精确至 0.1%):

$$\omega_P = \frac{(m_0 + m) - (m_0 + m_d)}{(m_0 + m_d) - m_0} \times 100\% = \frac{m - m_d}{m_d} \times 100\%$$

式中:ω_P——塑限;
　　　m_0——盒质量(g);
　　　$m_0 + m$——盒质量+湿土质量(g);
　　　$m_0 + m_d$——盒质量+干土质量(g)。
塑性指数应按下式计算:

$$I_P = \omega_L - \omega_P$$

液性指数应按下式计算:

$$I_L = \frac{\omega - \omega_P}{I_P}$$

根据 I_P,可对黏性土进行分类,定出土的名称。根据 I_L 可判定黏性土的状态。

界限含水率试验报告

一、试验目的

二、主要仪器设备

三、试验记录（表 11.3）

表 11.3　界限含水率试验记录

工程名称_____　　　　　试验者_____
工程编号_____　　　　　计算者_____
试验日期_____　　　　　校核者_____

项目	盒号	盒质量 m_0/g	湿土加盒的质量 m_1/g	干土加盒的质量 m_2/g	含水量	平均值
液限					ω_L	$\bar{\omega}_L$
塑限					ω_P	$\bar{\omega}_P$

11.5　压缩试验

土的压缩是土体在荷载作用下产生变形的过程。

11.5.1　试验目的

测定试样在侧限与轴向排水条件下变形和压力或孔隙比和压力的关系；绘制压缩曲线和固结曲线；计算土的压缩系数 a、压缩模量 E_s 和固结系数 C_v；估算渗透和控制建筑物的沉降量。

11.5.2　试验仪器设备

目前常用的压缩仪（也称固结仪），有磅称式和杠杆式两种，本试验用杠杆式压缩仪。

（1）压缩仪：包括压缩容器和加压设备两部分，如图 11.4 所示。

① 压缩容器由环刀、护环、透水板、水槽、加压上盖组成。环刀内径为 61.8 mm 和外径为 79.8 mm，高度为 20 mm。环刀应具有一定的刚度，内壁应保持较高的光洁度，宜涂一薄层硅脂或聚四氟乙烯。

② 加压设备应能垂直地在瞬间施加各级规定的压力，且没有冲击力。

（2）变形量测设备：量程为 10 mm、最小分度值为 0.01 mm 的百分表，或准确度为全量程0.2%的位移传感器。

(3) 其他:秒表、烘箱、修土刀、滤纸等。

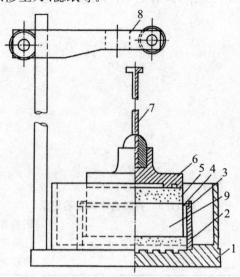

图11.4 固结仪示意图

1—水槽;2—护环;3—环刀;4—导环;5—透水板;
6—加压上盖;7—位移计导杆;8—位移计架;9—试样

11.5.3 试验步骤

(1) 用环刀(50 cm³)切取备好的试样,先将环刀内壁抹一薄层凡士林油以减少摩擦,切土时边修边压,尽量减少对土样的扰动,最后将上、下两端刮平,同时用称量盒测定其含水量。

(2) 擦净环刀外壁,称环刀加湿土重,如试样需要饱和,按规定方法饱和。

(3) 将带有环刀的试样,刃口向下小心地装入压缩容器的护环内。

(4) 在压缩容器内,顺次放上底板、洁净而润湿的透水石及滤纸,将带有试样的护环放入容器内并放好导环,试样上依次放上薄型滤纸、透水石和加压上盖。

(5) 将装好试样的压缩容器放在加压框架正中,使加压上盖与加压框架中心对准,安装百分表或位移传感器。

(6) 施加1 kPa的预压力使试样与仪器上、下各部件之间接触,将百分表或传感器调整到零位或测读初读数。

(7) 确定需要施加的各级压力,压力等级宜为12.5 kPa、25 kPa、50 kPa、100 kPa、200 kPa、400 kPa、800 kPa、1 600 kPa、3 200 kPa,第一级压力的大小应视土的软硬程度而定,宜用12.5 kPa、25 kPa或50 kPa(一般采用50 kPa为第一级荷载)。最后一级压力应大于土的自重压力与附加压力之和。在加荷同时开动秒表,加荷时应将砝码轻轻地放在砝码盘上,避免因冲击、摇摆而使试样产生额外的变形或砝码掉落伤人。

(8) 对饱和试样应在施加第一级荷载后,立即向压缩仪容器中注满水;对非饱和试样则以湿棉花围护在传压板周围以防水分蒸发。

(9) 需要测定沉降速率、固结系数时,施加每一级压力后可按下列时间测记读数:6 s,

9 s,15 s,1 min,2 min,15 s,4 min,6 min,15 s,9 min,12 min,15 s,16 min,20 min,15 s, 25 min,…,24 h,直至稳定。测记读数后,施加第二级荷载,依次逐级加荷至试验终止。

(10) 试验结束后,迅速拆除仪器各部件,取出整块试样,用烘干法测定试验后试样的含水率。

11.5.4 计算和绘图

(1) 按下式计算中心试样的初始孔隙比 e_0:

$$e_0 = \frac{(1+\omega_0)d_s\rho_w}{\rho_0} - 1$$

式中:e_0——试样的初始孔隙比;
d_s——土颗粒相对密度;
ω_0——试样开始时的含水率;
ρ_0——试样开始时的密度(g/cm³);
ρ_w——水的密度,$\rho_w = 1$ g/cm³。

(2) 计算各级压力下试样固结稳定后的单位沉降量 S_i:

$$S_i = \frac{\sum \Delta h_i}{h_0} \times 10^3$$

式中:S_i——某级压力下的单位沉降量(mm/m);
h_0——试样初始高度(等于环刀高,mm);
$\sum \Delta h_i$——某级压力下试样固结稳定后的总变形量(等于该荷载下固结稳定读数减去仪器变形量,mm);
10^3——单位换算系数。

(3) 各级压力下试样固结稳定后的孔隙比 e_i 应按下式计算:

$$e_i = e_0 - \frac{1+e_0}{h_0}\sum \Delta h_i = e_0 - (1+e_0)S_i$$

(4) 以孔隙比 e_i(包括 e_0)为纵坐标,压力为横坐标(或对数坐标),绘制 $e-p$ 或 $e-\lg p$ 曲线,如图 11.5 所示。

(5) 根据 $e-p$ 曲线,确定在指定荷载变化范围 $p_1 \sim p_2$ 内(p_1 相当于土层所受的平均自重应力,p_2 相当于土层所受的平均自重应力和附加应力之和)土的压缩系数 a(MPa^{-1}):

$$a = \frac{e_1 - e_2}{p_2 - p_1}$$

(6) 某一压力范围内的压缩模量 E_s(MPa)应按下式计算:

$$E_s = \frac{1+e_0}{a}$$

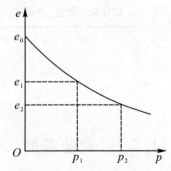

图 11.5 $e-p$ 压缩曲线

(7) 评价土的压缩性高低,一般用 $p_1 = 0.1$ N/mm², $p_2 = 0.2$ N/mm² 求得压缩系数 a_{1-2}。

压缩试验报告

一、试验目的

二、主要仪器设备

三、试验记录(表 11.4)

表 11.4 压缩试验记录

工程名称_____　　　　　试验者_____
工程编号_____　　　　　计算者_____
试验日期_____　　　　　校核者_____

压力/MPa 时间及读数	时间	变形读数	时间	变形读数	时间	变形读数	时间	变形读数	时间	变形读数	时间	变形读数
经过时间/min												
总变形量/mm												
仪器变形量/mm												
试样总变形量/mm												

11.6 直接剪切试验

11.6.1 试验目的

直接剪切试验是测定土的抗剪强度指标的一种常用方法。通常采用 4 个试样,分别在不同的垂直压力下施加水平剪切力进行剪切,求得破坏时的剪应力,然后根据库仑定律确定土的抗剪强度指标 s 和 c。

11.6.2 试验仪器设备

本试验使用变控制式直剪仪。可根据实际情况选用快剪、固结快剪、慢剪三种方法。

(1) 应变控制式直剪仪:如图 11.6 所示,主要部件由剪切盒、垂直加压设备、剪切传动装置、测力计、位移量测系统组成。

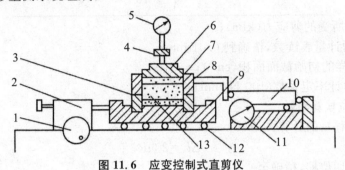

图 11.6　应变控制式直剪仪

1—剪切传动机构;2—推动器;3—下盒;4—垂直加压框架;5—垂直位移计;6—传压板;
7—透水板;8—上盒;9—储水盒;10—测力计;11—水平位移计;12—滚珠;13—试样

(2) 环刀:内径 61.8 mm,高度 20 mm。

(3) 位移量测设备:量程为 10 mm、分度值为 0.01 mm 的百分表,或准确度为全量程 0.2%的传感器。

(4) 其他:天平、烘箱、修土刀、推土器、秒表等。

11.6.3 试验步骤

(1) 将试样表面削平,用环刀切取试样,称环刀加湿土重,测出密度,4 块试样的密度误差不得超过 0.03 g/cm³。

(2) 将剪切盒内壁擦净,上下盒口对准,插入固定销,使上下盒固定在一起,不能相对移动,在下盒透水石上放一张蜡纸。

(3) 将带试样的环刀刃口向下,对准剪切盒口,在试样上放滤纸和透水板,将试样用推土器小心地推入剪切盒内。

(4) 依次放上传压板、钢珠和加压框架,按规定加垂直压力(一般一组 4 次试验,建议分别采用 100 kPa、200 kPa、300 kPa、400 kPa)。

(5) 按顺时针方向转动手轮,使上盒前端刚好与测力计接触,调整测力计读数为零。

(6) 拔去固定销,开动秒表,快剪试验以 0.8 mm/min 的剪切速度进行剪切(慢剪以小于 0.02 mm/min 的剪切速度剪切),使试样在 3~5 min 内剪损,手轮每转一圈(产生剪切位移 0.2 mm)应测量并记录测力计和位移读数,直至测力计读数出现峰值,应继续剪切至剪切位移为 4 mm 时停机,记下破坏值;当剪切过程中测力计读数无峰值时,应剪切至剪切位移为 6 mm 时停机。

(7) 剪切结束,吸去盒内积水,退去剪切力和垂直压力,移动加压框架,取出试样,测定试样含水率。

11.6.4 计算与绘图

(1) 密度的计算(略)。

(2) 剪应力应按下式计算：

$$\tau = \frac{CR}{A_0} \times 10$$

式中：τ——试样所受的剪应力(kPa)；

R——测力计量表读数，精确到 0.01 mm；

A_0——试样的初始截面面积(cm^2)；

C——测力计率定系数(100 N/mm)；

10——单位换算系数。

(3) 剪切位移量的计算：

$$\Delta L = 20nR$$

式中：ΔL——剪切位移，精确至 0.01 mm；

R——测力计量表读数，精确至 0.01 mm；

n——手轮转数。

(4) 以剪应力为纵坐标，剪切位移为横坐标，绘制剪应力与剪切位移关系曲线，如图 11.7 所示，取曲线上剪应力的峰值为抗剪强度，无峰值时取剪切位移 4 mm 所对应的剪应力为抗剪强度。

(5) 以抗剪强度为纵坐标，垂直压力为横坐标，绘制抗剪强度与垂直压力关系曲线，如图 11.8 所示，直线的倾角为摩擦角 φ，直线在纵坐标上的截距为黏聚力 c。

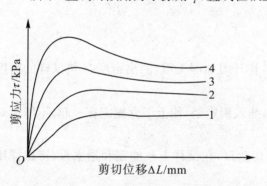

图 12.7 剪应力与剪切位移关系曲线

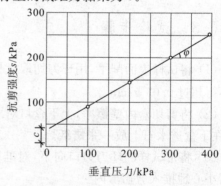

图 12.8 抗剪强度与垂直压力关系曲线

直接剪切试验报告

一、试验目的

二、主要仪器设备

三、试验记录(表 11.5)

表 11.5 直剪试验记录

工程名称_____　　　　　　试验者_____
试样编号_____　　　　　　计算者_____
试验方法_____　　　　　　校核者_____
试验日期_____

仪器编号	(1)	(2)	(3)	(4)
盒　号				
湿土质量/g				
干土质量/g				
含水量				
量力环系数/(kPa/0.01 mm)				
试样质量/g				
试样密度/(g/cm³)				
垂直压力/kPa				
固结沉降量/mm				

剪切位移/(0.01 mm)	量力环读数/(0.01 mm)	剪应力/kPa	垂直位移/(0.01 mm)

思 考 题

1. 塑限的大小与哪些因素有关？工程上为什么按塑性指数对黏性土进行分类？
2. 土的天然含水率越大，其塑性指数是否也越大？
3. 侧限压缩试验中试件的应力状态与地基的实际应力状态比较有何差别？在什么条件下两者大致相符？
4. 用直剪仪做土的抗剪强度试验有什么优缺点？
5. 影响土的抗剪强度的因素有哪些？试验前测定试样密度有什么用途？

参考文献

[1] 杨树清.建筑施工工艺[M].北京:高等教育出版社,2003.
[2] 王成华.基础工程学[M].天津:天津大学出版社,2002.
[3] 北京土木建筑学会.建筑工程技术交底记录[M].北京:经济出版社,2003.
[4] 朱永祥.地基与基础[M].2版.武汉:武汉理工大学出版社,2004.
[5] 赵世强.土木工程施工实习手册[M].北京:中国建筑工业出版社,2003.
[6] 王文仲.建筑识图构造[M].北京:高等教育出版社,2002.
[7] 叶刚.综合实习[M].北京:中国建筑工业出版社,2002.
[8] 瞿义勇.地基基础工程:上[M].北京:中国建材出版社,2004.
[9] 北京城建集团.地基与基础工程施工工艺标准[M].北京:中国计划出版社,2004.
[10] 邱忠良,蔡飞.建筑材料[M].北京:高等教育出版社,2000.
[11] 罗福午.建筑工程质量缺陷事故分析及处理[M].武汉:武汉理工大学出版社,2004.
[12] 朱永祥.地基基础工程技术[M].合肥:中国科学技术大学出版社,2008.
[13] 朱永祥.地基与基础[M].3版.武汉:武汉理工大学出版社,2013.
[14] 肖明和.地基与基础[M].北京:北京大学出版社,2009.
[15] GB 50007—2011.建筑地基基础设计规范[S].北京:中国建筑工业出版社,2011.
[16] GB 50010—2010.混凝土结构设计规范[S].北京:中国建筑工业出版社,2010.
[17] GB 50204—2011.混凝土结构工程施工质量验收规范[S].北京:中国建筑工业出版社,2011.
[18] GB 50202—2002.建筑地基基础工程施工质量验收规范[S].北京:中国建筑工业出版社,2002.
[19] JGJ 79—2012.建筑地基处理技术规范[S].北京:中国建筑工业出版社,2012.
[20] JGJ 6—2011.高层建筑筏形与箱形基础技术规范[S].北京:中国建筑工业出版社,2011.
[21] JGJ 94—2008.建筑桩基技术规范[S].北京:中国建筑工业出版社,2008.
[22] GB 50208—2011.地下防水工程质量验收规范[S].北京:中国建筑工业出版社,2011.
[23] GB 50021—2009.岩土工程勘察规范[S].北京:中国建筑工业出版社,2009.